高等职业教育项目课程教材

微生物工艺技术

邓毛程　金　鹏　主　编
王　瑶　朱晓立　副主编

中国轻工业出版社

图书在版编目（CIP）数据

微生物工艺技术/邓毛程，金鹏主编. —北京：中国轻工业出版社，2011.2

高等职业教育项目课程教材

ISBN 978-7-5019-7931-8

Ⅰ.①微… Ⅱ.①邓…②金… Ⅲ.①微生物学－高等学校：技术学校－教材 Ⅳ.①Q93

中国版本图书馆 CIP 数据核字（2010）第 221594 号

责任编辑：江 娟

策划编辑：江 娟　　责任终审：唐是雯　　封面设计：锋尚设计

版式设计：宋振全　　责任校对：燕 杰　　责任监印：张 可

出版发行：中国轻工业出版社（北京东长安街 6 号，邮编：100740）

印　　刷：北京京都六环印刷厂

经　　销：各地新华书店

版　　次：2011 年 2 月第 1 版第 1 次印刷

开　　本：720×1000　1/16　印张：15.75

字　　数：317 千字

书　　号：ISBN 978-7-5019-7931-8　　定价：28.00 元

邮购电话：010-65241695　传真：65128352

发行电话：010-85119835　85119793　传真：85113293

网　　址：http://www.chlip.com.cn

Email：club@chlip.com.cn

如发现图书残缺请直接与我社邮购联系调换

100163J2X101ZBW

前　言

生物工程是以生物科学和生物技术为基础，结合化学工程、机械工程、控制工程、环境工程等工程科学，研究和发展利用生物体系或其中的一部分生产有益于社会的产品或达到一定社会目标的过程工程学科。它涉及领域宽、涵盖范围广、基础性强。发酵工程是生物工程的基础和重要组成部分，与基因工程、细胞工程和酶工程等相互渗透、相互结合，其迅速发展对生物工程的发展起着重要促进作用，吸引了众多技术人员从事相关的研究与开发。

我国是微生物发酵生产大国，柠檬酸、谷氨酸、酱油、食醋、啤酒、白酒、抗生素和黄原胶等发酵产品的产量均居世界第一位，而其他一些发酵产品的产量每年增长幅度也很可观。但是，我国发酵行业的技术人员数量严重不足，从业人员的职业素质普遍偏低，制约了发酵产业的进一步发展。解决这个制约因素，是我国高职生物技术专业的人才培养任务和发展机遇。因此，有必要根据发酵产业的岗位需求，将现代发酵技术构建成一门核心课程。

本教材的编写理念：根据现代发酵生产岗位的工作内容和发酵类职业技能资格证书的要求，以完成现代发酵生产岗位工作任务所需的职业能力培养为核心，以贯穿性项目为导向组织教材内容，以工作任务为驱动实施教学，采用教、学、练三者结合以练为主的教学方式，将从业所需的技能、知识、态度有机地结合在一起，使学生在完成具体项目的过程中培养职业能力及获取相关理论知识。

本教材是根据高职生物技术类专业的教学需要编写的。由于发酵产品繁多，发酵工艺技术也是多种多样，本书篇幅有限，不能将过多发酵产品生产技术囊括其中，只能选取一些典型的工艺技术作为教学内容，期望通过这些项目的教学，起到举一反三、触类旁通的效果，从而达到能力培养的目的。同时，本教材也可供从事发酵生产、发酵产品研究与开发的技术人员参考。

本教材由六个单元组成：初识微生物工艺技术，项目 1 培养基的制备，项目 2 空气除菌与培养基及设备灭菌，项目 3 菌种选育、保藏与扩大培养，项目 4 发酵过程控制与染菌处理和项目 5 发酵产物的提取与精制。

本教材编写人员：广东轻工职业技术学院的邓毛程、朱晓立、王瑶，天津开发区职业技术学院的金鹏。本教材编写分工：邓毛程编写初识微生物工艺技术、项目4、项目5 部分内容；金鹏编写项目3；王瑶编写项目1 和项目2；朱晓立编写项目5的部分内容。由邓毛程、金鹏担任主编。

由于编者水平有限，书中肯定存在不少错误与不足之处，恳请读者批评指正。

广东轻工职业技术学院 邓毛程

2010年8月8日

目　录

初识微生物工艺技术

微生物工艺技术是一门以微生物为生产菌种，通过现代发酵工程手段生产人们所需产品的现代工程技术。它是现代发酵工程技术的重要分支，与酶工程技术、细胞工程技术、基因工程技术等共同构成现代生物工程技术体系。

一、发酵产品类型

发酵（fermentation）一词是从拉丁文“fervere”（发泡、沸涌）派生而来，用于描述由果汁、麦芽汁或谷类发酵生产果酒、啤酒、黄酒时产生的CO_2气泡而引起的“沸腾”现象。19世纪中叶，巴斯德（Louis Pasteur）研究了酒精发酵的生理学意义，认为发酵是酵母菌在进行“无氧呼吸”，是“生物体获得能量的一种形式”。从生物化学的能量代谢角度分析，在酒精、乳酸、乙酸、丙酸等厌氧发酵中，有机化合物的分解代谢可为生物体提供能量。但是，随着生物技术的发展，在抗生素、氨基酸、酶制剂、核苷酸等发酵中，人们发现生物代谢产物形成过程包括了无氧过程和有氧过程，同时也涉及了分解代谢和合成代谢过程。因此，从产物代谢角度分析，发酵即“发泡”或“无氧呼吸”的定义是不完整的，人们把利用微生物在有氧或无氧条件下的生命活动来制备人类所需产品的生物反应过程统称为发酵。

微生物发酵工业产品种类繁多，根据最终发酵产品的类型，可分为四个主要类型：微生物菌体、微生物代谢产物、微生物酶制剂、微生物转化的化合物。

1. 微生物菌体

微生物细胞中蛋白质含量为40%～80%，可供食用。例如，酵母含有50%左右的蛋白质，其中氨基酸含量齐全，还含有B族维生素，早在20世纪初期面包酵母已形成大规模生产，并被广泛用作人类主食面包、馒头、饼干、糕点等的优良发酵剂和营养剂。微型藻类（简称微藻）是一类分布最广、蛋白质含量很高的微型光合水生生物，其中螺旋藻是目前所知食物营养成分最全面、最充分、最均衡的食品，因而被联合国世界食品协会誉为“明天最理想的食品”，联合国粮农组织（FAO）称之为“二十一世纪的食品”，在我国也被学生营养促进会推荐为五种营养食品之一。

单细胞蛋白又称生物菌体蛋白或微生物蛋白，是指酵母菌、真菌、霉菌、非致病性细菌等单细胞微生物体内所产生的菌体蛋白质，以单细胞蛋白作为饲料不仅蛋白质含量高，还含有脂肪、碳水化合物、核酸、维生素和无机盐，以及动物机体所必需的各种氨基酸，特别是植物饲料中缺乏的赖氨酸、蛋氨酸和色氨酸含量较高，生物学价值大大优于植物蛋白饲料。20世纪60年代开始，作为动物饲料蛋白来源的单细胞蛋白饲料的研究开发与应用推广备受关注，据联合国粮农组织统计，在20世纪末全球的蛋白质短缺量已达2500万t，其发展前景十分广阔。

由于微生物细胞内含有丰富的酶系以及多种经济价值很高的生理活性物质，如一些结构复杂的生化药物和生化试剂产品——辅酶A、辅酶I、辅酶Q、细胞色素C、凝血质、谷胱甘肽、卵磷脂、麦角固醇和核糖核酸等，可应用于保健品与医药工业。例如，酵母可用来提取制备凝血质、谷胱甘肽、卵磷脂以及辅酶A等医药。凝血质适用于各种内外科及妇产科手术和治疗胃、痔、癌及鼻出血。卵磷脂对冠状动脉硬化及神经衰弱有一定疗效。辅酶A临床上可用于防治动脉硬化、白血球较少和慢性脉管炎等症。食用菌所含营养物质非常齐全，具有降低胆固醇、增强免疫力、抑制肿瘤、抗衰老、止血、消炎、解毒、润肺、健美、护肤、健脑等功效。我国利用真菌作为药物已有悠久历史，汉代的《神农本草经》记载有灵芝、茯苓、银耳、冬虫夏草等作为药物使用，这些真菌产品均可通过人工培养方式进行生产。

近年来，微生态制剂的研究、开发与应用已成为水产安全和高效养殖的一个新方向。微生态制剂是从天然环境中筛选出来的微生物菌体，经培养、繁殖后制成的含有大量有益菌的活菌制剂。其主要被用作控制和改善养殖水体微生态环境的水质调节和用作促进生长的饵料添加。目前，水产养殖中使用的主要微生态制剂有光合细菌制剂、EM（有益微生物菌群）制剂以及复合微生态制剂等。另外，微生物农药的发现和运用已有半个世纪，作为化学农药的替代品主要包括细菌杀虫剂、农用抗生素、病毒杀虫剂和真菌杀虫剂等。其中，细菌杀虫剂是应用最早的微生物农药，主要是从昆虫病体上分离得到的病原菌，目前已成功开发了某些芽孢杆菌，如苏云金芽孢杆菌、球形芽孢杆菌、金龟子芽孢杆菌等，其作用对象主要是咀嚼式口器的害虫，如鳞翅目、鞘翅目和双翅目等有害农作物昆虫。随着人类环保意识的加强与农业可持续发展的需要，微生物农药的发展前景十分广阔。

2. 微生物代谢产物

微生物利用外界环境中的营养物质，通过包括分解代谢和合成代谢在内的两种紧密相关的物质代谢过程，生产许多重要的代谢产物，因此微生物代谢产物产品很多，大致可分为初级代谢产物和次级代谢产物两大类。发酵代谢产物类型与微生物生长过程密切相关。在细胞生长阶段所产生的代谢产物往往是细胞生长和繁殖所必需的物质，如各种氨基酸、核苷酸、核酸、有机酸等，这些代谢产物称为初级代谢产物。丝状菌、真菌及产芽孢的细菌都能进行次级代谢，各种次级代谢产物都是微生物生长进入缓慢生长或停止生长时期所产生的，如抗生素、毒素、生物碱、生长促进剂等。次级代谢产物在微生物生长和繁殖的功能多数尚不明确，但对人类却是十分有用的。许多代谢产物具有重要应用价值，工业微生物学家通过改良菌种性能和发酵条件来提高产率，以适应工业生产的需要。

可利用微生物发酵法生产许多种氨基酸，其中以谷氨酸单钠（味精）、赖氨酸、苏氨酸、蛋氨酸、苯丙氨酸等氨基酸产品的产量较大。微生物发酵生产的有机酸产品包括柠檬酸、醋酸、乳酸、葡萄糖酸、衣康酸等，有机溶剂产品包括酒精、丙酮、丁醇等，核苷酸产品包括肌苷、肌苷酸、鸟苷酸等，维生素产品包括核黄素、维生素 C、维生素 B_{12} 等，多糖产品包括右旋糖酐、多糖 B－1459 等，抗生素产品包括青霉素、链霉素、四环素、土霉素、金霉素、庆大霉素、新霉素、利福霉素等。

3. 微生物酶制剂

酶制剂可由植物、动物或微生物来生产，而通过微生物发酵可大量生产酶制剂，具有动物、植物无法比拟的优点。目前，工业用酶大多来自微生物发酵产生的胞外酶或胞内酶，经提取、精制而得到酶制剂，其种类已有 100 种以上，如 α－淀粉酶、β－淀粉酶、异淀粉酶、葡萄糖异构酶、葡萄糖氧化酶、右旋糖酐酶、蛋白酶、纤维素酶、果胶酶、转化酶、蜜二糖酶、柚苷酶、花青素酶、脂肪酶、凝乳酶、氨基酰化酶、天冬氨酸酶、青霉素酰化酶、磷酸二酰酶、天冬酰胺酶等。例如，淀粉酶应用于淀粉糖制品的生产；果胶酶应用于澄清果汁、精炼植物纤维素等；蛋白酶应用于皮革加工、饲料添加剂等；青霉素酰化酶应用于青霉素水解制备 6－氨基青霉素烷酸（6－APA）。此外，还有许多特殊酶制剂在医疗上作为诊断试剂或分析试剂。

4. 微生物转化的化合物

利用微生物细胞中的一种或多种酶作用于某一底物的特定部位（基团），使其转化为结构类似并具有更大经济价值的化合物的生化反应，称为微生物转化发酵。微生物转化的最终产物不是微生物细胞利用营养物质经过代谢而产生，而是微生物细胞中的酶或酶系作用于某一底物的特定部位（基团），进行生化反应而生成，转化反应包括脱氢、氧化、脱水、缩合、脱羧、羟化、氨化、脱氨、异构化等。其特点是特异性强、工艺简单、条件温和、环境污染小。目前，发酵工业中的微生物转化主要用于一些高附加值化合物的生产，如结构类似的同族抗生素、类固醇、前列腺素等的生产。

二、发酵工程技术的发展历程、特点与应用

1. 发酵工程技术的发展历程

发酵工程技术的发展历程大致可分为天然发酵时期、纯培养技术建立时期、深层培养技术建立时期、代谢调控发酵技术建立时期、全面发酵时期、基因工程引入发酵工程时期等六个阶段。

（1）天然发酵时期　人类进行发酵生产的历史悠久。早在公元前6000年，古代萨马人和巴比伦人已经开始酿造啤酒，我国利用谷物酿酒的历史至少可追溯到4000年前的龙山文化时期，而酿制酱油、醋等食品在《周礼》中已有记载，距今也有两千多年的历史。但是，在19世纪末以前，“发酵”的本质及微生物的性质尚未被人们所认识，人们利用自然接种方法生产酒、醋、酱油、干酪、酸乳等发酵制品，完全依靠人们积累的实践经验。因此，这一时期称为天然发酵时期。此时期，发酵生产处于手工操作、自然发酵的落后状态，经常被杂菌污染所困扰，发酵产品质量非常不稳定。

（2）纯培养技术建立时期　1680年，荷兰人列文虎克（Antony Van Leeuwen－hoek）制成了能放大200～300倍的显微镜，通过显微镜观察了污水、牙垢、腐败有机物等，认识到微生物的存在，并对杆菌、球菌、螺旋菌等做了正确的描述。19世纪末（1850—1880年），法国的巴斯德通过实验证明酒精发酵是由于酵母菌的作用，揭示了发酵是由微生物的活动引起的；随后，他对乳酸发酵、酒精发酵、葡萄酒酿造、食醋酿造等进行了研究，明确了这些不同类型的发酵是由不同形态类群的微生物引起的。在此期间，巴斯德证明了葡萄酒受到醋酸菌污染而造成酸败，并发明低温消毒法，使法国葡萄酒酿造业免受酸败的损失。至今，酒类等饮料的消毒大多采用巴氏消毒法。由于巴斯德在发酵方面的卓越贡献，他被誉为“发酵的奠基人”。

1881年，德国的罗伯特·科赫（Robert Koch）首先发明了固体培养基，并应用固体培养基分离培养出炭疽芽孢杆菌、结核分枝杆菌、霍乱弧菌等病原细菌，建立了一套微生物纯培养的技术方法。由于结核菌研究工作相当出色，科赫在1905年获得诺贝尔奖。此外，丹麦的汉逊（Hansen）在研究啤酒酵母时，建立了啤酒酵母的纯培养方法。

巴斯德、科赫的工作为微生物发酵奠定了坚实基础，开创了人为控制微生物发酵的时代，使发酵生产技术得到巨大改进。纯培养技术的建立是发酵工程发展的第一个转折时期，由于采用了纯种培养技术、无菌操作技术以及简单密闭式发酵罐等，大大减少了发酵过程中的杂菌污染，产品质量、发酵效率以及生产规模均得到逐步提高，从而促进了近代微生物发酵工业的建立。此时期的发酵产品主

要有甘油、柠檬酸、乳酸、丁醇、丙酮等微生物的初级代谢产物。在第一次世界大战中，德国需要大量甘油用于制造炸药，促进甘油发酵进入工业化生产；英国需要大量丙酮制造无烟火药的硝化纤维，促进了丙酮-丁醇发酵生产的建立。在这一时期，发酵产品生产过程较为简单，对生产设备的要求不高，规模也不大，但是，随着丙酮-丁醇、甘油等发酵工业的建立，近代微生物发酵工业逐渐成为近代化学工业的一部分。

（3）深层培养技术建立时期　1929 年英国弗莱明（Alexander Fleming）发现能够抑制葡萄球菌的点青霉，其产物被称为青霉素。当时，弗莱明的成果没有引起人们的重视，1940 年英国的弗洛里（Haward Florey）及钱恩（E. B. Chain）两位博士精制分离出青霉素，确认青霉素对伤口感染比当时广泛使用的磺胺药更有疗效。20 世纪 40 年代初，第二次世界大战中对于抗细菌感染药物的需求极大，促使英美两国合作对青霉素进行深入研究开发，建立了深层液体培养技术，把通气搅拌技术引入发酵工业。随着抗生素发酵工业的发展，促进了甾体转化、微生物酶制剂、氨基酸等发酵工业的发展，使好氧菌的发酵生产逐渐进入工业化生产道路。深层培养技术明显提高了发酵生产规模、产品质量以及得率，成为现代发酵工业的主要生产方式，这是发酵工程上的一个大飞跃，也是微生物发酵史上的第二个转折点。

（4）代谢调控发酵技术建立时期　20 世纪 40 年代的时候，还没有代谢控制理论的指导，青霉素发酵生产所用的菌株只能采用自然选择的方法，以 10^{-6} 的突变几率来筛选所谓的高产菌株。随着生物化学、微生物生理学以及遗传学的深入发展，促进了人们对微生物代谢途径的研究，并开始利用代谢控制发酵技术进行选育微生物菌种和控制发酵条件。20 世纪 50 年代，氨基酸发酵工业引进了代谢控制发酵技术，根据氨基酸生物合成途径用遗传育种方法进行微生物人工诱变，获得代谢发生改变的突变株，在控制条件下选择性地大量生产所需的氨基酸。同时，代谢控制发酵技术也在核苷酸、有机酸和抗生素的生产中得以广泛应用。代谢控制发酵技术的建立，是发酵工程发展史上的第三个转折时期。

（5）全面发展时期　传统的发酵原料主要是粮食、农副产品等，随着代谢控制发酵技术广泛应用，发酵工业发展迅速，需要大量粮食、农副产品等作为发酵原料。20 世纪 60 年代初期，为了解决微生物与人类争夺粮食，微生物学家对发酵原料的多样化开发进行了研究。随着石油微生物的发现，出现了利用烷烃、天然气、石油等作为原料进行发酵，如美国、英国、日本、中国等国家采用烷烃为原料发酵生产单细胞蛋白（SCP）。发酵原料的改变使发酵技术又进入一个新时期，这是发酵工程发展史上的第四个转折时期。在这个时期，利用了生物合成与化学合成相结合的工程技术生产维生素、新型抗生素，发展了循环式、喷射式等多种发酵罐，发酵生产向大型化、多样化、连续化、自动化等方向发展。

（6）基因工程引入发酵工程时期　随着现代生物技术，特别是基因工程的发展，发酵工程技术又有了迅猛的发展。DNA 体外重组技术在微生物育种方面得到实际应用，使得任意生物的特定有用基因组合到特定的微生物基因中去，从而获得新的菌种。这类菌种称为“工程菌”，它能够生产自然界一般微生物所不能合成的产物，如胰岛素、干扰素、凝血因子Ⅷ、超氧化物歧化酶（SOD）等。另外，通过基因工程构建菌种，可以提高一般代谢产物（如氨基酸、抗生素、有机酸、酶制剂等）的产量与质量，并缩短发酵周期和降低成本等。例如，胰岛素是治疗糖尿病的良药，原来生产 100g 胰岛素需从 720g 的猪胰中提取，而 1978 年美国采用基因工程菌发酵生产，由 2000L 基因工程菌即可提取等量的胰岛素。又如，20 世纪 80 年代以来，一些发达国家的研究人员纷纷试验将大豆球蛋白基因转导到大肠杆菌中，然后通过发酵工程培养，可生产出大豆球蛋白，且大豆球蛋白产量倍增。若种植大豆获得大豆球蛋白，至少需要一个生长季，而应用“工程菌”发酵只需要 3 天时间就可以生产出大量的大豆球蛋白。基因工程的引入，使发酵工程产生革命性的变化，这是发酵工程发展史上的第五个转折点。

2. 发酵工程技术的特点

生物工程是以生物科学和生物技术为基础，结合化学工程、机械工程、控制工程、环境工程等工程科学，研究和发展利用生物体系或其中的一部分生产有益于社会的产品或达到一定社会目标的过程学科。

生物工程的研究领域包括基因工程、酶工程、细胞工程和发酵工程，构成生物工程的各组成部分之间都不是孤立存在的，而是彼此相互渗透、相互结合的。基因重组技术和细胞融合技术可以创造出许多具有特殊功能的工程菌和超级菌，再通过微生物发酵来生产有用物质。酶工程和发酵工程相结合，可以改善发酵工艺，从而可以提高产品的产量和质量。

发酵工程是利用微生物、动植物细胞和基因工程菌在人工生物反应器中培养而获得产物的工业过程。因此，任何需要经过细胞培养获得的生物技术产品都离不开发酵工程的支持，发酵工程的技术进步将促进生物工程的发展。

发酵工程与生物活动息息相关，具有如下一些显著特征：

（1）由于生物体具有多种多样的化学活性，可以通过自身调节来完成一系列复杂的生物化学反应，并且反应的专一性强，可以得到较为单一的代谢产物。

（2）由于生物种类繁多，代谢途径多样化，发酵工业可以为人类提供种类繁多的产品，包括化学工程所不能合成的一些复杂高分子化合物或生理活性物质。

（3）与化学工程相比，发酵过程一般在常温常压下进行，反应条件比较温和。

（4）发酵生产培养基一般采用天然培养基或半合成培养基，原料可从农副产品、工业副产品、工业废水等获取，来源广泛，且价格低廉。有些化工产品通过发酵工程进行生产，可解决资源匮乏问题，甚至生产成本更低；有些废物作为发酵原料，可以解决环保问题，实现“变废为宝”。

（5）发酵醪成分复杂，发酵过程中的传质、传热等一般涉及固相、液相、气相，影响因素众多，实验室的研究成果比拟扩大到工业化生产中比较困难。

（6）大多数发酵过程采用纯种培养方式，需要防止杂菌污染。

（7）发酵产物的提取和纯化建立于化学工程有关理论和单元操作而发展起来，与化学工程联系非常紧密。

3. 发酵工程技术的应用

生物技术是当今最基础、最前沿、应用最广泛、发展前景最广阔的学科之一，而发酵工程是生物技术的重要领域之一。发酵工程技术的应用已遍及食品、化工、农业、医药、环保、能源、信息等各个领域，充分显示了它对解决人类所面临的食物、健康、资源、环境等重大问题的巨大作用与潜力。

（1）发酵工程在食品工业中的应用　食品工业是世界上最大的工业之一，在工业化国家的食品消费要占家庭消费的20%～30%，而食品工业是微生物技术最早开发应用的领域。据报道，发酵工程生产的食品可占食品工业总销售额的15%以上。

许多传统食品加工都应用了发酵技术，如各种酒类、酱、酱油、食醋、腐乳、奶酪、酸乳等的生产，可赋予食品特殊的风味。微生物菌体的蛋白质含量高，是一种理想的蛋白质资源，利用微生物发酵生产酵母菌、藻类等单细胞蛋白，可作为食品添加剂，直接供人类食用，可有效地解决全球蛋白质资源紧缺的问题。发酵生产的活性干酵母，已广泛应用于烘焙食品。利用发酵技术可以生产调味剂、营养强化剂、增色剂等多种食品添加剂，如味精可作为鲜味剂，氨基酸、核苷酸等可作为营养强化剂，红曲色素可作为增色剂，发酵法生产的食品添加剂比化工合成法更有利于人体的健康。

功能性食品在保健食品产业中形成一个新的主流，在大型真菌的开发、γ－亚麻酸的制备、微生态制剂的制备、有机形式的微量元素、超氧化物歧化酶（SOD）的制备、L－肉碱的制备、微生物油脂的生产和开发新糖源等方面，发酵工程技术都起到了关键的作用。利用发酵技术可以开发新型营养保健茶，如传统普洱茶生产是利用自然滋生微生物发酵生产普洱茶，实际上是由复杂的多种微生物体系形成极其复杂的传统普洱茶风味物质，但近期研究表明，从传统工艺中分离出有益微生物，经分离、纯化、快繁等程序用于普洱茶固态发酵，所产的普洱茶冲泡不仅香气明显，且香气持久，耐泡性好，传统普洱茶风味与保健功效可以在较短时间内形成。此外，发酵技术还可以提高茶叶的综合利用。

（2）发酵工程在医药工业中的应用　抗生素、氨基酸、核酸、有机酸、维生素、辅酶、酶制剂、激素、免疫调节物质以及其他生理活性物质等均可作为医药原料，而发酵工程为医药工业提供了这些原料，有效地改善了医疗手段。至今发现的抗生素有6000余种，其中绝大多数是微生物发酵产品，已有近200种产品作为医用抗生素。氨基酸在医药中除了作为大输液外，还广泛应用于临床治疗，如精氨酸、鸟氨酸、瓜氨酸对高氨血症、肝机能障碍等疾病具有显著疗效，天冬氨酸盐可用于治疗心脏病、肝病、糖尿病等疾病，谷氨酸及其衍生物可改进和维持脑机能，用于治疗运动障碍、脑炎、蒙古症、肝昏迷等疾病。核苷酸类药物很多，如肌苷、辅酶 A 可治疗心脏病、白血病、肝病等，黄素腺嘌呤二核苷酸（FAD）治疗维生素 B_2 缺乏症、肝病、肾病等，辅酶Ⅰ（NAD）可治疗肝病、肾病等。微生物产生的酶抑制剂种类繁多，包括蛋白分解酶抑制剂、细胞膜酶抑制剂、糖苷水解酶抑制剂、儿茶酚胺合成酶抑制剂、胆固醇生物合成酶 HMG－CoA 还原酶抑制剂等，已有多种酶抑制剂作为医药投入生产。利用基因工程技术构建高效生产药物的细胞株，用于发酵生产人体内的生理活性因子（激素、免疫球蛋白和细胞生长因子等），备受国内外生物技术界的关注，现在已有19种蛋白质和多肽类药物应用于临床。

（3）发酵工程在能源工业中的应用　生态危机是当今社会已经面临的巨大挑战，能源危机是21世纪中叶即将面临的巨大挑战，因此，清洁新能源的研发已成为世界重大热门课题之一。通过发酵工程，可以将含淀粉、糖质、纤维素、木质素等植物资源生产燃料乙醇，美国、巴西、中国以及欧洲一些国家已经开始大量使用“酒精汽油”作为汽车的燃料。纤维素是地球上最丰富的再生资源，占地球总生物量的80%，含有纤维素的农业废弃物和加工副产物如秸秆、稻壳等的充分利用，对解决能源、资源短缺及环境污染等具有重大现实意义。因此，利用微生物转化天然纤维素资源已经成为21世纪世界各国的重要战略性课题。

微生物开采石油也是一个研究热点。利用微生物代谢多种产物而改善重油的不利性质，从而提高采收率。微生物代谢产物可以降低原油黏度，使原油膨胀，改变岩石表面润湿性，降低界面张力，形成稳定的油－水乳状液，改善原油在多孔介质中的流动性和运移性质，将残留在岩石空隙间的深层黏滞性原油从“枯竭”的油田中采出，产量可提高20%～30%。现在许多国家均在大规模现场试验，并取得满意结果。

一些国家正在从事微生物电池的研究，以微生物的代谢产物作为电极活性物质，从而获取电能。目前已有多种微生物被报道具有直接释放电子至阳极或利用电活化代谢物释放电子至阳极的功能。科学家用一种产气单胞菌，处理100mol椰子汁，使其生成甲酸，然后把以此作电解液的3个电池串联在一起，生成的电能可使半导体收音机连续播放50多个小时。美国宾夕法尼亚州立大学科学家开发了一种高效能的微生物燃料电池，细菌在分解有机废水时，将电子传送到电池的阳极，将质子传送到电池阴极，质子和电子结合就可以产生大量的氢，产氢率是传统发酵过程的4倍，这种电池不仅可以产氢作为清洁能源，也可以净化有机废水。

(4) 发酵工程在化学工业中的应用　发酵工程为化学工业提供大量的原料，已经部分或全部取代化工合成法生产许多化工产品，甚至生产一些化工合成法难以生产的稀有化工产品。例如，乙醇、丙酮、丁醇、柠檬酸、衣康酸、水杨酸、长链二羧酸、2，3－丁二醇等数十种化工产品都已经采用微生物发酵进行生产。科学家经过基因重组构建“工程菌”，可积累占菌体质量70%～80%的聚酯塑料，通过发酵工程可生产生物可降解塑料。生物表面活性剂是由微生物发酵产生的，属于天然产物，除了具有与化学合成表面活性剂相同的作用外，还具有降低表面张力的作用，生物降解性好，对环境无毒害。

(5) 发酵工程在农业中的应用　农业是世界上规模最大和最重要的产业，许多发达国家的农业总产值占国民生产总值的20%以上，发酵工程技术及其产品可以为农业发展提供有利的支持。利用发酵技术可以生产生物杀虫剂、生物除草剂、生物肥料等，生物杀虫剂如苏云金杆菌或其变种，能产生伴孢晶体杀死蛾类幼虫的毒蛋白等；生物除草剂主要是杂草的病原微生物制剂，包括真菌、线虫、病毒等；生物肥料主要有固氮菌、钾细菌、磷细菌等，具有为土壤增肥的作用。

此外，开发微生物资源，创建微生物工业的新型农业——“白色农业”，是当今社会和科技发展的必然。所谓“白色农业”，即农业生产是在高效洁净的工厂内进行，人们都穿戴白色工作服从事生产劳动。“白色农业”领域包括：微生物食品、微生物饲料、微生物肥料、微生物农药、兽药、微生物能源、微生物生态环境保护剂等。白色农业把传统绿色农业向阳光、土地要粮的生产方式，转变为向秸秆、废弃物要粮，是世界农业可持续发展的重要理论之一。

(6) 发酵工程在环境净化中的应用　农业上使用的各种化学农药和工业上产生的废水、废气、废渣等排放到环境，都会带来严重污染，严重威胁着人类健康。环境污染已是当今社会的一大公害，但是微生物却对污染物有着惊人的降解能力。美国报道，使用细菌制剂，处理1800gal（1gal = 3.785L）污染石油的水面，24h后90%的石油被细菌分解掉。在煤矿开采中使用高效甲烷菌制剂，可以清除瓦斯（将甲烷氧化分解）。利用CO氧化菌发酵丁酸或生产单细胞蛋白，不仅消除或降低了有毒气体，还从菌体中开发了有价值的产品。一些解毒的微生物能将重金属（如铬、镉、铅、汞、硒等）转化为无毒的金属化合物，有些细菌还能将废水中核废弃物内的放射性铀、钚等还原成固体排出水体。

利用微生物发酵可以处理工业三废、生活垃圾及农业废弃物，不仅净化环境，还可以变废为宝。例如，单细胞蛋白（SCP）又称为微生物蛋白或菌体蛋白，可以利用工业废水、废气以及有机垃圾等作为培养基，培养酵母、非病原性细菌、真菌等单细胞生物体，然后经过净化干燥处理后制成。最典型的就是利用氨基酸工业产生的大量废渣废液生产单细胞蛋白，既可获得蛋白质含量高的饲料蛋白，又可降低对环境的污染，具有明显的经济效益和社会效益。

当然，环境中排放的污染物往往是混杂的，因此，目前研究工作已发展到采用基因重组技术构建具有多种特殊功能、高效降解力的"工程菌"。

(7) 发酵工程在冶金工业中的应用　地球上的矿藏蕴量丰富，但大多数矿床品位太低，随着现代工业的发展，高品位富矿也不断耗尽。面对数以万吨计的废矿渣、贫矿、尾矿、废矿，采用细菌冶金给冶金工业带来了新的希望。细菌冶金是指利用微生物及其代谢产物作为浸矿剂，喷淋在堆放的矿石上，浸矿剂溶解矿石中的有效成分，最后从收集的浸取液中分离、浓缩和提纯有用的金属。堆浸的矿石不要求粉碎，只需提供一个简陋的堆放矿石的浸取池，故又称为湿法冶金技术。可浸提包括金、银、铜、铀、锰、钼、锌、钴、镍、钡、钪等10余种贵重和稀有金属，特别是黄金、铜、铀的开采。我国在采矿工业中应用先进的细菌冶金技术，也已取得了显著的成绩。例如，四川南汇铜矿用自然培养铜细菌循环浸出工艺，首次浸铜成功，浸出率高达46%，1t海绵铜成本仅为普通炼铜法的三分之一。

三、发酵生产流程与工作任务

如图0-1所示，发酵生产流程包含了一系列相对独立的工序，可概括为六个主要环节：① 培养基的制备；② 设备与培养基的灭菌；③ 无菌空气的制备；④ 菌种选育、保藏与扩大培养；⑤ 发酵；⑥ 发酵产物的提取与精制。

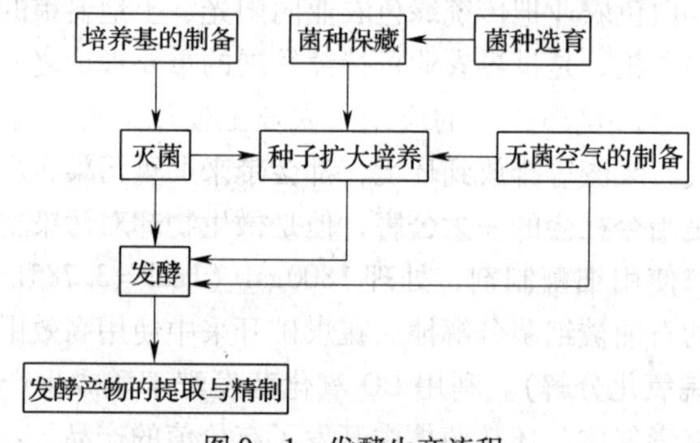

图0-1　发酵生产流程

1. 培养基的制备

发酵工业常选用玉米、薯干、谷物等相对廉价的农产品作为原料，为了这些原料能够被微生物所利用，并提高原料的利用率和便于发酵产物的提取，通常要对原料进行一系列的加工处理，使之有利于微生物生长、繁殖及产物代谢。此工序，首先要制定培养基制备工艺，然后根据工艺要求，利用适合的设备制作种子培养基和发酵培养基。

2. 设备与培养基灭菌

为了实现纯种培养，必须排除一切杂菌污染的可能，在培养前，要求培养基及相关物料、培养设备及相关设备等都是无菌的，工业生产通常采用蒸汽对它们进行加热灭菌。因此，需制定设备与培养基的灭菌工艺，然后按要求进行灭菌操作。

3. 无菌空气的制备

在发酵工业中，绝大多数微生物培养是好氧培养，而大多数产物的生物合成也需消耗氧气，空气是提供大量氧气最直接、最廉价的来源。为了保证纯种培养，在利用空气之前，必须除去其中含有的微生物等悬浮颗粒。此工序，需制定空气净化工艺，根据工艺要求制取大量无菌空气，以供微生物培养使用。

4. 菌种选育、保藏与扩大培养

发酵工业对菌种的生产能力要求很高，由于发酵罐规模庞大，为了给发酵罐提供数量足够、活力旺盛的种子，还需将生产菌种进行逐级扩大培养。因此，需选育优良生产菌种，并妥善保存菌种，制定种子扩大培养工艺，按要求进行培养过程的操作控制，最终培养出合格的种子。

5. 发　　酵

发酵是利用微生物生产目的产物的过程，需对发酵条件，如温度、pH、溶氧、泡沫等进行严格控制。此工序，需制定发酵控制工艺及选用适合的设备，然后按工艺要求进行发酵过程的操作控制，以达高产的目的。

6. 发酵产物的提取与精制

提取与精制是从发酵醪中分离、纯化发酵产物的过程。提取与精制的技术范围很广，常用的技术有固液分离技术、沉淀法提取技术、萃取法提取技术、离子交换技术、蒸发浓缩技术、结晶技术、干燥技术等，关键在于如何应用这些技术组合成一个高效的分离纯化工艺，使产物达到产品规格。因此，需制定发酵产物的提取与精制工艺，以及选用适合的设备，根据工艺要求进行分离纯化过程的操作控制，最终获得合格的产品。

［思考题］

1. 发酵产品类型有哪些？举例说明。

2. 简述发酵工程技术的发展历程。

3. 发酵工程技术有何特点？

4. 发酵工程技术有哪些应用？

5. 发酵生产流程由哪几个环节组成？各环节有哪些工作任务？

项目1 培养基的制备

[能力目标]

1. 能够制定淀粉制糖工艺流程及技术参数、培养基配制的技术参数；

2. 能够操作淀粉糖化岗位及培养基配制岗位的生产设备，并能够控制淀粉制糖过程及培养基配制过程的技术参数；

3. 能够分析与处理淀粉制糖过程、培养基配制过程的常见问题。

[知识目标]

1. 了解淀粉制糖及培养基配制的相关生产设施；

2. 熟悉培养基类型及组成、淀粉制糖过程及培养基配制过程的控制要素；

3. 理解淀粉制糖工艺流程、工艺原理及其影响因素、工业培养基选择与配制原则。

项目1.1 淀粉双酶法制取葡萄糖

可以构成微生物细胞和代谢产物中碳素的营养物质称为碳源。淀粉及其水解物是发酵常用的碳源，但各种微生物的生理特性不同，每一种微生物所能利用的碳源种类也不尽相同。有些微生物可以直接利用淀粉作为碳源，有些微生物可以利用淀粉制取的糊精、多糖作为碳源，而淀粉制取的葡萄糖几乎能被所有微生物利用，是发酵工业生产中最常用的碳源物质。

项 目 引 导

一、淀粉的组成及特性

淀粉中的化学元素有碳、氢、氧，是一种碳水化合物，各元素的质量比分别为：碳44.4%，氢6.2%，氧49.4%。淀粉的分子单位是葡萄糖，由许多葡萄糖脱水缩聚而成，其分子式可用（$C_6H_{10}O_5$）$_n$来表示。淀粉为白色无定形的结晶粉末，存在于各种植物组织中，植物来源不同，淀粉的结构、所含的葡萄糖数目差异较大。

淀粉一般有直链淀粉和支链淀粉两部分，如图 1－1 所示。直链淀粉由不分支的葡萄糖链构成，葡萄糖分子间以 $\alpha-1$，4 糖苷键聚合而成，聚合度（指组成淀粉分子链的葡萄糖单位数目）一般为100～6000。支链淀粉的直链由葡萄糖分子以 $\alpha-1$，4 糖苷键相连接，而支链与直链葡萄糖分子以 $\alpha-1$，6 糖苷键相连接，它的分子呈树枝状，形成分支结构。支链淀粉分子较大，聚合度在1000～

3000000，一般在6000 以上。普通谷类和薯类淀粉含直链淀粉17% ~27%，其余为支链淀粉；而黏高粱和糯米等则不含直链淀粉，全部为支链淀粉。

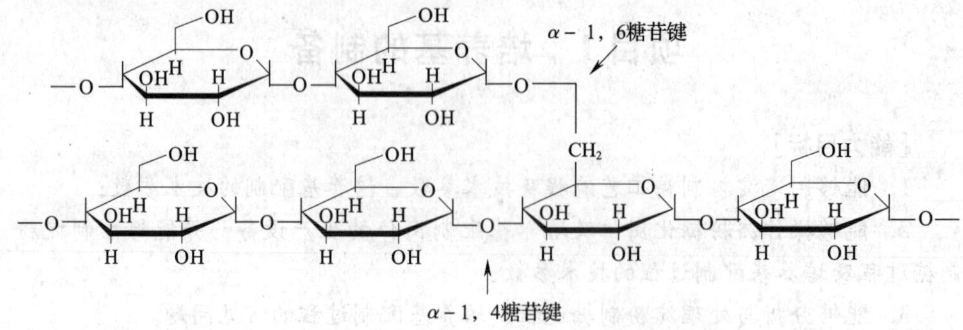

图1－1 直链淀粉和支链淀粉的结构示意图

淀粉不溶于冷水、酒精、醚等有机溶剂中，在热水中能吸收水分而膨胀，致使淀粉颗粒破裂，淀粉分子溶解于水中形成带有黏性的淀粉糊，这个过程称为糊化。糊化过程一般经历三个阶段：① 可逆性地吸收水分，淀粉颗粒稍微膨胀，此时将淀粉冷却、干燥，淀粉颗粒可恢复原状；② 当温度升至65℃左右，淀粉颗粒不可逆性地吸收大量水分，体积膨胀数十倍至百倍，并扩散到水中，黏度增加很大；③ 当温度继续升高，大部分的可溶性淀粉浸出，形成半透明的均质胶体，即糊化液。

淀粉与碘作用，反应强烈，生成鲜明蓝色的“淀粉－碘”复合物。若进行加热，呈现的蓝色消失，冷却后又重复出现。如果加热温度太高，冷却后蓝色有可能不重现，这是因为碘经加热全部逸出的缘故。

二、淀粉酶解工艺原理

淀粉制取葡萄糖的方法有酸解法、酶解法和酸酶结合法，而酶解法制取葡萄糖工艺在工业生产中占主导地位。

酶解法是用专一性很强的淀粉酶和糖化酶作为催化剂将淀粉水解成为葡萄糖的方法。酶解法制备葡萄糖可分为两步：第一步是液化过程，即利用α－淀粉酶将淀粉液化，转化为糊精及低聚糖。第二步是糖化过程，即利用糖化酶将糊精或低聚糖进一步水解为葡萄糖。淀粉的液化和糖化都在酶的作用下进行，故酶解法又称为双酶法。

淀粉的液化是在α－淀粉酶的作用下完成的，但淀粉颗粒的结晶性结构对酶作用的抵抗力非常强，α－淀粉酶不能直接作用于淀粉，在作用之前，需要加热淀粉乳，使淀粉颗粒吸水膨胀、糊化，破坏其结晶性的结构。α－淀粉酶是内切型淀粉酶，可从淀粉分子的内部任意切开α－1，4 糖苷键，使直链淀粉迅速水解生成麦芽糖、麦芽三糖和较大分子的寡糖，然后缓慢地将麦芽三糖、寡糖水解为麦芽糖和葡萄糖。当α－淀粉酶作用于支链淀粉时，不能水解α－1，6 糖苷键，但能越过α－1，6 糖苷键继续水解α－1，4 糖苷键。

在淀粉液化过程中，α-1，4糖苷键被无序地切断，淀粉颗粒结构被破坏，逐渐生成糊精、低聚糖、麦芽糖和葡萄糖等物质。随着α-淀粉酶作用的进行，生成物质的分子质量逐渐变小，在α-淀粉酶作用完全时，淀粉失去黏性，同时无碘的呈色反应。其反应式如下：

$$\underset{\text{淀粉}}{(C_6H_{10}O_5)_n} \rightarrow \underset{\text{糊精}}{(C_6H_{10}O_5)_x} \rightarrow \underset{\text{麦芽糖}}{C_{12}H_{22}O_{11}} \rightarrow \underset{\text{葡萄糖}}{C_6H_{12}O_6}$$

糊精是若干种分子大于低聚糖的含有不同数量的脱水葡萄糖单位的碳水化合物的总称。糊精具有还原性、旋光性，溶于水，不溶于乙醇。若将糊精滴入无水乙醇中，有白色沉淀析出。淀粉液化程度不同，所生成糊精分子大小不同，遇碘呈色也不同，随着水解进行所生成的糊精分别为蓝色糊精、紫色糊精、红褐色糊精、红色糊精、浅红色糊精、无色糊精等。在工业生产中，根据糊精的这些性质，用无水乙醇或碘溶液检验淀粉液化过程的水解情况。

糖化过程是在淀粉葡萄糖苷酶（俗称糖化酶）的作用下完成的。糖化酶是一种外切型淀粉酶，能从淀粉分子非还原端依次水解α-1，4糖苷键和α-1，6糖苷键，不过α-1，6糖苷键的水解速度仅为α-1，4糖苷键的水解速度的1/10。在糖化酶的作用下，可将液化产物进一步水解为葡萄糖。

在糖化过程中，随着酶解时间延长，葡萄糖量逐渐增多，最终趋于稳定。工业上常用DE值（也称葡萄糖值）表示淀粉糖的糖组成。糖化液中的还原糖含量（以葡萄糖计算）占干物质的百分率称为DE值，可用下式计算：

$$\text{DE值} = \frac{\text{还原糖含量(\%)}}{\text{干物质含量(\%)}} \times 100\% \qquad (1-1)$$

淀粉水解产生葡萄糖的总化学反应式可用下式表示：

$$\underset{162}{(C_6H_{10}O_5)_n} + \underset{18}{nH_2O} \rightarrow \underset{180}{n\,C_6H_{12}O_6}$$

从化学反应式可知，淀粉水解过程中，水参与了反应，发生了化学增重。从反应式可以计算淀粉水解产生葡萄糖的理论转化率为：

$$\frac{180}{162} \times 100\% = 111\% \qquad (1-2)$$

三、双酶法制取葡萄糖工艺

1. 液化工艺

采用α-淀粉酶对淀粉乳进行液化的方法有很多：按α-淀粉酶制剂的耐温性不同，可分为中温酶法、高温酶法、中温酶与高温酶混合法；按加酶方式不同，可分为一次加酶法、二次加酶法、三次加酶法等；按操作不同，可分为间歇式、半连续式和连续式；按设备不同，可分为管式、罐式和喷射式等。目前，工业中最常见的液化工艺主要有一次或二次加酶的连续喷射式高温酶法。

例如，一次加酶连续喷射式高温酶法的工艺流程如图1-2所示，其工艺条件如表1-1所示。

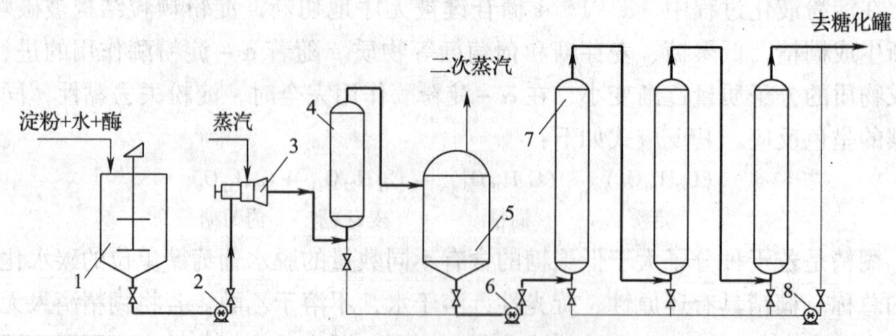

图 1-2　一次加酶喷射式工艺流程

1—调浆罐　2—泵　3—喷射器　4—高温维持罐　5—闪蒸罐
6—泵　7—立式层流罐　8—泵

表 1-1　　**工艺条件**

项目	工艺参数	项目	工艺参数
淀粉乳浓度	300 ~ 360g/L	高温维持时间	5min
高温淀粉酶用量	5 ~ 10U/g 淀粉	闪蒸后温度	95℃
pH	6.0 ~ 6.2	液化维持时间	60 ~ 120min
喷射温度	110 ~ 115℃		

将淀粉和水投入调浆罐，经搅拌调成淀粉乳，调节 pH 后加入 α - 淀粉酶，然后泵送至喷射液化器与蒸汽充分混合，使物料瞬时升温达到糊化目的，喷射后的物料经高温维持，然后进入闪蒸罐，由于压力降低，物料经闪蒸后温度降低至液化温度，最后泵送至维持罐保温一定时间，即可达到液化目的。

喷射液化器有高压蒸汽喷射液化器和低压蒸汽喷射液化器两种类型，可根据蒸汽压力情况进行选择。高压蒸汽喷射液化器的推动力为高压蒸汽，采用以汽带料的方式进行喷射；低压蒸汽喷射液化器的推动力为料液，采用以料带汽的方式进行喷射。

液化作用时间 t 通过维持管或维持罐来保证，取决于料液的流量以及维持设备的容积，由下式进行计算：

$$t = \frac{60\varphi V_w}{q_v} \tag{1-3}$$

式中　q_v——料液体积流量，m^3/h

V_w——维持容积，m^3

φ——充满系数，一般取 0.85 ~ 0.90

2. 糖化及后续处理工艺

糖化及后处理工艺流程如图 1-3 所示，有关工艺条件如表 1-2 所示。当液化液灭酶后，在输送至糖化罐的过程中通过换热器迅速降温，或进入糖化罐后通过盘管、列管、夹套等装置进行降温，然后调节 pH，定量加入糖化酶，定期搅拌，糖化至 DE 值达到最大值。糖化结束后，用蒸汽加热灭酶，泵送至脱色罐，加入粉末活性炭进行脱色，然后过滤，即可获得澄清的葡萄糖液。

为了减少发酵液的泡沫，在过滤时应尽量去除糖化液中的蛋白质等杂质。因此，在过滤前要用碱液来调节糖化液 pH，使 pH 接近糖化液中大部分蛋白质的等电点，从而使大部分蛋白质凝聚沉淀，便于过滤。由于淀粉原料来源不同，糖化液中各种蛋白质的含量也不相同，故最佳 pH 往往需要通过实验来确定。可分别取各种 pH 下的脱色液进行过滤，然后检测滤液的透光率，透光率最高即表示脱色的 pH 为最佳 pH。根据生产经验，以大米为原料时，其脱色和过滤的 pH 一般为 5.4 ~5.8；以玉米淀粉为原料时，其脱色和过滤的 pH 一般为 4.8 ~5.0。

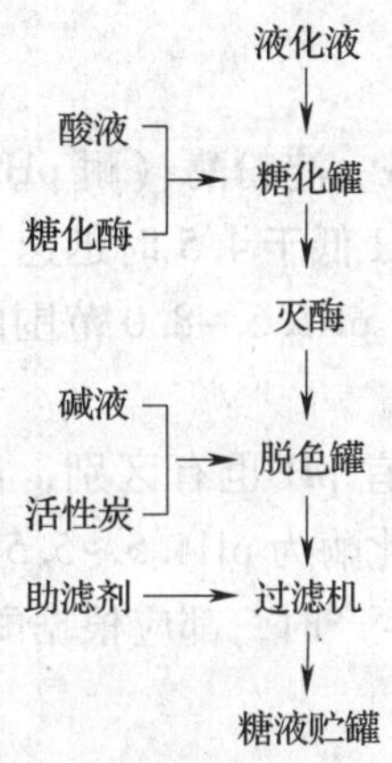

图 1 –3　糖化及后处理工艺流程

表 1 –2　　工艺条件

项目	工艺参数	项目	工艺参数
糖化温度	55 ~60℃	灭酶	85℃、20min
糖化 pH	4. 4 ~4. 6	活性炭用量	0. 5 ~1. 5 g/L
糖化酶用量	80 ~100 U/g 淀粉	脱色时间	≥30min
糖化终点	达到最大 DE 值	脱色与过滤 pH	视物料性质而定

四、淀粉双酶法制糖的影响因素

1. 温度的影响

工业生产上，为了便于 α – 淀粉酶的作用，首先将淀粉乳加热至较高温度，以加速淀粉的糊化。温度升高对糊化有利，但酶活力损失加快，因而淀粉液化温度必须根据所用淀粉酶的热稳定性进行选择。不同来源的淀粉酶对热的稳定性不同，例如，来源于地衣芽孢杆菌的 α – 淀粉酶，热稳定性为 95 ~ 110℃ (15min)，最适作用温度为 90℃左右。在液化生产中，通常采用较高的喷射温度，促使淀粉的糊化，然后闪蒸降温至较低温度，使之达到淀粉酶的最适作用温度范围。

淀粉、糊精能提高α-淀粉酶的最适作用温度，而某些金属离子，如 Ca^{2+} 也能提高酶对热的稳定性。因此，在生产中，通常在淀粉乳中加入0.01mol/L左右的 Ca^{2+}，使酶活力稳定性有所提高。

不同来源的糖化酶（淀粉葡萄糖苷酶）在糖化的适宜温度方面也存在差别，例如，来源于曲霉的糖化酶为55~60℃，来源于根霉的糖化酶为50~55℃，来源于拟内孢霉的糖化酶为50℃。当糖化温度高于适宜温度范围，糖化酶活力降低很快，80℃以上活力全部消失。在生产中，应将糖化温度控制在糖化酶的适宜作用温度范围，由于糖化时间较长，料液温度会自然下降，糖化过程中需采用热水循环保温。

2. pH的影响

除了黑曲霉生产的耐酸性α-淀粉酶（耐pH2~3）外，一般微生物生产的α-淀粉酶都是不耐酸的，当pH低于4.5时迅速失活。不同来源的α-淀粉酶，其最适pH各有不同，但通常在pH5.5~8.0范围内稳定，最适作用pH为5.5~6.5。

不同来源的糖化酶，其适宜pH也有区别，例如，来源于曲霉的糖化酶为pH3.5~5.0，来源于根霉的糖化酶为pH4.5~5.5。

因此，在液化生产与糖化生产时，都应根据酶的最适作用pH范围来控制料液的pH。

3. 淀粉乳浓度的影响

不同品种的淀粉在酶液化过程中黏度变化不同，且黏度随淀粉乳浓度增大而增大，黏度过大会导致液化不彻底。薯类淀粉的黏度较低，液化较容易，淀粉乳浓度可达400 g/L；而豆类淀粉、谷类淀粉的黏度较高，液化较难，玉米淀粉乳浓度一般以300 g/L为宜。同时，如果采用连续喷射液化工艺，淀粉乳的适宜浓度又与喷射器性能、喷射工艺等有关。喷射器结构设计很关键，如果蒸汽喷射产生的湍流能使淀粉受热快而均匀，蛋白质类凝聚效果好，淀粉与蛋白质分离效果也好，料液黏度降低也快，选择淀粉乳的浓度可适当提高。如果采用分段液化工艺，可以提高首次喷射温度，促进淀粉糊化效果，也可以选择较高的淀粉乳浓度。事实上，当今通过应用耐高温淀粉酶、改进喷射器以及应用分段液化工艺等，已经在生产中较大幅度地提高了淀粉乳浓度。

4. 液化程度的影响

糖化酶（淀粉葡萄糖苷酶）属于外切酶，只能从底物分子的非还原端逐个切断糖苷键，底物分子越多，酶作用的机会越多。但是，糖化酶是先与底物分子生成结构，而后发生水解催化作用，这需要底物分子的大小具有一定的范围，才有利于生成这种络合结构。因此，液化程度应控制在一个适合的水平，否则会影响糖化酶的催化效率。若液化程度过高，液化液分子较小，不利于络合结构生成。若液化程度太低，液化产物分子数少，糖化酶与底物的接触机会也少，影响糖化速度；且液化程度低，液化液容易老化（分子间氢键已断裂的糊化淀粉又重新排列形成新氢键的复结晶过程），糖化酶很难进入老化产物的结晶区作用，从而影响糖化最终 DE 值。研究表明，在碘试本色的前提下，液化液 DE 值越低，糖化最终 DE 值越高。生产实践中，通常将液化程度控制为 DE 值在 10% ~ 20% 。

5. 酶制剂用量的影响

α-淀粉酶制剂用量根据酶活力的高低而定，通常控制在 5 ~ 10 U/g 干淀粉。另外，α-淀粉酶制剂用量也与液化温度、时间等液化条件有关，液化温度较高时，或作用时间较短时，可适当增加酶制剂用量。有些液化工艺采用多次喷射、多次加酶的方法，由于工艺设计巧妙地利用热力以及酶活力的催化作用，可节约酶制剂的用量，且液化效果较佳。

糖化酶（淀粉葡萄糖苷酶）制剂用量与糖化时间有关，提高酶制剂用量，可加快糖化速度。但是，糖化酶制剂用量过大，会使复合反应严重，导致 DE 值降低。由于淀粉葡萄糖苷酶水解 α-1，6 葡萄糖苷键的速度很慢，为了加快糖化速度，现用糖化酶制剂多数是复合糖化酶制剂，即在淀粉葡萄糖苷酶制剂中添加了能水解 α-1，6 葡萄糖苷键的异淀粉酶或普鲁兰酶，以提高糖化速度，降低复合反应程度。同时，在实际生产中，应充分利用糖化罐的容量，尽量延长糖化时间，以减少糖化酶制剂用量，可降低酶成本和糖液中酶蛋白。

任务1　淀粉液化生产的控制

以一次加酶喷射式工艺为例。

1. 调浆与配料

按玉米淀粉: 水 =1∶2. 75 的比例，将玉米淀粉与水投入调浆罐，经搅拌，使之成为波美度为 18°Bé 左右的淀粉乳，调节 pH 至 6. 0 ~ 6. 2，然后加入耐高温 α-淀粉酶（20000U/mL)，加酶量为 10U/g 淀粉。

2. 喷射与闪蒸

将淀粉乳泵送至喷射器，调节阀门开度控制料液流量与蒸汽流量，利用喷射器将料液加热至 110 ~ 115℃，然后进入高温维持罐，经过高温维持 5min，淀粉颗粒充分润胀，达到糊化目的，再进入闪蒸罐进行闪蒸降温，使糊化液的温度迅速降至 95℃左右。

3. 液化

将闪蒸后的料液泵送入液化层流罐，在层流罐中保温液化 90 ~ 120min，料液 DE 值可达 15% 左右。生产过程中，应保持料液流量相对稳定，以确保液化时间相对稳定。同时，需定期取样进行碘显色检验，发现异常时，应及时调整料液流量。

4. 降温

液化结束后，料液进入换热器，利用冷却水作为降温介质，使料液温度降至60℃左右，然后进入糖化罐。

任务2　糖化及后处理生产的控制

1. 糖化

液化液进入糖化罐后，启动搅拌，调节温度至55～60℃，加酸调节pH至4.4～4.6，然后加入糖化酶（100000U/mL），加酶量按100U/g干淀粉计算。在糖化过程中，需维持糖化温度，并需连续搅拌或间歇搅拌，确保糖化酶充分发挥作用。定期取样检测DE值，当DE值达到98%以上，且已达到最大值时，可结束糖化。

2. 灭酶

糖化结束后，利用蒸汽加热糖化液至85～90℃，保温20min，达到灭酶目的。

3. 脱色

将灭酶后的糖化液泵送至换热器，降温至65～70℃，进入脱色罐，然后用稀碱液调节pH至4.8～5.0，以便接近大部分蛋白质等电点。为了减轻后工序脱色压力，可投入粉末活性炭0.5～1.5 g/L（具体用量根据实际情况而定），搅拌脱色30min以上，即可达到脱色目的。

4. 过滤

过滤前，先将助滤剂和适量水混合，泵送至板框压滤机进行预涂。然后，将糖化液泵送至压滤机进行过滤，收集澄清滤液至贮罐。在过滤前期，由于滤液较为浑浊，需收集返回过滤。过滤结束后，用70℃以上的热水洗涤压滤机，回收洗涤水为工艺用水。

项目1.2　谷氨酸生产培养基的配制

国内谷氨酸生产主要采用生物素缺陷型菌株，其生长与代谢谷氨酸对培养基营养成分要求不同，需根据培养基的用途分别进行配制。

项 目 引 导

一、谷氨酸生产培养基的组成

谷氨酸生产培养基不仅为菌种生长繁殖提供营养和能源，而且是构成谷氨酸的碳架和氨基的来源，故要求有足够的碳源和氮源，同时，还要求配备适量的无机盐、水及生长因子。

1. 碳源

碳源是供给菌体生命活动所需的能源和构成菌体细胞以及合成谷氨酸的基础。谷氨酸产生菌是异养微生物，只能从有机化合物中取得碳素的营养，并以分解氧化有机物产生的能量供给细胞中合成反应所需要的能量。目前所发现的谷氨酸产生菌均不能利用淀粉，只能利用葡萄糖、果糖、蔗糖和麦芽糖等，国内主要采用淀粉制取的葡萄糖液作为碳源。由于菌种对二糖以上的糖类利用困难或不利用，如果糖液中非发酵性物质含量较高，不仅造成浪费，甚至可能对菌体生长和谷氨酸合成具有抑制作用，因而对糖液质量要求严格，应尽可能提高淀粉制糖时的葡萄糖转化率。

培养基的碳源浓度对菌体生长、代谢有很大影响。如果培养基中碳源浓度过高，渗透压会增大，对菌体生长和代谢均不利。但是，为了追求单位发酵体积的谷氨酸产量，生产实践中通常采用补加碳源工艺，即先将基础培养基的碳源配制为适宜浓度，而在发酵过程中再补加较高浓度的碳源。

2. 氮源

氮源是合成菌体蛋白质、核酸等含氮物质和合成谷氨酸氨基的来源。谷氨酸发酵需要的氮源比一般的发酵工业高，一般发酵工业碳氮比为（100∶0.2）~（100∶2.0），谷氨酸的碳氮比为（100∶15）~（100∶30），当碳氮比在100∶11以上才开始累积谷氨酸。在谷氨酸发酵中，用于合成菌体的氮仅占总耗用氮的3% ~8%，而30% ~80%用于合成谷氨酸。碳氮比对谷氨酸发酵的影响很大，发酵过程的长菌阶段，如 NH_4^+ 过量，会抑制菌体生长；在产酸阶段，如 NH_4^+ 不足，α-酮戊二酸不能还原氨基化，而积累 α-酮戊二酸，谷氨酸合成量少。

氮源分为无机氮和有机氮。常用无机氮源有液氨、氨水、碳酸氢铵、硫酸铵、氯化铵和硝酸铵等，常用有机氮源有尿素［分子式为：$(NH_2)_2CO$，相对分子质量为60］、玉米浆、麸皮水解液、米糠水解液、毛发水解液、豆饼水解液等。菌体利用无机氮源比较迅速，利用有机氮源较缓慢，需根据菌种和发酵特点合理地选择氮源。由于有机氮丰富有利于长菌，通常在基础培养基中加入适量的有机氮源（如玉米浆、麸皮水解液、豆饼水解液），而在发酵过程中通过流加尿素、液氨或氨水来补充生产所需的大部分氮源。在实际生产中，采用尿素、液氨或氨水作为主要氮源时，由于一部分氨用于调节 pH 而形成谷氨酸铵盐，一部分挥发而逸出，使氮源实际用量增大。

3. 无机盐

无机盐是微生物生长和代谢不可缺少的物质，其主要作用是构成细胞的组成分，作为酶的组成部分或维持酶的活性，调节细胞的渗透压，调节 pH 和氧化还原电位等。

（1）磷酸盐　磷是某些蛋白质和核酸的组成分，参与一系列的代谢反应，ADP、ATP 是重要的能量传递者。微生物对于磷的需要量一般为 0.005 ~ 0.01mol/L。工业生产上常用 $K_2HPO_4 \cdot 3H_2O$、KH_2PO_4、$Na_2HPO_4 \cdot 12H_2O$、

$NaH_2PO_4 \cdot 2H_2O$ 等磷酸盐，也可用磷酸。磷量对谷氨酸发酵影响很大。磷浓度过高时，菌体的代谢转向合成缬氨酸，但磷含量过低，菌体生长不好。

（2）硫酸镁　镁是某些细菌的叶绿素的组成分。此外并不参与任何细胞结构物质的组成，但它的离子状态是许多重要的酶（如已糖磷酸化酶、异柠檬酸脱氢酶、羧化酶等）的激活剂。如果镁离子含量太少，就影响基质的氧化。一般革兰氏阳性菌对 Mg^{2+} 的最低要求量是 25mg/L，革兰氏阴性菌为 4～5mg/L。$MgSO_4 \cdot 7H_2O$ 中含 Mg^{2+} 9.87%，发酵培养基配用 0.25～1.00g/L 时，Mg^{2+} 浓度为 25～90 mg/L。硫存在于细胞的蛋白质中，是含硫氨基酸的组成分，构成一些酶的活性基。培养基中的硫已在硫酸镁中供给，不必另加。

（3）钾盐　钾不参与细胞结构物质的组成，它是许多酶的激活剂。钾对谷氨酸发酵有影响，谷氨酸发酵产物生成所需要的钾盐比菌体生长需要量高，钾盐少长菌体，钾盐足够产谷氨酸。菌体生长需 K^+ 为 1.0～1.5mmol/L，谷氨酸生成需 K^+ 为 2.0～10.0mmol/L。

（4）微量元素　微生物需要量十分微少但又不可完全没有的元素称为微量元素。例如，锰是某些酶的激活剂，羧化反应必需锰，如谷氨酸生物途径中，草酰琥珀酸脱羧生成 α－酮戊二酸是在 Mn^{2+} 存在下完成的。一般培养基配用 $MnSO_4 \cdot 4H_2O$ 2mg/L。铁是细胞色素氧化酶、过氧化氢酶的成分，又是若干酶的激活剂。但作为碳、氮源的农副产物天然原料中，本身就含有某些微量元素，可不必另加。

4. 生长因子

从广义来说，凡是微生物生长不可缺少的微量有机物质，如氨基酸、嘌呤、嘧啶、维生素等均称为生长因子。生长因子不是所有微生物都必需的，它只是对于某些自己不能合成这些成分的微生物才是必不可少的营养物。目前，国内以糖质原料为碳源的谷氨酸产生菌均为生物素缺陷型，以生物素为生长因子。

生物素是 B 族维生素的一种，又称作维生素 H 或辅酶 R。它是一种一元羧酸，酸性较弱（$K_a = 6.3 \times 10^{-6}$）。在 25℃时，在水中的溶解度为 220mg/L；在酒精中的溶解度为 80mg/L。它的钠盐溶解度很大。在酸性或中性水溶液中对热较稳定，在碱性溶液中稳定性较差。因此，生产上配制纯生物素溶液时，通常用乙醇来溶解。

生物素作为催化脂肪酸生物合成最初反应的关键酶乙酰 CoA 羧化酶的辅酶，参与脂肪酸的合成，在谷氨酸发酵中，主要影响谷氨酸产生菌细胞膜的谷氨酸通透性，同时也影响菌体的代谢途径。由于谷氨酸产生菌是生物素缺陷型，若培养基中生物素不足，菌体生长缓慢，发酵液中菌体量不足，导致耗糖缓慢，发酵周期延长，谷氨酸合成量少；若生物素过量，菌体生长迅速，菌体量过多，细胞膜的通透性差，谷氨酸合成量也少。当生物素过量时，而供氧不足，发酵向乳酸发酵转换。如果供氧充足，生物素过量会促使糖代谢倾向于完全氧化。

在培养基中，大量合成谷氨酸所需要的生物素浓度比菌体生长的需要量低，即为菌体生长需要的“亚适量”。因此，为了满足菌种的生长需要，种子培养基的生物素必须是过量的；但为了使菌种大量合成谷氨酸，发酵培养基的生物素量只能是“亚适量”。谷氨酸发酵的最适生物素浓度随菌种、碳源种类及浓度、供氧条件、发酵周期等不同而异。传统工艺受到发酵设备的溶氧条件等因素的限制，其生物素浓度一般为5μg/L左右，但随着溶氧效率、流加糖浓度等条件的改善，现行工艺的生物素浓度可达10μg/L以上，远高于传统工艺。

生物素存在于动植物的组织中，多以与蛋白质结合状态存在，用酸水解可以分开。谷氨酸生产上可作为生物素来源的原料有玉米浆、麸皮水解液、糖蜜及酵母水解液等，通常选取其中几种混合使用。例如，许多工厂选择纯生物素、玉米浆、糖蜜这三种物质来作为生物素来源物质。各种原料来源以及加工工艺不同，所含生物素的量不同，表1－3所示为部分原料中生物素的一般含量。

表1－3　某些原料中生物素的一般含量

原料	生物素/（μg/kg）	原料	生物素/（μg/kg）
米糠	300	甘蔗糖蜜	1500
麸皮	250	甜菜糖蜜	50～60
玉米浆	500		

二、生物素用量计算

在谷氨酸发酵生产中，每批原料的生物素含量都有差别，应对原料的生物素含量进行检测，并对每批培养基的生物素浓度进行计算，通过跟踪发酵情况，才能对生物素浓度是否适宜而做出初步判断，以作为调整下一批培养基生物素用量的依据。

由于种子培养基的生物素都是相对过量的，种子培养基中残留生物素将随种子液进入发酵培养基，因此，考察谷氨酸发酵的生物素浓度时，应将种子培养基和发酵培养基联合起来进行计算。

生物素浓度可计算如下：

$$\text{生物素浓度（μg/L）}=\frac{\text{总生物素量}}{\text{发酵初始体积}} \qquad (1-4)$$

其中：

当采用二级种子扩大培养流程进行谷氨酸菌种培养时，总生物素量＝摇瓶种子培养基的生物素量＋种子罐培养基的生物素量＋发酵培养基的生物素量。在生产实践中，摇瓶种子培养基的生物素量可忽略不计。

发酵初始体积＝二级种子培养基配制体积＋种子培养基灭菌带入的蒸汽冷凝水体积＋发酵培养基配制体积＋发酵培养基灭菌带入的蒸汽冷凝水体积。

任务1　种子培养基的配制

以20m³种子罐为例，其培养基配方为：葡萄糖600kg，糖蜜180kg，玉米浆

300kg，纯生物素 250mg，KH_2PO_4 24kg，$MgSO_4 \cdot 7H_2O$ 12kg，消泡剂 2.0kg，配料定容 14m^3。

先将 2m^{3}浓度为 300g/L 的葡萄糖液投入配料罐，然后称取其他物料投入配料罐，加水定容至 14m^3，启动搅拌，使各种物料充分溶解，最后泵送至种子罐，经实罐灭菌、降温后，用液氨调节 pH 至 7.0，用无菌空气保压，备用。培养过程中，采用流加液氨补充氮源。

任务 2　发酵培养基的配制

以 200m^{3}种子罐为例，其发酵基础培养基为：葡萄糖 19200kg，糖蜜 120kg，玉米浆 400kg，纯生物素 150mg，85% 的磷酸 120kg，KCl 200kg，$MgSO_4 \cdot 7H_2O$ 140kg，消泡剂 10kg，配料定容 95m^3。

先将 64m^{3}浓度为 300g/L 的葡萄糖液投入配料罐，然后称取其他物料投入配料罐，加水定容至 75m^3，启动搅拌，使各种物料充分溶解，并调节 pH 至 7.0。另外，准备 20m^{3}清水。分别将 75m^{3}培养基和 20m^{3}清水泵送至连续灭菌系统进行灭菌，经降温，进入发酵罐，用无菌空气保压，备用。发酵过程中，采用流加糖液、液氨进行补充碳源、氮源。

由于种子培养基的配料体积为 14m^3，种子培养基灭菌带入的冷凝水为 1.2m^3，发酵培养基的配料体积为 95m^3，发酵培养基灭菌带入的冷凝水为 9.8m^3，发酵初始体积可计算为：

$$\text{发酵初始体积（m}^3\text{）} = 14 + 1.2 + 95 + 9.8 = 120\ \text{（m}^3\text{）}$$

由于种子培养基与发酵培养基的糖蜜用量为 300kg，玉米浆用量为 700kg，纯生物素用量为 400mg，总生物素量可计算为：

$$\text{总生物素量} = 1500 \times 300 + 500 \times 700 + 1000 \times 400 = 1200000\ \text{（}\mu\text{g）}$$

因此，生物素浓度可计算为：

$$\text{生物素浓度} = \frac{\text{总生物素量}}{\text{发酵初始体积}} = \frac{1200000}{120 \times 1000} = 10\ \text{（}\mu\text{g/L）}$$

项目 1.3　柠檬酸生产培养基的配制

项 目 引 导

一、柠檬酸生产培养基的组成

我国现用柠檬酸发酵菌种均属黑曲霉，黑曲霉柠檬酸产生菌是化能异养微生物，只能利用有机氮源。为了满足黑曲霉的生长、繁殖，必须提供足量的碳源、氮源和无机盐，使培养基中的化学物质组成和菌体物质元素组成相当。但是，要使黑曲霉产生菌大量生成和积累柠檬酸，必须控制营养物质的供给，使菌体生长受限制，处于半“饥饿”和代谢失调状态。依据柠檬酸发酵机制，黑曲霉大量生成和积累柠檬酸的基本条件，是提供高浓度的葡萄糖和充足的氧，而对磷、锰、铁、锌等无机盐物质的要求则处于低水平。

1．碳源

碳源除了合成细胞物质和提供维持生命活动的能量外，主要用于合成柠檬酸。黑曲霉能很好地利用淀粉、麦芽糖、葡萄糖、果糖、甘露糖、蔗糖、蔗果三糖、D－木糖、L－阿拉伯糖、L－鼠李糖，而不能利用L－木糖、D－阿拉伯糖、D－半乳糖和乳糖。从生产角度看，葡萄糖、蔗糖、糊精是良好的碳源，为了降低生产成本，多采用廉价的甘薯、玉米、小麦及其淀粉、糖蜜等。高碳源浓度是柠檬酸发酵的一大特征，我国采用薯干粉的深层发酵，粉浆浓度为160～200g/L；若采用淀粉质的深层发酵，粉浆浓度可达250g/L。

2．氮源

氮源的作用是合成细胞物质（蛋白质、氨基酸、核酸、维生素等）和调节代谢，因为细胞中铵离子浓度的升高，能解除ATP和柠檬酸对关键酶——磷酸果糖激酶的反馈抑制，使EMP代谢流增强，有利于柠檬酸的生成与积累。

经实验证明，黑曲霉偏好于无机氮。在无机氮中，生理酸性氮比生理碱性氮好，这是因为生理酸性氮中的铵离子被利用后，使培养基变酸，使黑曲霉生长阶段结束后转入产酸阶段，有利于柠檬酸的积累。因此，铵盐既可以调节代谢，也可以控制pH。据报道，在柠檬酸发酵过程中添加铵盐，尤其是当柠檬酸生成速率开始下降时，添加铵离子最为有利，这种效应可能与铵离子对柠檬酸积累调节作用有关。如果原料中有机氮含量过分丰富，菌体生长加快，对缩短发酵周期有利，但不利于柠檬酸积累，产率不高。这是不能利用含蛋白质丰富的粗玉米粉直接发酵的原因。

3．无机盐

在柠檬酸发酵中，无机盐具有重要作用，且对发酵影响是十分复杂的，因菌种、原料、生产方式不同而不同。我国采用诱变方法改良的菌种能耐很高的金属离子，因而原料和水不经任何处理就可用于发酵。采用薯干粉、马铃薯、木薯和糖蜜等原料时，原料中所含的P、K、Mg、S量已足够黑曲霉生长，不需专门添加。据报道，黑曲霉对无机盐及微量元素的要求如表1－4所示。

表1－4　　黑曲霉对无机盐及微量元素的要求

无机盐或微量元素	深层发酵培养基中含量	无机盐或微量元素	深层发酵培养基中含量
KCl	0.1～0.3g/L	Zn^{2+}	≤0.3mg/L
KH_2PO_4	0.5～5.0g/L	Mn^{2+}	≤0.2mg/L
$MgSO_4 \cdot 7H_2O$	0.1～0.5g/L	Cu^{2+}	≤0.5mg/L
S	≤0.07mg/L	Fe^{2+}	≤2mg/L

二、不同原料的碳氮控制

薯干原料的产地等条件不同，其组织中各种物质的含量各异，尤其是蛋白质含量相差较大。一般甘薯干蛋白质含量在6% ~7%，以此为原料，不需调节含氮量，而西北产区的甘薯干含蛋白质高达8% ~9%，则超出现用菌种所需。木薯干含蛋白质仅为1.7% ~2.6%，则需用玉米粉、米糠、麸皮等有机氮源和适量的无机氮源来补充氮源。

玉米粉原料中有机氮含量过分丰富，不宜直接用于发酵。如果将玉米粉进行液化以及过滤去渣，由于大量蛋白质随滤渣被去除，滤液所含氮源偏低，也不宜直接用于发酵。因此，玉米粉液化后的滤液需补加全玉米粉、玉米滤渣、未过滤的液化液或麸皮等，调整氮源，使液体培养基中蛋白质含量为0.2% ~0.4%（视菌种要求而定）。

任务1　种子培养基的配制

种子罐种子培养基配方视发酵柠檬酸所采用原料不同而异。例如，以薯干粉为原料时，以$10m^3$种子罐为例，其培养基配方为：薯干粉160 ~ 200g/L，$(NH_4)_2SO_4$ 5g/L，自然pH（pH5.5左右），配料定容$7m^3$。

按160 ~200g/L的比例，将薯干粉和水投入调浆罐进行调浆，添加耐高温α－淀粉酶制剂（20000U/mL），加酶量为10U/g干淀粉，搅拌均匀后，采用连续喷射液化法进行液化，经过滤除渣，获得液化液的滤液。然后，将$7m^3$滤液泵送至种子罐，添加（$NH_4)_2SO_4$ 35kg，搅拌均匀，实罐灭菌（121℃保温20min），降温至35℃，最后用无菌空气保压，备用。

任务2　发酵培养基的配制

如果以薯干粉为原料，以$100m^3$发酵罐为例，其发酵基础培养基为：薯干粉200g/L，$(NH_4)_2SO_4$ 2 g/L，自然pH（pH5.5左右），配料定容$80m^3$。

按200g/L的比例，将薯干粉和水投入调浆罐进行调浆，添加耐高温α－淀粉酶制剂（20000U/mL），加酶量为10U/g干淀粉，搅拌均匀后，采用连续喷射液化法进行液化，经过滤除渣，获得液化液的滤液。然后，将$80m^3$滤液泵送至配料罐，添加（$NH_4)_2SO_4$ 16kg，搅拌均匀，泵送至连续灭菌系统进行灭菌，经降温，进入发酵罐，用无菌空气保压，备用。

归 纳 知 识

一、工业培养基的选择原则与配制要求

1. 工业培养基的选择原则

工业培养基是提供微生物生长繁殖和生物合成各种代谢产物所需要，按一定比例配制的多种营养物质的混合物。培养基种类繁多，其组成对菌体生长繁殖、产物的生物合成及产品的分离纯化等都有重要影响。选择培养基时应从微生物的营养需求与生产工艺的要求出发，使之能满足微生物生长、代谢的要求，达到高产、高质、低成本的目的，一般需遵循以下原则：

（1）满足生产菌生长、代谢的需要　各种生产菌对营养物质的要求不尽相同，有共性，也有各自的特性，且在生长、繁殖阶段与产物代谢阶段对营养物质的要求也有可能不同，应根据菌种的营养特性、生产目的来考虑培养基的组成。

（2）有利于提高目的代谢产物的产量与得率　在发酵生产中，目的产物的代谢与培养基有很大关系，在满足菌种生长、代谢需求的前提下，应追求高产，选择能够大量积累代谢产物的培养基。同时，还需考虑有利于降低培养基原料的单耗，提高单位营养物质的转化率，即能够使底物最大程度地转化为目的产物。

（3）有利于提高菌种生长及代谢速度　所选培养基应使菌种能够在较短时间内达到发酵工艺要求的菌体浓度，并能够在较短时间内大量积累代谢产物，从而有效地缩短发酵周期，提高设备的周转率。

（4）尽量减少副产物生成　如果代谢副产物生成最小，可最大程度地避免培养基营养成分的浪费，并使发酵液中代谢产物的纯度相对提高，有利于产物提取操作和产品质量，同时可降低发酵成本和提取成本。因此，需选择有利于减少代谢副产物生成的培养基。

（5）价廉、质量稳定、来源广泛以及供应充足　在发酵生产中，培养基原料成本是生产成本的重要构成部分，培养基原料需采用来源广泛、价格低廉的物质，最好选择工厂所在地或附近地域具有丰富资源的原料，以便保证原料的正常供应，以及有利于降低采购、运输成本。同时，由于原料质量的稳定性是影响生产技术指标稳定性的重要因素之一，特别是对于一些营养缺陷型菌株，培养基原料的组分、含量直接影响到菌体的生长，当原料质量经常波动时，发酵条件较难确定，因而需重视原料质量的稳定性。

（6）有利于发酵过程的溶氧与搅拌　对于好氧性发酵，主要采用液体深层培养方式，在发酵过程需要不断通气和搅拌，以供给微生物生长、代谢所需的溶氧。培养基的黏度等直接影响到氧在培养基中的传递以及微生物细胞对氧的利用，因而所选原料尽可能减少对氧传递方面的影响，以便提高氧的利用率和降低能耗。

（7）有利于产物的提取、纯化以及废物的综合利用　如果培养基杂质过多或存在某些对产物提取具有干扰的成分，不利于提取操作，将导致提取步骤复杂、提取率低、提取成本高、产物纯度低等。因此，需考虑所选原料是否有利于产物的提取；同时，还需考虑废弃物对环境保护的影响及其综合利用的难易程度，如果废弃物综合利用容易，可以减轻废弃物处理的负荷，降低废弃物处理的运行费用，而且副产品可以产生经济效益，对降低整个生产成本十分有益。

2. 工业培养基的配制要求

（1）根据微生物的营养需求配制培养基　首先，培养基的组成必须满足菌体细胞生长繁殖的元素需求。据分析可知组成微生物细胞的元素包括 C、H、O、N、S、P、Fe、Mg 和 K 等，如表 1－5 所示。需根据细胞的元素组成设计各种培养基（孢子培养基、种子培养基、发酵培养基）的配比。在无生长因子（如氨基酸、维生素、核苷酸等）的培养基中，某些微生物能够生长良好，说明这些微生物能自身合成生长所需要的多种生长因子。但是，对于一些不能合成自身生长所需要的部分或绝大部分生长因子的微生物来说，需考虑微生物对某些生长因子的特殊需求，宜配制含有生长因子的培养基，以保证菌体的正常生长繁殖。

表 1－5　细菌、酵母和霉菌细胞的元素组成（以干重计）　单位:%

元素	细菌	酵母	霉菌
C	50.00～53.00	45.00～50.00	40.00～43.00
H	7.00	7.00	7.00
N	12.00～15.00	7.50～11.00	7.00～10.00
P	2.00～3.00	0.80～2.60	0.40～4.50
S	0.20～1.00	0.01～0.24	0.10～0.50
K	1.00～4.50	1.00～4.00	0.20～2.5
Na	0.50～1.00	0.01～0.10	0.02～0.50
Mg	0.10～0.50	0.01～0.50	0.10～0.50
Ca	0.01～1.10	0.10～0.30	0.10～1.40
Fe	0.02～0.20	0.01～0.50	0.10～0.20

对用于生物合成代谢产物的发酵培养基来说，需分析代谢产物的元素组成，以及分析各种营养物质与代谢产物合成的内在关系，使所配培养基满足合成代谢产物的需求。一般情况下，在对数生长期，此类培养基应有利于菌体的迅速生长繁殖，而在对数生长末期有利于菌体迅速转入代谢产物合成的生产期，并使产物合成量达到最大。

培养基还要提供维持细胞生命活动和合成代谢产物所需要的能量。通过多种代谢产物合成数量与碳源种类和浓度的相关性研究表明，碳源在许多代谢产物合成中起着关键的作用。培养基配制时需考虑菌体能量代谢方面的需求。

（2）营养成分的恰当配比　培养基中各种营养物质的配比要恰当，既要有利于菌体生长，又要充分发挥菌体合成代谢产物的潜力。如果各种营养物质配比失调，将影响发酵水平，其中碳氮比（C/N）的影响最为显著。如果碳氮比过小，易引起菌体过度生长，而影响产物的积累；如果碳氮比过大，易导致菌体繁殖量不足，也不利于产物的积累。不同菌株、不同代谢产物的碳氮比需求不同，例如，赖氨酸发酵对氮源的需求比谷氨酸发酵要高。即使同一菌株，菌体生长阶段和产物合成阶段的碳氮比需求也往往不同，例如，氨基酸合成阶段对氮源的需求比菌体生长阶段要高。因此，应针对不同菌株、不同时期的营养需求对培养基的营养物质进行配比。

（3）适宜的渗透压　对微生物来说，培养基中任何营养物质都有适宜的浓度。就提高发酵罐单位容积的产量而言，应尽可能提高培养基的浓度，但浓度过高，会增加培养基的渗透压，对微生物生长和代谢产物合成反而不利。例如，在谷氨酸发酵培养基中，葡萄糖浓度超过200g/L时，菌体生长缓慢；在赖氨酸基础发酵培养基中，硫酸铵浓度超过40g/L时，对菌体生长抑制明显。为了避免培养基初始渗透压过高，而又要追求发酵罐单位容积的最大产量，目前倾向于采用补料发酵工艺，即培养基底物的初始浓度适中，然后在发酵过程通过流加高浓度营养物质进行补充。

（4）适宜的pH　各种微生物有其生长最适pH和产物生成最适pH范围。例如，霉菌和酵母菌比较适于微酸性环境，放线菌和细菌适于中性或微碱性环境。为了满足微生物的生长和代谢的需要，培养基配制和发酵过程中应及时调节pH，使之处于最适pH范围。

（5）适宜的氧化还原电位　对大多数微生物来说，培养基的氧化还原电位一般对其生长的影响不大，即适合它们生长的氧化还原电位范围较广。但是，对于专性厌气细菌，由于自由氧的存在对其有毒害作用，往往需要在培养基中加入还原剂以降低氧化还原电位。

除了以上几条原则外，还应注意各营养成分的加入次序以及操作步骤。尤其是一些微量营养物质，如生物素、维生素等，更加要注意避免沉淀生成或破坏而造成损失。

二、营养基质对发酵的影响及其控制

基质是细胞的营养物质，其成分和浓度与发酵结果关系密切，既影响细胞的生长繁殖，又影响代谢产物的生成。因此，选择适当的营养基质并控制其适当的浓度，是提高发酵产物产量的重要途径。

1. 营养基质种类的影响和控制

合适的营养物质种类有利于菌体细胞的快速生长，提高菌体浓度，并可促进发酵的进行以及相对地提高发酵产物的产量。

（1）碳源种类的影响和控制　按照碳源被菌体利用的速度不同，可以把碳源分为迅速利用的碳源和缓慢利用的碳源。如葡萄糖等为迅速利用的碳源，能够迅速参与代谢、合成菌体和产生能量，并产生分解产物，对菌体生长有利。但有的迅速利用碳源的分解产物对一些发酵产物（如抗生素等次级代谢产物）的生物合成产生阻遏作用。缓慢利用的碳源被菌体利用缓慢，有利于延长代谢产物的合成，特别有利于延长抗生素等次级代谢产物的分泌期，例如乳糖、蔗糖、麦芽糖、饴糖、糊精等是青霉素、头孢菌素C、链霉素、核黄素及生物碱等发酵的适合碳源。

碳源种类对发酵产物的形成具有重要影响：① 影响发酵产物种类；② 影响发酵产物产量。例如在以淀粉为碳源的培养基中培养枯草杆菌，既产生 α－淀粉酶，又产生蛋白酶，其淀粉酶发酵水平为1000U/mL，蛋白酶发酵水平为50000U/mL；在以葡萄糖为唯一碳源的培养基中培养枯草杆菌，只能产生蛋白酶而不产淀粉酶。又例如黑曲霉 B60 利用不同碳源发酵生产柠檬酸，产量具有明显差异（如表1－6所示），其中麦芽糖、蔗糖、葡萄糖可作为较好的碳源。

表1－6　不同碳源对黑曲霉 B60 生产柠檬酸的影响

碳源种类	碳源浓度/（g/L）	柠檬酸浓度/（g/L）
麦芽糖	140	49
蔗糖	140	46
葡萄糖	140	38
甘油	140	17
果糖	140	13

不同菌株发酵生产同一代谢产物，或同一菌株在不同发酵阶段，其最适碳源有可能不同，应根据菌种生长特性、发酵产物形成特性加以选择。例如生长非耦联型发酵中，菌体生长阶段和产物形成阶段的培养基碳源可能有所区别，于是发酵培养基可以采用含迅速和缓慢利用的混合碳源，以控制菌体的生长和产物的形成。

有时，不使用混合碳源，而通过控制培养基中对产物合成有阻遏作用的碳源浓度，也能够使发酵顺利进行。例如早期的青霉素发酵研究中，在以葡萄糖作为唯一碳源的培养基中发酵青霉素，菌体生长良好，但青霉素产量很少；当采用乳糖作为碳源，青霉素的产量明显增加。这是因为葡萄糖的分解产物对青霉素合成具有阻遏作用。现在的青霉素发酵生产中，采用葡萄糖作为碳源，通过控制葡萄糖液的连续流加，使培养基中的葡萄糖处于限制状态，有效地解除葡萄糖分解产物的阻遏作用，可以实现青霉素的高产。

（2）氮源种类的影响和控制　氮源有迅速利用的氮源和缓慢利用的氮源。迅速利用氮源是含有氨基（或铵）态氮的物质，如氨基酸、硫酸铵、氯化铵、玉米浆等；缓慢利用氮源是一些需要经过微生物胞外酶的消化才能释放出氨基酸或 NH_4^+ 的营养物质，如黄豆饼粉、花生饼粉、棉籽饼粉等蛋白质。快速利用氮源容易被菌体利用，促进菌体生长，但对某些代谢产物的合成，特别是某些抗生素的合成产生抑制或阻遏作用，降低产物产量。例如链霉菌的竹桃霉素发酵，采用促进菌体生长的铵盐，但抗生素产量却明显下降。铵盐还对柱晶白霉素、螺旋霉素、泰洛星等的生物合成具有同样的调节作用。缓慢利用氮源对延长次级代谢产物的分泌期、提高产物的产量有利，但一次投入也容易促进菌体生长和养分过早耗尽，致使菌体过早衰老而自溶。

与碳源一样，应根据菌体生长特性和代谢产物生成特性选择发酵培养基的氮源种类。一般来说，工业发酵上的基础培养基大多采用迅速和缓慢利用的混合氮源，有时为了调节菌体生长或满足产物合成所需，在发酵过程中还需补加氮源。例如赖氨酸发酵生产时，基础培养基中可用硫酸铵、玉米浆、毛发水解液等组成的混合氮源，并在发酵过程中流加硫酸铵溶液和液氨两种氮源。

2. 营养基质浓度的影响和控制

基础浓度对菌体生长和发酵产物形成均具有影响。用 Monod 模型描述基质浓度与比生长速率的关系如下：

$$\mu = \mu_{max}\frac{S}{K_S + S} \tag{1-5}$$

式中　μ——比生长速率，min^{-1}

μ_{max}——最大比生长速率，min^{-1}

S——基质浓度

K_S——饱和常数，是 $\mu = 0.5\mu_{max}$ 时的基质浓度

菌体生长的真实情况很复杂，其中包括高浓度基质抑制生长等问题，Monod 模型仅是菌体生长的简单化描述。图 1-4 是典型的基质浓度-比生长速率关系曲线，线段 a 表示在 S 远远小于 K_S 时，比生长速率与基质浓度呈直线关系，此时 $\mu = \mu_{max} \cdot S/K_S$；线段 b 适用 Monod 方程来表示，此时 $\mu = \mu_{max} \cdot S/(K_S + S)$；线段 c 为高浓度基质的区域，由于基质浓度过高而导致抑制作用，比生长速率出现下降的趋势，此时 $\mu = \mu_{max} \cdot K_i/(K_i + S)$。

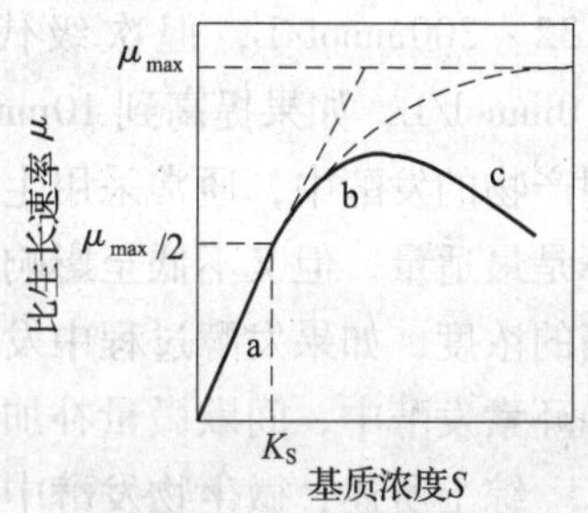

图 1-4　基质浓度对比生长速率的影响

不同菌株对基质浓度的耐受能力不一样。一般来说，当葡萄糖浓度低于 100~150g/L 时，菌体生长一般不会受到抑制；当葡萄糖浓度高于 350~500g/L 时，多数微生物会脱水而不能生长。基质浓度过高会严重影响菌体的生长，例如由于酵母具有 Crabtree 效应，当在高糖培养基中发酵生产面包酵母时，即使溶氧充足，酵母在生长的同时也会产生大量的乙醇，从而使酵母对糖得率下降。

另外，基质浓度也严重影响代谢产物的生成量。若基质浓度过高，有可能使营养过于丰富，菌体生长过盛，致使发酵液黏稠，传质状况差，菌体细胞将消耗较多能量来维持其生存环境，对发酵产物合成不利，最终导致发酵转化率降低。例如在以葡萄糖、玉米浆和尿素为主要成分的培养基中，用克鲁斯假丝酵母（*Candida krusei*）发酵生产甘油，玉米浆用量不同而导致发酵产物的生成量也不一样，如表 1-7 所示。从表中可看出，玉米浆浓度为 12g/L 时，菌体浓度较大，

虽然发酵时间较短，但菌体用于生长消耗的葡萄糖最多，甘油的产量和得率都最低；而玉米浆浓度为 9g/L 时，用于维持和生长消耗的葡萄糖占总耗糖的 41.6%，其比例最低，因此甘油的产量和得率都最高。

表 1-7　玉米浆浓度对甘油发酵的影响

玉米浆浓度 /（g/L）	发酵时间 /h	菌体浓度 /（g/L）	甘油浓度 /（g/L）	甘油得率 /（g/g）	维持代谢消耗的葡萄糖/%	生长消耗的葡萄糖/%
6	78	23.8	70.7	0.388	36.5	8.8
9	61	26.6	72.9	0.413	31.2	10.4
12	48	33.5	59.8	0.354	29.0	13.8

培养基中的磷是菌体生长和代谢产物合成所必需的成分，磷酸盐浓度不仅影响菌体生长情况，而且对代谢产物的产量影响非常大。在初级代谢产物发酵中，磷酸盐浓度往往通过影响菌体生长而间接影响产物的产量；而对于次级代谢产物来说，磷酸盐浓度的调节作用机制比较复杂。微生物生长的适宜磷酸盐浓度为 0.32～300mmol/L，但次级代谢产物合成良好的适宜磷酸盐浓度平均值为 1.0mmol/L，如果提高到 10mmol/L 就明显抑制其合成。因此，抗生素等次级代谢产物的发酵中，通常采用生长亚适量的磷酸盐浓度，即磷酸盐浓度对菌体生长不是最适量，但又不低至影响菌体生长的量。一般控制基础培养基中磷酸盐在适当的浓度，如果发酵过程中发现代谢缓慢，可适当补加磷酸盐加以纠正，例如在四环素发酵中，间歇微量补加磷酸二氢钾，有利于提高四环素的产量。

综上所述，微生物发酵中必须控制适当的基质浓度。为了提高单位体积发酵罐内的产量，通常将基础培养基中基质控制在适当浓度，使菌体生长不受抑制，然后在发酵过程中采用连续或间歇补加高浓度基质的方法，提高单位体积发酵罐内的基质总量，从而提高发酵罐的单罐产量。

3. 营养基质比例的影响和控制

营养基质比例不当，影响菌体按比例、均匀地吸收养分以及培养基酸碱度的稳定，从而影响菌体的生长、代谢产物的产量和组成。例如在谷氨酸发酵中，发酵不同阶段要求的碳氮比不一样，产酸阶段所需氮源比菌体生长阶段高，在不同阶段控制碳氮比可以促进生长向产酸转化，并减少对产物组成的影响。如果 NH_4^+ 过量，在菌体增殖阶段会抑制菌体的生长，在产酸阶段会使谷氨酸受谷酰胺合成作用转化成谷酰胺；如果 NH_4^+ 不足，α-酮戊二酸不能还原氨基化，而积累 α-酮戊二酸。又例如，生长非耦联型的次级代谢产物发酵中，产物生成阶段所需氮源比菌体生长阶段少，而碳源比例通常要大些，可以控制菌体增殖以保证产物的合成。

培养基中营养基质比例应根据菌种特性和产物代谢的特性进行选择，首先使基质比例粗略符合菌体细胞的元素组成，再根据产物代谢的特性、发酵动力学模型进行优化。调节基质比例的内容包括：调节碳氮比、混合碳源比、混合氮源比；调节生理酸性盐与生理碱性盐之比；调节无机盐元素之比等。优化营养基质比例要将菌体生长和产物生成两个阶段分别对待并综合考虑，使比生长速率和比生产速率尽可能最大。

拓展知识1.1　啤酒酿造原辅料及培养基制备

啤酒是以大麦为主要原料，以其他谷物等为辅料，并添加少量酒花，采用制麦芽、糖化发酵、过滤、包装等工艺酿制而成的，含有CO_2的、起泡、低酒精度的酿造酒。

一、啤酒酿造原辅料

1．大麦

大麦属于禾本科植物，共有30多个品种。由于大麦便于发芽，易于生长，种植范围广，不作为主粮，且酶系统完全，其化学成分适于酿造啤酒，制成的啤酒风味独特，故可作为啤酒酿造的主要原料。大麦依麦粒在穗轴的排列方式可分为六棱大麦、四棱大麦、二棱大麦，其中，二棱大麦籽粒皮薄、饱满均匀，淀粉含量相对较高，蛋白质含量适中，是酿造啤酒最好的原料，使用比较普遍。

2．酒花

酒花的学名是蛇麻，又名忽布，是大麻科葎草属多年生蔓性草本植物。在啤酒酿造过程中添加酒花作为香料始于9世纪，至今已成为啤酒酿造的重要原料，其主要作用：① 赋予啤酒爽口的苦味；② 赋予啤酒特有的酒花香气；③ 酒花与麦汁共同煮沸，能促进蛋白质凝固，有利于麦汁的澄清，有利于啤酒的非生物稳定性；④ 具有抑菌、防腐作用，可增强麦汁和啤酒的防腐能力；⑤ 增强啤酒的泡沫稳定性。

在酒花的化学组成中，对啤酒酿造具有重要作用的是酒花树脂、酒花油和多酚物质等，其他成分含量很小，对啤酒酿造影响甚微。

按酒花的典型性可将酒花分为香型酒花、苦型酒花和兼型酒花。

3．辅助原料

在啤酒酿造过程中，除了使用大麦作为主要原料外，还可以根据资源优势，采用未发芽谷类（小麦、大米、玉米等）、糖类或糖浆作为辅助原料。如果使用未发芽谷类，在糖化时的使用比例一般为20%～30%，它们的浸出物可通过麦芽中的酶或酶制剂分解成可发酵性糖。如果采用发酵所需的糖类物质，如蔗糖、糖浆等，它们是在麦汁制备过程中直接加入麦汁中，以增加麦汁中可发酵性糖的含量。

使用辅助原料的意义：① 采用价廉而富含淀粉质的谷类作为麦芽的辅助原料，以提高麦汁收得率，降低成本并节约粮食；② 采用糖类或糖浆作为辅助原料，可节省糖化设备的容量，可调节麦汁中糖与非糖的比例，从而提高啤酒的发酵度；③ 使用某些辅助原料，可降低麦汁中蛋白质和易氧化的多酚物质的含量，从而降低啤酒色度，改善啤酒风味和啤酒的非生物稳定性；④ 使用部分谷类原料，可增加啤酒中糖蛋白的含量，从而改善啤酒的泡沫性能。

4．水

水是啤酒酿造的重要原料，啤酒工厂用水可分为酿造用水、锅炉用水、冷却用水及洗涤用水。酿造用水主要包括糖化用水、洗糟用水、稀释用水及酵母洗涤用水，这部分水直接参与啤酒生产的工艺反应，是麦汁和啤酒的重要组成，俗称啤酒的“血液”，其水质状况对啤酒的酿造过程及啤酒质量有着十分重要的影响。

啤酒生产用水除了要求符合饮用水标准外，有的还要进行必要处理。酿造用水的处理主要有三方面：① 糖化用水和洗糟用水需进行降低硬度、改良酸度等处理；② 酵母洗涤用水需进行除菌处理，防止发酵醪液受到杂菌污染；③ 稀释用水需进行降低硬度、灭菌、脱氧及充 CO_2 等处理。

二、啤酒酿造培养基的制备

1．麦芽制造

将原料大麦制成麦芽的过程称为麦芽制造，简称“制麦”。制麦过程主要包括贮存、粗选、精选、分级、浸泡、发芽、干燥等步骤，是啤酒生产的开始，其工艺决定麦芽的品质，进而影响啤酒酿造工艺及啤酒的质量。制麦的工艺流程如图 1－5 所示。

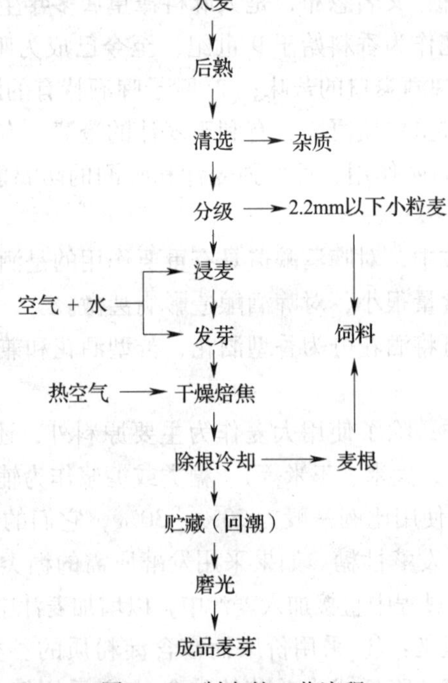

图 1－5　制麦的工艺流程

（1）大麦的后熟、清选和分级 新收获的大麦需经过6～8周的后熟期，种皮的性能受到温度、水分、氧气等外界因素的影响而发生改变，其发芽率才得以提高。原料大麦含有各种杂质，需进行粗选除去铁屑、砂石、尘土等杂质，再进行精选除去与麦粒腹径大小相同的荞麦、野豌豆、草籽等杂质。为了得到颗粒整齐的大麦，为浸渍均匀、发芽整齐以及麦芽粉碎均匀等创造有利条件，需采用分级筛对大麦进行分级，取腹径在2.2mm以上的大麦为啤酒酿造原料。

（2）浸麦 浸麦的目的在于：使大麦吸收充足的水分，达到发芽的要求，国内一般控制浸麦度为45%～46%，而国外一些厂家控制浸麦度为42%～45%，转入发芽箱后再适当喷淋水；可以洗涤除去麦粒表面的灰尘、杂质和微生物；在浸麦水中适当添加石灰乳、Na_2CO_3、NaOH、KOH、甲醛等化学药物，可以加速麦皮中酚类、谷皮酸等有害物质的浸出，促进发芽，适当提高浸出物，降低麦芽的色泽。

部分大麦具有水敏性，当吸收水分到某种程度时，发芽会受到抑制，稍增加吸水量时，发芽率反而降低，因而浸麦时应采取措施破坏其水敏性。例如，可适当降低浸麦度（38%～40%），浸麦度在32%～35%时，进行长时间的空气休止；浸麦时添加0.1%的过氧化氢或添加适量的氧化性物质；可以分离皮壳、果皮和种皮；还可以将大麦加热至40～45℃，保持1～2周。

常用的浸麦方法有间歇浸麦法和喷雾（淋）浸麦法。间歇浸麦法是大麦每浸渍一定时间就断水，使麦粒接触空气，浸水和断水交替进行，直到达到工艺要求的浸麦度，常用方式又有浸2断6、浸4断4、浸2断8、浸3断9等，最好在浸水和断水期间都进行通风供氧。喷雾（淋）浸麦法是浸麦期间，用水雾对麦粒淋洗，既能提供氧气和水分，又可及时带走麦粒呼吸产生的热量和CO_2，具有供氧效果好、耗水量小、浸麦时间短等特点。

（3）大麦发芽 大麦发芽的目的在于：未发芽大麦含酶量很少，多数以酶原状态存在，通过发芽使其激活；在发芽过程中，生成了大量新酶；随着大麦中酶的激活和生成，颗粒内含物在这些酶的作用下发生转变，如胚乳中的淀粉、蛋白质、半纤维素等高分子物质在酶的作用下被分解成低分子物质，使麦粒达到适当的溶解度，满足糖化的需要。

发芽的基本工艺条件是使麦粒具备足够的水分、适当的温度和适量的新鲜空气；在发芽后期，还要保持相当数量的CO_2和水，以便控制呼吸强度来保证发芽质量。因此，在发芽过程中，主要控制发芽水分、发芽温度、通风供氧和发芽时间。

现在普遍采用通风发芽法，这类设备主要有萨拉丁发芽箱、劳斯曼发芽箱、麦堆移动式发芽箱、圆形塔式制麦设备等。由于通风发芽法水分散失较大，通入的风要经调温调湿处理，要求发芽室内空气湿度在95%以上。发芽温度对发芽速度和麦粒溶解度影响很大，按温度高低可分为低温发芽法、高温发芽法和低高温结合发芽法；生产淡色麦芽，发芽温度控制在13~18℃；生产浓色麦芽，发芽温度控制在24℃为宜。在发芽初期，麦粒呼吸旺盛，品温上升，CO_2浓度增大，需通入大量新鲜空气，以利于麦粒生长和酶的形成；在发芽后期，麦层中应减少通风，使麦堆中CO_2浓度达到5%~8%，以抑制根芽和叶芽生长，抑制麦粒呼吸强度，有利于β-淀粉酶的形成，以利于麦粒的溶解，减少制麦损失。发芽时间是由发芽温度、发芽水分、通气供氧、大麦品种及所制麦芽类型等多种因素决定，浅色麦芽的发芽时间一般控制在6d左右，而深色麦芽则为8d左右；通过改进浸麦方法、改良大麦品种、添加赤霉酸等，可使发芽时间缩短为4~5d。

（4）干燥焙焦　绿麦芽用热空气强制通风进行干燥和焙焦的过程称为干燥焙焦，其目的是：除去绿麦芽中多余的水分，使麦芽水分降低至5%以下，以利于贮存；停止绿麦芽的生长和酶的分解作用，最大限度地保持酶的活力；除去绿麦芽的生腥味，使麦芽产生特有的色、香、味；麦根有苦涩味并容易使啤酒浑浊，且麦根吸湿性强，不利于麦芽贮存，通过干燥焙焦，使麦根易于脱落除去；干燥后的麦芽易于粉碎加工。

绿麦芽干燥设备有水平式（单层、双层）高效干燥炉、垂直式干燥炉等。绿麦芽含水量在45%左右，通过干燥，使浅色麦芽的水分降至3.5%~4.0%，深色麦芽的水分降至1.5%~3.5%。根据脱水的难易程度，麦芽干燥过程可分为凋萎阶段、干燥阶段、焙焦阶段。凋萎阶段属于等速干燥阶段，物料内部水分扩散速率大于表面汽化速率，干燥速度由表面汽化速度所决定，去除水分比较容易。干燥阶段和焙焦阶段为降速干燥阶段，物料内部水分扩散速度小于物料表面水分汽化速度，干燥速度为麦芽由内部水分向外扩散速度所决定，去除水分比较困难。为了最大限度地保持酶的活力，避免制成溶解度差的玻璃质麦芽，凋萎阶段干燥介质温度要低，一般在40~65℃，通风量要大；干燥阶段尽可能采用较缓和条件进行干燥，在65~80℃的范围内逐步提高温度；只有在焙焦阶段，才将温度升至规定的温度80~85℃（浅色麦芽）或95~105℃（浓色麦芽），以便增加麦芽的色、香、味。

（5）干麦芽的后处理　干麦芽的后处理包括干麦芽的除根、冷却、贮存以及商业性麦芽的磨光。其目的是：麦根具有苦味，而且色泽很深，会影响啤酒的口味、色泽和非生物稳定性，需除去；麦根的吸湿性很强，只有除根后才易于贮存；在除根的同时，还能对麦芽起冷却作用，防止酶活力损失；如果作为商业性麦芽，通过进行磨光处理，可以除去附着在麦芽表面的水锈、灰尘以及破碎的麦皮，提高麦芽的外观质量。

麦芽除根机为卧式圆筒筛，它是利用转动的带筛孔的金属圆筛与圆筒内装有的叶片搅刀以不同的速度进行旋转，麦根靠麦粒间相互碰撞和麦粒与滚筒壁撞击、摩擦等作用而脱落，然后通过筛孔排出，达到除根目的。

干燥后的麦芽温度为80℃左右，必须尽快冷却。在除根的同时，通入新鲜低温空气，使麦芽温度降至20℃左右，可以调节除根速度而保证麦芽冷却的时间。

除根后麦芽需经过6~8周的贮存方可投入使用。通过贮存，可提高蛋白酶与淀粉酶的活力，增进含氮物质的溶解，提高麦芽的糖化力以及麦芽的可溶性浸出物；同时，麦芽在贮存期间吸收少量水分后，胚乳和麦皮失去原有的脆性，质地得到显著改善，粉碎时破而不碎，利于麦汁过滤。

2. 麦芽汁的制备

麦汁制备就是将固体的原辅料通过粉碎、糖化、过滤得到清亮的麦汁，再经过煮沸、后处理等几个过程成为具有固定组成的成品麦汁。麦汁的制备流程如图1-6所示。

(1) 原辅料粉碎　原辅料粉碎的目的是：增加原辅料的比表面积，促进内含物与水充分接触，促进颗粒物质中可溶性物质溶解，有利于原辅料吸水膨胀，有利于糖化时酶的作用。

麦芽粉碎时，表皮应破而不碎，在过滤时作为过滤介质，有利于过滤速度及麦汁收得率。如果表皮粉碎得太碎，表皮中苦味物质、色素、单宁等会过多地进入麦汁中，使麦汁色泽加深，口味变差。胚乳部分应适当地细，且要求颗粒的均匀性。麦芽可粉碎成谷皮、粗粒、细粒、粗粉、细粉五部分，一般要求粗粒与细粒的比例大于1∶2.5。如果细粉比例过大，会影响麦汁过滤；但如果颗粒太粗，会影响浸出物的收得率。

对于辅料来说，粉碎应越细越好，以提高浸出物的收得率。

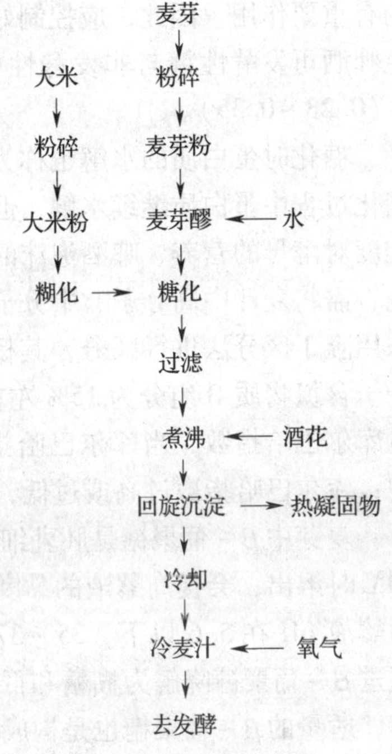

图1-6　麦汁的制备

(2) 糖化　糖化是指利用麦芽本身所含有的各种水解酶（或外加酶制剂），在适宜的条件（温度、pH、时间等）下，将麦芽和辅助原料中的不溶性高分子物质（淀粉、蛋白质、半纤维素等）分解成可溶性的低分子物质（如寡糖、糊精、氨基酸、肽类等）的过程，由此所得的溶液就是麦汁。

麦汁中溶解于水的干物质称为浸出物，浸出物与原料中所有干物质的质量之比称为无水浸出率。

① 糖化过程中主要物质的变化：原料麦芽的水浸出物仅占17%左右，绝大部分为不溶性和难溶性物质，如麦芽淀粉、蛋白质、β-葡聚糖等。非发芽谷类原料的可溶性物质更少。经过糖化过程的酶促分解和热力作用，麦芽的无水浸出率提高到75%~80%，大米的无水浸出率提高到90%以上。

淀粉的分解分为糊化、液化、糖化三个阶段。麦芽的淀粉含量占其干物质的58% ~60%，略低于大麦的淀粉含量，在发芽过程中，麦芽淀粉颗粒周边蛋白质层和细胞壁的半纤维素物质受酶作用而逐步分解，部分淀粉也已分解，其中支链淀粉含量有所减少，因而麦芽淀粉比大麦淀粉更容易接受酶的作用。采用大米或玉米作为辅料时，主要提供淀粉，为了促进糊化、液化，必须在辅料中加入15% ~20% 的麦芽或适量的α－淀粉酶（6 ~8U/g 原料）。

淀粉的水解产物是构成麦汁浸出物的主要部分（90% 以上），淀粉水解程度对麦汁浸出物的收得率和啤酒的发酵度影响很大。在发酵过程中，酵母利用麦汁中可发酵性糖，通过繁殖和代谢，形成酒精及具有各种风味的代谢产物。对于非发酵性糖，虽然不能被利用，但它们对啤酒的风味、黏稠性、泡持性以及酒体等均有重要作用。因此，应控制好麦汁中可发酵性糖与非发酵性糖的比例，一般浓色啤酒可发酵性糖与非发酵性糖之比控制在 1:（0.5 ~0.7），浅色啤酒控制在 1:（0.23 ~0.35）。

糖化时蛋白质的水解也称为蛋白质休止。蛋白质水解主要发生在制麦过程，糖化过程中蛋白质继续水解，但水解程度远不及制麦过程。糖化时蛋白质的水解程度对酵母的营养、啤酒泡沫的多少、泡沫的持久性、啤酒风味和色泽等都有影响，需将麦汁中高分子、中分子和低分子蛋白质比例控制在合理的范围内。如果采用隆丁区分法进行区分，其标准是：高分子含氮物质 A 组分为 25% 左右，中分子含氮物质 B 组分为 15% 左右，低分子含氮物质 C 组分为 60% 左右。如果衡量库尔巴哈指数，当库尔巴哈指数为 100% ~110% 时，表示蛋白质水解程度适中；库尔巴哈指数过高或过低，表示水解程度过高或过低。

麦芽中β－葡聚糖是胚乳细胞壁和胚乳细胞之间的支撑和骨架物质，在 35 ~50℃时溶出，会提高醪液的黏度，增加过滤难度。因此，糖化时要创造条件，控制醪液 pH 在 5.6 以下，35 ~37℃休止，通过麦芽中β－葡聚糖分解酶的作用，促进β－葡聚糖降解为糊精和低分子葡聚糖。当然，β－葡聚糖不需要完全被分解，适量的β－葡聚糖也是构成啤酒酒体和泡沫的主要成分。

在糖化过程中，多酚物质不断溶出，并通过游离、沉淀、氧化和聚合等多种形式不断地变化。游离出的多酚在较高温度（50℃以上）下，易与高分子蛋白质结合而形成沉淀；另外在某些多酚氧化酶的作用下，多酚物质不断氧化和聚合，也容易与蛋白质形成不溶性的复合物而沉淀下来。因此，在糖化操作中，减少麦汁与氧的接触，适当调酸降低 pH，让麦汁适当地煮沸使多酚与蛋白质结合形成沉淀等，都有利于提高啤酒的非生物稳定性。

② 糖化方法：糖化的方法很多，根据是否分出部分糖化醪进行蒸煮，糖化方法可分为浸出糖化法和煮出糖化法；使用辅助原料时，要将辅助原料配成醪液，与麦芽醪一起糖化，称为双醪糖化法；按照双醪混合后是否分出部分浓醪进行蒸煮又分为双醪煮出糖化法和双醪浸出糖化法。

浸出糖化法是完全利用麦芽中酶的生化作用进行糖化的方法，即是将醪液从一定温度开始升温至几个不同的酶的最佳作用温度进行休止，最后达到糖化终止温度。由于醪液不经煮沸，浸出糖化法要求麦芽质量必须优良，适合于全麦芽的糖化，而添加谷类辅料的糖化一般不采用此法。

升温浸出糖化法的糖化曲线图如图1－7所示。先利用低温35～37℃水浸渍麦芽，时间为15～20min，促进麦芽软化和酶的活化以及部分酸解；然后，升温至50℃左右进行蛋白质水解，保持40min，再缓慢升温到62～63℃，此时β－淀粉酶发挥作用最强，糖化30min左右；再升温至68～70℃，使α－淀粉酶发挥作用，直到糖化完全（遇碘液不呈蓝色反应）；最后，升温至76～78℃，终止糖化。

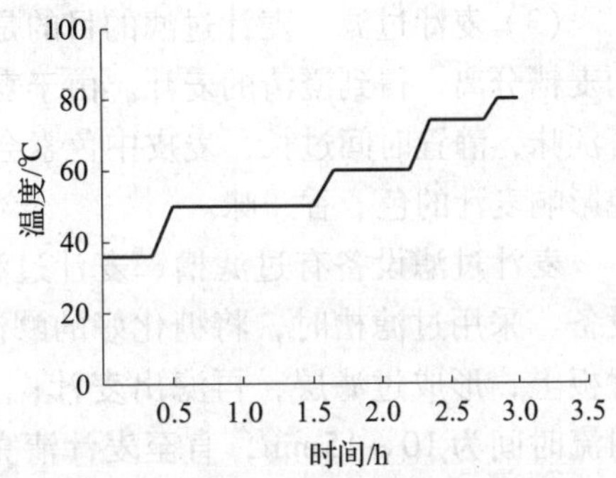

图1－7　浸出糖化法的糖化曲线图

煮出糖化法是兼用生化作用和物理作用进行糖化的方法，其特点是：将醪液的一部分，分批地加热到沸点，然后与其余未煮沸的醪液混合；按照不同酶水解所需要的温度，使全部醪液分阶段地进行水解，最后上升到糖化终了温度。煮出糖化法可弥补麦芽溶解不良的不足。

根据醪液的煮沸次数，煮出糖化法可分为一次、二次和三次煮出糖化法，以及快速煮出糖化法。

例如二次煮出糖化法，适宜处理各种性质的麦芽和制造各种类型的啤酒，整个过程可在4～5h完成，其糖化曲线如图1－8所示。首先，在50～55℃进行投料，料水比例为1:4，根据麦芽溶解情况，进行10～20min的蛋白质休止；泵送第一部分的浓醪入糊化锅，大约占总醪液量的1/3，将这部分醪液在15～20min内升温至糖化温度，保温进行糖化，直至无碘呈色反应，再以2℃/min的升温速度加热至煮沸；将第一次煮沸的醪液泵回糖化锅进行第一次兑醪，兑醪后温度为

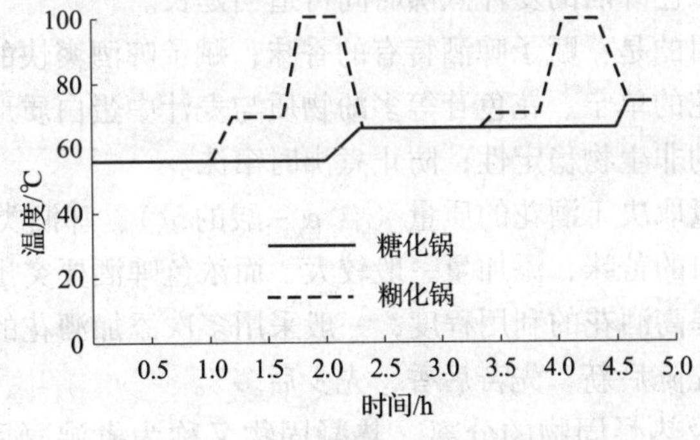

图1－8　二次煮出糖化法糖化曲线图

65℃，保温进行糖化，直至无碘呈色反应为止；然后，泵送第二部分浓醪（占总醪液量的1/3）入糊化锅，将这部分醪液升温至糖化温度，保温进行糖化，直至无碘呈色反应，再加热至沸腾；将第二次煮沸的醪液泵回糖化锅进行第二次兑醪，兑醪后温度为76～78℃，保温10min后泵入过滤槽进行过滤。

（3）麦汁过滤　麦汁过滤的目的是：将糖化醪液中的原料溶出物质和非溶性的麦糟分离，得到澄清的麦汁。由于麦糟中含有的多酚物质会给麦汁带来不良的苦涩味，静置时间过长，麦皮中色素会增加麦汁色泽，因而需尽快进行过滤，避免影响麦汁的色、香、味。

麦汁过滤设备有过滤槽、麦汁过滤机、快速渗滤槽等，过滤槽是最常用的设备。采用过滤槽时，将糖化好的醪液泵入，静置20min左右，使麦糟沉降至滤板上，形成过滤层，再滤出麦汁；开始流出的麦汁浑浊不清，应进行回流，回流时间为10～15min，直至麦汁清亮方可进入煮沸锅。过滤所得的原汁称为头号麦汁，头号麦汁过滤完毕，需开动耕糟机疏松麦糟层，同时喷洒76～80℃热水进行洗糟。分2～3次洗糟，每次洗糟后都需重新耕糟，直至残糖含量达到要求，一般控制残糖质量分数为1.0%～1.5%。如果洗糟过度，对麦汁质量产生不良影响，酿造高档啤酒时应适当提高残糖质量分数在1.5%以上。

（4）麦汁煮沸与酒花的添加　麦汁煮沸的目的是：蒸发麦汁中多余的水分，使达到工艺要求的浓度；钝化全部酶，稳定麦汁的组分；通过煮沸，对麦汁进行灭菌；使蛋白质受热变性以及与单宁物质结合而絮凝沉淀；溶出酒花的有效成分；煮沸过程中，钙离子与磷酸盐起反应，降低麦汁的pH；大量的类黑素、还原酮能与氧结合而防止氧化，有利于啤酒的非生物稳定性提高；挥发出不良气味。

煮沸强度是麦汁煮沸时，每小时蒸发水分的百分率。目前，普遍采用蒸汽常压煮沸法，为了有利于蛋白质变性、絮凝沉淀，应控制适宜的煮沸时间和煮沸强度，煮沸强度一般为8%～10%，用于浅色啤酒的麦汁煮沸时间一般为60～120min，而用于浓色啤酒的麦汁煮沸时间可适当延长。

酒花添加的目的是：赋予啤酒特有的香味；赋予啤酒爽快的苦味；增加啤酒的防腐能力；酒花的单宁、花色苷等多酚物质与麦汁中蛋白质形成复合物而沉淀出来，提高啤酒的非生物稳定性；防止煮沸时窜沫。

酒花的添加量取决于酒花的质量（含α－酸的量）、啤酒类型等，浅色啤酒要突出清香及爽口的苦味，添加量一般较大，而浓色啤酒要突出麦香，添加量可适当较少。为了提高酒花的利用程度，一般采用多次添加酒花的方法，添加原则为“先次后好，先陈后新，先苦后香，先少后多”。

（5）酒花糟及热凝固物的分离　热凝固物又称为煮沸凝固物或粗凝固物，是以蛋白质和多酚为主的复合物。热凝固物在麦汁煮沸过程和冷却过程中60℃

以上的温度范围内析出，而在60℃以下不再析出。分离热凝固物和酒花糟的方法很多，有回旋沉淀槽分离、离心机分离和硅藻土过滤机分离等，大多数啤酒厂采用回旋沉淀槽分离法，即利用旋转麦汁产生的离心力进行分离。

(6) 麦汁的后处理　麦汁的后处理包括麦汁冷却、冷凝固物的析出分离以及麦汁的充氧。其目的在于：降低麦汁温度，使之达到适合酵母发酵的温度6～7℃；析出和分离麦汁中的冷凝固物，改善发酵条件和提高啤酒质量；使麦汁吸收一定量的氧气，以利于酵母的生长繁殖。

将经过一系列处理的麦汁送入发酵罐，即为啤酒发酵的培养基。

拓展知识1.2　白酒酿造原辅料及培养基制备

中国白酒是世界著名六大蒸馏酒之一，是由淀粉或糖质原料制成酒醅或发酵醪，经蒸馏而得，酒质无色（或微黄）透明，气味芳香纯正，入口绵甜爽净，酒精含量较高，经贮存老熟，具有以酯类为主体的复合香味。

一、白酒酿造原辅料

凡是含有淀粉和糖类的原料均可酿制白酒，但不同原料酿制出的白酒风味各不相同。谷类原料有高粱、大米、玉米、小麦、大麦、青稞、豌豆等，薯类原料有甘薯、木薯，含糖原料有甘蔗及甜菜的渣、废糖蜜等。此外，高粱糠、米糠、麸皮以及一些野生植物等也可以作为白酒酿造的代用原料。

我国大多数白酒采用固态发酵工艺，在发酵时需添加一些辅料，以调整酒醅的淀粉浓度，冲淡酸度，吸收酒精，保持浆水，使酒醅有一定的疏松度和含氧量，并增加界面作用，使蒸煮、糖化发酵和蒸馏能顺利进行。常用的辅料有麸皮、米糠、高粱壳、玉米芯等。

水是白酒酿造的重要原料之一。根据白酒生产过程中的功用不同，可以把水分为工艺用水、锅炉用水、冷却用水等。原料浸泡、糊化、制曲的拌料、微生物培养、白酒勾兑及有关设备清洗等方面的用水，都与成品或半成品直接接触、参与了白酒的酿造过程，称为工艺用水。工艺用水的主要指标应符合国家规定的饮用水标准，甚至采用水质要求更高的降度水，若水质达不到要求，将影响成品酒的风味或产生浑浊、沉淀。

二、白酒酿造培养基的制备

按生产使用的糖化发酵剂的不同，白酒可分为大曲酒、小曲酒、麸曲酒三大类；按发酵方法的不同，白酒可分为固态发酵法白酒、半固态发酵法白酒和液态发酵法白酒。全部大曲酒和麸曲酒以及部分小曲酒采用固态发酵法，部分小曲酒采用半固态发酵法，而液态发酵法白酒与酒精生产方法类似。

以固态发酵法白酒为例，香型不同的固态发酵法白酒采用的培养基制备方法有所不同，下面仅介绍基本制备方法。

1．原料的粉碎

原料粉碎有利于蒸煮糊化，也有利于和微生物、酶的接触，使淀粉充分被利用。根据原料特性、酿造工艺要求，粉碎的细度要求有所不同，谷类、薯干类原料一般要求通过20目筛选的量占70%以上。

2．配料与蒸煮

粉碎的生原料一般称为“糌”，酒醅是指固态发酵后，含有一定酒精度的固体醅子。将原料蒸煮称为“蒸”，将酒醅的蒸馏称为“烧”。

大曲酒生产分为清糌和续糌两种方法，清香型酒大多采用清糌法，而浓香型酒则采用续糌法。根据生产中原料蒸煮和酒醅蒸馏时的配料不同，又可分为清蒸清糌、清蒸续糌、混蒸续糌等工艺。

清蒸清糌工艺的主要特点是蒸、烧分开，要求做到糌子清，醅子清，不能混杂。蒸料前先用热水润料，用水量为原料质量的55%～62%，水温为75～90℃，润料的质量要求是润透，不淋浆，无异味，手搓成面。然后，采用常压蒸煮，蒸煮后要求“熟而不黏，内无生心”。

清蒸续糌是原料的蒸煮和酒醅的蒸馏分开进行，然后混合发酵。这种工艺既保留了清香型酒清香纯正的质量特色，又保持了续糌法酒香浓郁、口味醇厚的优点。

混蒸续糌就是将酒醅与粉碎的新料按比例混合，同时进行蒸粮蒸酒。该工艺的优点是：原料经过多次发酵，淀粉利用率高，酒糟的残余淀粉低；各种粮食本身含有其特殊的香味物质，会随蒸汽带入白酒中，起增香作用；原料和酒醅混合后，能吸收酒醅的酸和水，起调节酸度和水分的作用，有利于原料的糊化；酒醅中混入新料，可减少蒸酒时加入填充料的用量，减少杂味物质的来源；原料经过多次发酵，有利于积累白酒香味的前体物质；新料和发酵酒醅一起蒸馏、蒸煮，热能利用比较经济。

粉碎的原料、酒醅、辅料和水的配合需考虑入窖的淀粉浓度、醅料的酸度、疏松度和水分等。一般情况下，入窖的淀粉浓度为15%～16%，入窖酸度为0.5～0.8，入窖水分为54%～60%，尽可能减少辅料，通常辅料用量应控制在25%以下。

3．冷却

采用扬糌或晾糌的方法对蒸熟的原料进行迅速冷却，扬糌或晾糌的同时还可以起到挥发杂味、吸收氧气等作用。为了使发酵温度符合“前缓、中挺、后缓落”的规律，入窖温度需根据季节、气温的不同而有差异。春秋两季，入窖温度控制为20～28℃；夏季要求入窖温度尽可能低。

冷却后的料醅即是白酒酿造的培养基，加入曲可入窖发酵。

拓展知识1.3　酱油酿造原辅料及培养基制备

酱油是以大豆或脱脂大豆、小麦和（或）麸皮为原料，经微生物发酵制成的具有特殊色、香、味的液体调味品。

一、酱油酿造原辅料

蛋白质原料是构成酱油成品中氮素成分及鲜味的主要来源，也是构成酱油色素的基质之一。蛋白质原料有大豆、大豆粕、大豆饼、豌豆、蚕豆、花生饼、茶籽饼等，历来都是以大豆为主，酱油其总氮量约有3/4来自大豆蛋白质。随着科学技术的不断发展，人们发现大豆里的脂肪对酱油作用不大，目前已普遍采用大豆脱脂后的豆粕或豆饼作为主要的蛋白质原料。大豆中的粗蛋白质含量一般为35%～40%，经脱脂的豆粕含粗蛋白质为46%～51%。

酿造酱油的淀粉质原料传统上以面粉和小麦为主，经一系列试验证明，小麦和麸皮是比较理想的淀粉质原料。小麦除含有70%左右的淀粉外，还含有10%～14%的蛋白质，其中麸胶蛋白质、谷蛋白质也是酱油鲜味的来源之一。麸皮质地疏松，表面积大，含淀粉20%～24%，含粗蛋白质12%～17%，还含有多种维生素、钙盐、铁盐等，营养成分适宜霉菌生长和产酶，既有利于制曲，又有利于淋油，能提高酱油的原料利用率和出品率。

食盐是生产酱油的重要原料之一，使酱油具有适当的咸味，并且与氨基酸共同呈鲜味，有利于酱油的风味。同时，食盐具有一定的抑菌防腐作用，可以在发酵过程中一定程度上减少杂菌的污染，并防止成品腐败。

水在酱油中的比例是70%左右。一般生产1t酱油需用水6～7t，包括蒸料用水、制曲用水、发酵用水、淋油用水、设备容器洗涤水、锅炉用水以及卫生用水等。凡是符合卫生标准、能供饮用的水均可使用。

另外，红曲米、酱色、红枣糖色等增色剂和味精、呈味核苷酸盐等助鲜剂可作为酿造酱油的辅助原料。为了防止酱油在贮存、运输、销售和使用过程中腐败变质，还可以在酱油中使用卫生部许可的一些防腐剂。

二、酱油酿造培养基的制备

酱油酿造工艺基本上可分为低盐固态发酵、高盐稀醪发酵和固稀发酵三大类。低盐固态发酵培养基的制备是将蒸煮后的原料、酱油曲与盐水混合成固态酱醅；高盐稀醪发酵培养基的制备是将蒸煮后的原料、酱油曲与盐水混合成稀醪；固稀发酵培养基的制备是先将蒸煮好的原料、酱油曲与盐水制成固态酱醅，发酵一段时间后，再稀释成稀醪，继续发酵。

1．豆饼轧碎

豆饼坚硬而块大，必须予以轧碎。轧碎是给豆饼润水、蒸熟创造有利条件，使原料能充分润水、蒸熟，达到蛋白质一次变性，以增加曲霉生长繁殖及分泌酶的总面积，有利于酶的作用。豆饼轧碎程度以细而均匀为宜，要求颗粒大小为2～3mm，粉末量不超过20%。

2．加水及润水

豆饼或豆粕由于其原形已被破坏，加水浸泡就会将其中的成分浸出而损失，因而必须有润水的工序，使需要加入的水分充分而均匀地吸入原料内部，以利于进一步加工处理。润水的目的是：使原料中蛋白质含有适量的水分，以便在蒸料时受热均匀，迅速达到蛋白质的一次变性；使原料中的淀粉吸水膨胀，易于糊化，以便溶解出曲霉生长所需要的营养物质；供给曲霉生长所需要的水分。

加水量与原料含水量、原料配比、酿造季节及地区、蒸料方法、冷却方式、送料方式等有关。例如，如果原料配比不同，麸皮所占比例较大时，加水量需增大；在干燥、多风、高温的季节和地区，需加大加水量。以豆粕数量计算，加水量在80%～100%较合适。但是，加水量的多少要以曲料水分要求为依据，冬季曲料水分要求一般为47%～48%，春秋两季的要求是48%～49%，夏季的要求是49%～51%。目前，豆粕与麸皮加水浸润时间一般掌握在40～60min。

3．蒸料

蒸煮是原料处理的重要环节，蒸煮是否适度，对酱油质量和原料利用率影响极为明显。蒸煮的目的是：使原料中的蛋白质完成适度的变性；使原料中的淀粉吸水膨胀而糊化，并产生少量糖类；能消灭附着在原料上的微生物。

蒸煮的要求是：达到一熟、二软、三疏松、四不粘手、五无夹心、六有熟料固有的色泽和香气。目前，普遍采用旋转式蒸煮锅蒸料，它的特点是：把豆粕和麸皮送入锅内混合后，将加水润料、蒸煮、冷却等许多操作集中在一个容器内进行。旋转锅能进行360°旋转，被处理的物料不会因加水不匀、压实而不能充分吸收水分，结成团块出现不疏松等不良状况。

一般情况下，可采用0.2MPa蒸汽压力蒸料，维持时间为5min，蒸料完毕，迅速降温，达到接种温度即可出料，冷却后的物料可送去发酵。

熟料的感官质量标准：① 外观：黄褐色，色泽不宜过深；② 香气：具有豆香味，无糊味及其他不良气味；③ 手感：松散、柔软、有弹性、无硬心、无浮水，不粘。熟料的理化质量标准为：① 水分为45%～50%为宜；② 蛋白质消化率达80%以上。

［思考题］

1．撰写淀粉双酶法制取葡萄糖的实训报告。

2．撰写谷氨酸生产培养基配制的实训报告。

3．撰写柠檬酸生产培养基配制的实训报告。

4．淀粉双酶法制糖的工艺原理是怎样的？

5．简述淀粉双酶法制糖的工艺流程，并说明工艺控制要点。

6．淀粉双酶法制糖的影响因素有哪些？各种因素有何影响？

7．工业培养基选择原则与配制要求各有哪些？

8．营养基质对发酵有哪些影响？应如何控制？

9．简述麦芽汁制备的流程、各步骤的目的及控制要点。

10．简述白酒发酵培养基制备流程及控制要点。

11．简述酱油发酵培养基制备流程及控制要点。

项目2 空气除菌与培养基及设备灭菌

[能力目标]

1. 能够制定空气过滤除菌的工艺流程及技术参数、培养基灭菌的工艺流程及技术参数；

2. 能够拆装空气过滤器以及对空气过滤器进行灭菌操作，并能够进行空气过滤除菌操作；

3. 能够对培养基及设备进行灭菌操作；

4. 能够分析与处理空气过滤除菌、培养基及设备灭菌等过程中的常见问题。

[知识目标]

1. 了解空气除菌目的及相关生产设施、培养基及设备的灭菌目的；

2. 熟悉空气除菌过程、培养基及设备灭菌过程的控制要素；

3. 理解空气除菌工艺流程、工艺原理及其影响因素，培养基灭菌工艺流程、工艺原理及其影响因素。

项目2.1 空 气 除 菌

在发酵工业中，绝大多数微生物培养是好氧培养，而大多数产物的生物合成也需消耗氧气，空气是提供大量氧气的最直接、最廉价来源。但是，空气中含有悬浮灰尘颗粒和各种微生物，为了保证纯种培养，在利用空气之前，必须除去其中含有的微生物等悬浮颗粒。

项 目 引 导

一、空气除菌的方法

空气除菌就是除去或杀灭空气中的微生物。空气除菌的方法很多，如辐射灭菌、加热灭菌、化学药物灭菌，都是使微生物有机体蛋白质变性而破坏其活力的方法；而静电除菌和过滤除菌则是利用分离原理除去微生物等粒子的方法。

1. 辐射灭菌

从理论上来说，声能、高能阴极射线、α-射线、β-射线、γ-射线、X-射线、紫外线等都能破坏蛋白质等生物活性物质，从而达到杀菌作用。许多射线的具体杀菌机理还有待进一步研究，目前了解较多的是紫外线杀菌。紫外线波长为253.7~265nm时杀菌效力最强，其杀菌力与紫外线的强度成正比，与距离的平方成反比。紫外线通常用于无菌室、医院手术室等空气对流不大的环境杀菌，但杀菌效率较低，且杀菌时间较长，一般要结合甲醛熏蒸或苯酚喷雾等化学灭菌方法，以确保无菌室较高的无菌程度。

2．加热灭菌

将空气加热至一定温度，并维持一定时间，以杀灭空气中的微生物。加热灭菌可用蒸汽、电能、空气压缩过程中产生的热量进行灭菌。前两种方法不经济也不安全，不适宜用于工业化生产；后一种方法比较经济，适宜用于发酵生产中空气的预处理。在空气压缩过程中，空气进口温度为20℃左右，空气的出口温度可达到187～198℃，压力为0.7MPa，如果从压缩机出口到空气贮罐的一段管道增加保温层进行保温，使空气在高温维持一段时间，以杀灭空气中的微生物。

3．静电除菌

静电除菌是利用静电引力吸附带电粒子而达到除尘和除菌的目的。悬浮于空气中的微生物大多带有不同的电荷，一些没有带电荷的微粒在进入高压静电场时会被电离变成带电微粒。因此，当含有灰尘和微生物的空气通过高压电场时，带电粒子就会在电场的作用下，靠静电引力而向带相反电荷的电极移动，最终被捕集于电极上，从而实现净化空气的目的。但对于一些直径很小的微粒，由于所带电荷很小，产生的静电引力等于或小于气流对微粒的拖带力或微粒布朗扩散作用力时，则不能被吸附而沉降，所以静电除尘对很小的微粒效率较低。

4．过滤除菌

过滤除菌是让含菌空气通过过滤介质，阻截空气中的微生物和灰尘颗粒，制得无菌空气的方法。常用的过滤介质有棉花、活性炭、玻璃纤维、合成纤维、烧结材料、膜材料等。通过过滤介质除菌，可使空气达到洁净度要求，并有足够的压力和适宜的温度，以供耗氧培养过程使用。目前，该法已被广泛应用于发酵工业大量制备无菌空气。

二、空气除菌原理

按过滤除菌机制不同，可分为介质深层过滤除菌和绝对过滤除菌两大类。在介质深层过滤除菌中，介质间的孔隙（一般大于50μm）远大于微生物（一般细菌为1μm），具有一定厚度的介质层靠静电吸引、重力沉降、布朗扩散截留、惯性撞击滞留、拦截滞留等作用将微生物截留在滤层中。而在绝对过滤除菌中，其过滤介质是微孔滤膜，孔隙可以小于0.1μm，由于介质孔隙小于微生物，故空气中的微生物不能穿过介质（滤膜），而被截留在介质表面。

1．介质深层过滤除菌

过滤介质直接影响到过滤效率、压缩空气的动力消耗、维护费用以及过滤器的结构等。一般要求过滤介质具有吸附性强、耐高温、阻力小等特点，深层过滤常用的介质有棉花、玻璃纤维、烧结材料、活性炭等。其中，深层过滤介质的纤维丝直径一般为16～20μm，当充填系数为8%时，纤维丝所形成的网格孔隙为20～50μm，而悬浮于空气中的微生物粒子大小一般为0.5～2μm。显然，空气过滤所用介质的间隙一般大于微生物细胞颗粒，当气流通过滤层时，由于滤层纤维所形成的网格阻碍气流直线前进，迫使气流无数次改变运动速度和运动方向，绕过纤维前进，这些改变引起微粒对滤层纤维产生惯性冲击、阻拦、重力沉降、布朗扩散、静电吸引等作用把微粒滞留在纤维表面上。

图 2－1 所示为过滤介质除菌时各种除菌机理的示意图，图中：ω_g 为气流速度，d_f 为纤维直径，d_p 为微粒直径，$d_{p/2}$ 为微粒半径，E 表示电场。

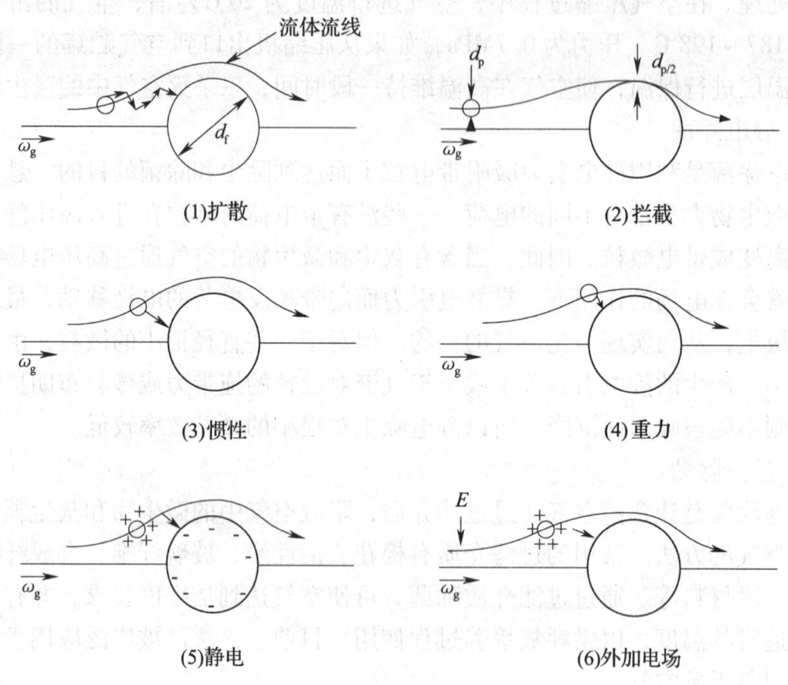

图 2－1　过滤除菌机理示意图

（1）惯性冲击滞留作用机理　在过滤器的滤层中交织着无数纤维，并形成层层网格，随着纤维直径的减小和填充密度的增大，网格的层次就越多，所形成的网格也就越细致、紧密，纤维间的间隙就越小。当带有微生物的空气通过滤层时，由于纤维纵横交错，层层叠叠，空气流要不断改变运动方向和运动速度才能通过滤层。当微粒随气流以一定的速度垂直向纤维方向运动时，空气受阻即改变方向，绕过纤维前进，而微粒由于它的运动惯性大于空气，未能及时改变运动方向，于是微粒直冲到纤维的表面，由于摩擦粘附，微粒就滞留在纤维表面上，这称为惯性冲击滞留作用。

惯性冲击滞留作用的大小取决于颗粒的动能和纤维的阻力，其中气流速度是影响纤维捕集效率的重要参数。当气流速度较大时，惯性冲击滞留作用起主导作用；随着气流速度下降，微粒的动量减少，惯性力也减弱，当气流速度下降至临界速度时，纤维的惯性冲击滞留效率为零。

（2）拦截滞留作用机理　气流速度降到临界速度以下，微粒不能因惯性碰撞而滞留于纤维上，捕集效率显著下降。但实践证明，随着气流速度的继续下降，纤维对微粒的捕集效率又有回升，说明有另一种机理在起作用，这就是拦截滞留作用机理。

微生物微粒直径很细，质量很轻，它随低速气流流动慢慢靠近纤维时，微粒所在的主导气流受纤维所阻而改变流动方向，绕过纤维前进，并在纤维的周边形成一层边界滞留区。滞留区的气流速度更慢，前进到滞留区的微粒慢慢靠近和接触纤维而被粘附截留，称为截留作用。

（3）布朗扩散机理　直径很小的微粒在气流速度很小的气流中能产生一种不规则的直线运动，称为布朗扩散。布朗扩散的运动距离很短，在较大的气速、较大的纤维间隙中是不起作用的，但在很小的气流速度和较小的纤维间隙中，布朗扩散作用大大增加了微粒与纤维的接触滞留机会。

（4）重力沉降作用机理　重力沉降是一个稳定的分离作用，当微粒所受的重力大于气流对它的拖带力时，微粒就容易沉降。在单一的重力沉降情况下，大颗粒比小颗粒作用明显，小颗粒只有在气流速度很小时才起作用。一般它是与拦截作用相配合的，即在纤维的边界滞留区内，微粒的沉降作用提高了拦截滞留的捕集效率。

（5）静电吸附作用机理　一方面，部分微生物等微粒带有与介质表面相反的电荷，或者由于感应而带上相反电荷，从而被介质吸附；另一方面，夹带微粒的干空气流过介质时，介质表面由于摩擦产生很强的静电荷，使气流中的微粒被吸附。由于静电作用而使微生物等微粒被吸附，称为静电吸附作用。

在过滤除菌中，随着参数的变化，各种机理所起作用的大小也在变化，有时很难分辨各种机理对除菌作用的贡献大小。在工业应用中，一般认为，惯性冲击滞留、拦截滞留、布朗扩散的作用较大，而重力沉降、静电吸附的作用较小。

2. 绝对过滤除菌

绝对过滤是介质之间的孔隙小于被滤除的微生物，当空气流过介质层后，空气中的微生物被滤除。随着科学技术的发展，近年来出现许多新的过滤介质，如聚偏氟乙烯（PVDF）、聚四氟乙烯（PTFE）、直径0.5μm的超细玻璃纤维制成的Bio－x滤材等。这些新型过滤介质的微孔直径可达到0.5μm以下，比细菌直径小，能滤除比细菌大的菌体粒子；甚至有的新过滤介质的微孔直径小至0.01μm，可滤除全部噬菌体。

目前，制造厂家通常采用这些新型滤材制造成筒状的折叠式滤芯，如图2－2所示，目的在于增加过滤面积，减小阻力，提高空气流量。这种微孔滤膜制成的折叠式滤芯已被广泛应用于发酵工业。

三、空气除菌工艺流程

空气过滤除菌工艺流程是根据发酵生产对无菌空气要求的参数，如无菌程度、空气压力、温度和湿度等，并结合采气环境的空气条件、所用除菌设备的特性而设计的。空气过滤除菌工艺流程有多种，下面分别介绍几种比较典型的流程。

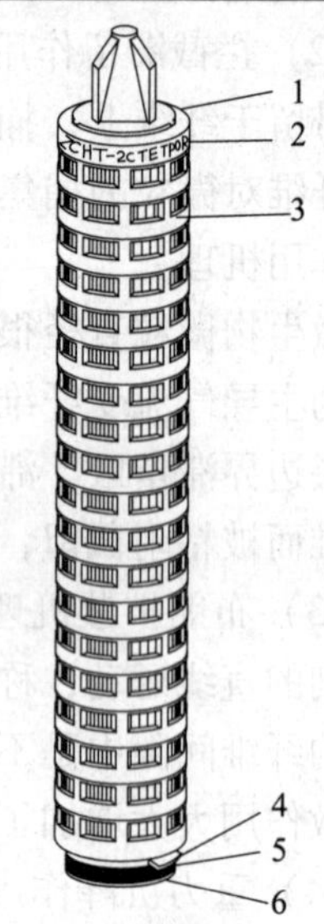

图 2-2　折叠式滤芯

1—端盖（热稳定 P. P）
2—滤芯的烙印编号
3—外筒（热稳定 P. P）
4—防止背压的锁扣
5—226 O 型密封胶圈
6—316 不锈钢内衬

1. 空气压缩冷却过滤流程

图 2-3 所示为一个设备简单的空气流程图，它由压缩机、贮罐、空气冷却器和过滤器组成。它只能适用于气候寒冷、相对湿度较低的地区。由于空气的温度低、经压缩后它的温度也不会升高很多，特别是空气的相对湿度低，空气中的绝对湿含量很小，虽然空气经压缩并冷却到培养要求的温度，但最后空气的相对湿度还能保持在 60% 以下，这就能保证过滤设备的过滤除菌效率，满足微生物培养的无菌空气要求。但是室外温度低到什么程度和空气的相对湿度低到多少才能采用这个流程，需通过设计计算来确定。

在使用涡轮式空气压缩机或无油润滑空气压缩机时，这种流程可满足要求；但如果采用普通空气压缩机时，可能会引起油雾污染过滤器，这时应加装丝网分离器先将油雾除去。

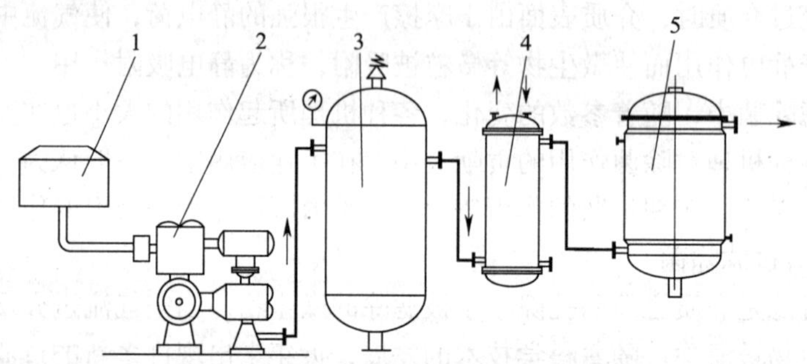

图 2-3　空气冷却过滤流程

1—粗过滤器　2—压缩机　3—贮罐　4—冷却器　5—总过滤器

2. 两级冷却、分离、加热的空气除菌流程

图 2-4 所示为一个比较完善的空气除菌流程。它可以适应各种气候条件，尤其适应于空气湿含量较大的地区，能充分地分离空气中含有的水分，使空气的相对湿度较低地进入过滤器，从而提高过滤除菌效率。

这种流程的特点是：二次冷却、二次分离、适当加热。二次冷却、二次分离油水的处理可以节约冷却用水，且除去油雾、水分比较完全。在流程中，经第一级冷却至 30~35℃，大部分的水、油都已经结成较大的雾粒，由于雾粒浓度较

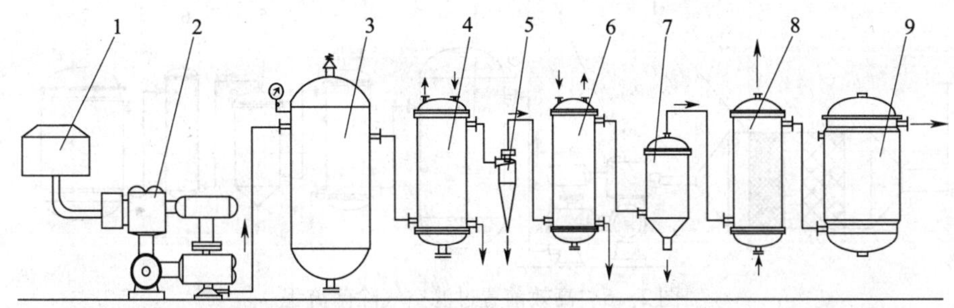

图2-4　两级冷却、分离、加热除菌流程

1—粗过滤器　2—空压机　3—贮罐　4、6—冷却器　5—旋风分离器
7—丝网分离器　8—加热器　9—过滤器

大，故适宜用旋风分离器分离；再经二级冷却至20~25℃，使空气进一步析出较小雾滴，采用丝网分离器分离；最后利用加热器加热，把空气的相对湿度降至50%左右，保证过滤介质在干燥条件下过滤。

3. 冷热空气直接混合式空气除菌流程

图2-5所示为冷热空气直接混合式空气除菌流程。从流程图中可以看出，压缩空气从贮罐出来后分成两部分，一部分进入冷却器，冷却到较低温度，经分离器分离水分、油雾后，与另一部分未处理过的高温压缩空气混合，此时混合空气的温度为30~35℃，相对湿度为50%~60%，达到要求，然后进入过滤器过滤。该流程的特点是可省去第二级冷却后的分离设备和空气加热设备，流程比较简单，冷却水用量少。该流程适用于中等湿含量地区，但不适合于空气湿含量高的地区。

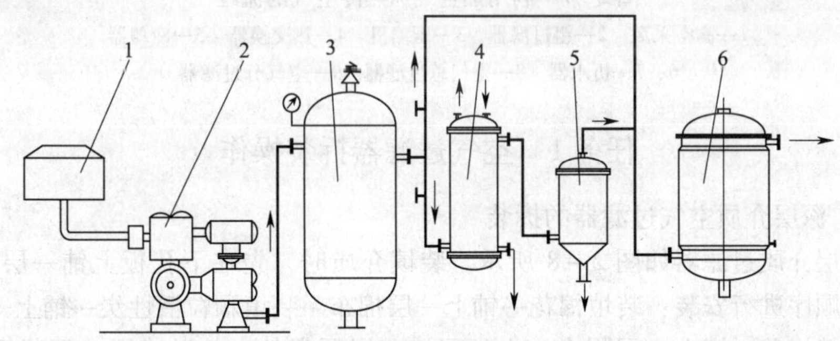

图2-5　冷热空气直接混合式空气除菌流程

1—粗过滤器　2—压缩机　3—贮罐　4—冷却器　5—丝网分离器　6—过滤器

4. 前置高效过滤除菌流程

前置高效过滤除菌流程如图2-6所示，它是利用压缩机的抽吸作用，使空气先经中效、高效过滤后，再进入空气压缩机。经高效前置过滤器后，空气的无菌程度可达99.99%，再经冷却、分离和主过滤后，空气的无菌程度就更高。

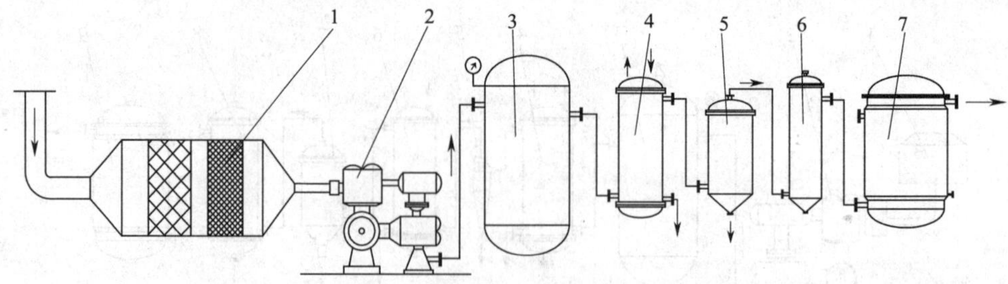

图 2 - 6　高效前置过滤空气除菌流程

1—高效过滤器　2—空压机　3—贮罐　4—冷却器　5—丝网分离器　6—加热器　7—过滤器

5. 利用热空气加热冷空气的流程

图 2 - 7 所示为利用热空气加热冷空气的流程。它利用压缩后的热空气和冷却后的冷空气进行热交换，使冷空气的温度升高，降低相对湿度。此流程对热能的利用比较合理，热交换器还可兼作贮气罐，但由于气 - 气换热的传热系数很小，加热面积要足够大才能满足要求。

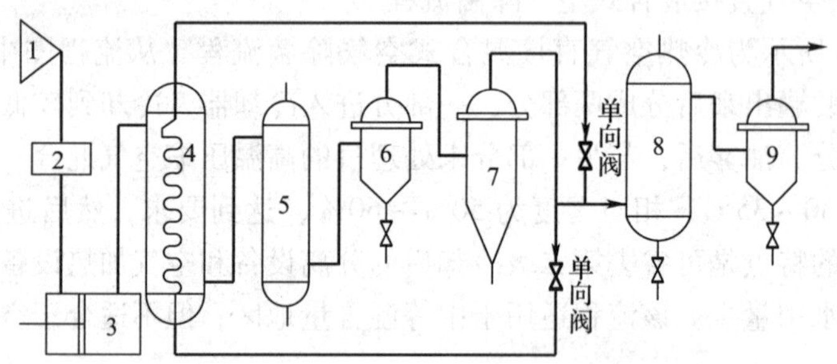

图 2 - 7　利用热空气加热冷空气的流程

1—高空采风　2—粗过滤器　3—压缩机　4—热交换器　5—冷却器
6、7—析水器　8—空气总过滤器　9—空气分过滤器

任务 1　空气过滤器拆装操作

1. 深层介质空气过滤器的拆装

深层介质过滤器如图 2 - 8 所示。装填介质时，先在下孔板上铺一层棉布，然后按顺序进行安装：装填棉花→铺上一层棉布→装填颗粒活性炭→铺上一层棉布→装填棉花→铺上一层棉布，上下层棉花层厚度各为总过滤层（压紧后）的 1/4 ~ 1/3，中间活性炭层厚度占 1/3 ~ 1/2，要求逐渐将适量介质均匀地填入过滤器，经踩实后，再继续装填介质，做到总体紧密均匀，以防空气短路；介质装填后，依次盖上上孔板、压紧架、过滤器上封头，在过滤器外壳法兰上装上密封圈，拴上螺栓，通过拧紧螺栓将介质压紧。

更换介质时，将过滤器压力卸为零压，拧开螺栓，依次将过滤器上封头、压紧架、上孔板掀开，取出各层介质，重新装填新介质即可。

2. 折叠式膜芯空气过滤器的拆装

折叠式膜芯空气过滤器如图2-9所示。安装时，先用硅油（或凡士林）润滑折叠式膜芯上的O型密封胶圈，再将折叠式膜芯插进支撑孔板，使O型密封胶圈固定在支撑孔板的浅槽位置，旋转膜芯，使膜芯上的锁扣卡住支撑板的锁扣；然后，盖上孔板，在固定杆上拧上螺母，压紧固定孔板，在端盖顶部的翼板上套上套筒，通过套筒，使固定孔板牢固地卡住膜芯顶端；最后，将外壳的密封胶圈放在底壳法兰的浅槽上，盖上顶壳，用螺栓紧密连接。

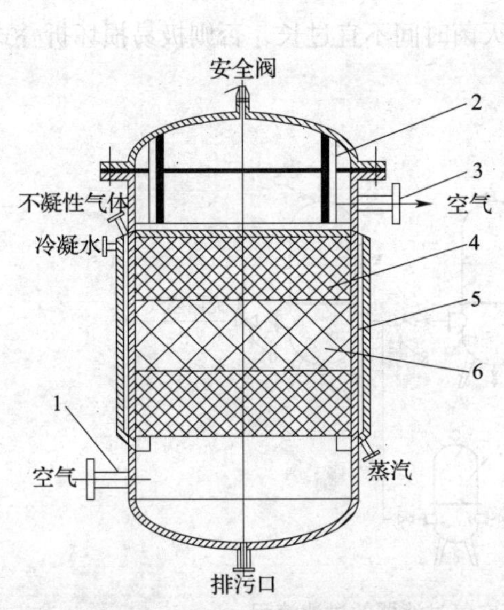

图2-8　深层介质空气过滤器

1—进气口　2—压紧架　3—出气口　4—纤维介质　5—换热夹套　6—活性炭

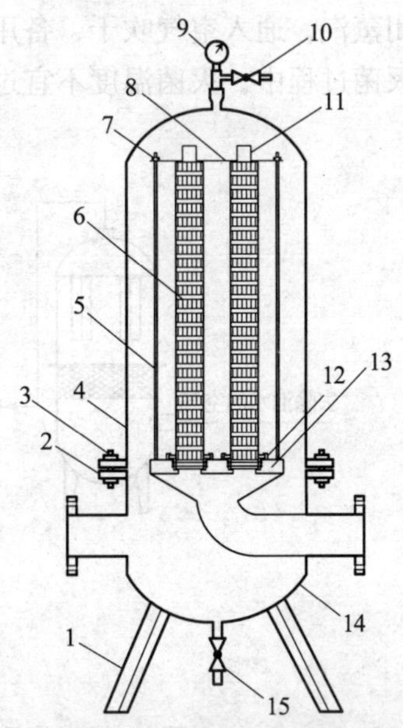

图2-9　折叠式膜芯空气过滤器

1—支座　2—外壳法兰　3—螺栓　4—顶壳　5—固定杆　6—折叠式膜芯　7—螺母　8—固定孔板　9—温度表　10—排汽阀　11—套筒　12—锁扣　13—支撑孔板　14—底壳　15—排汽阀

更换膜芯时，揭开顶壳，取出套筒，松开固定孔板，旋出膜芯，即可进行更换。

任务2　空气过滤器灭菌操作

1. 深层介质空气过滤器的灭菌

对深层介质空气过滤器灭菌时，一般自上而下通入0.2～0.4MPa（表压）的蒸汽，并打开进气管上的排汽阀、底部的排汽阀、出气管上的排汽阀充分排汽，调节灭菌压力，使过滤器在0.1～0.15MPa（表压）下维持45～60min，然后用压缩空气吹干，备用。

2. 折叠式膜芯空气过滤器的灭菌

折叠式膜芯空气过滤器的过滤流程如图2-10所示。总过滤器主要滤除较大的尘埃颗粒，起着保护预过滤器的作用。预过滤器的微孔直径一般在0.45μm以上，不能滤除细菌等较小微生物，主要起着保护精过滤器的作用。对空气过滤起关键作用的是精过滤器，一般只需对精过滤器进行灭菌。灭菌时，将经过蒸汽过滤器的蒸汽通入主过滤器，打开排汽阀A、排汽阀B、排汽阀C、排汽阀D进行充分排汽，调节主过滤器内的压力为0.1MPa，保温10min，可达灭菌目的，然后关闭蒸汽，通入空气吹干，备用。

灭菌过程中，灭菌温度不宜过高，灭菌时间不宜过长，否则极易损坏折叠式膜芯。

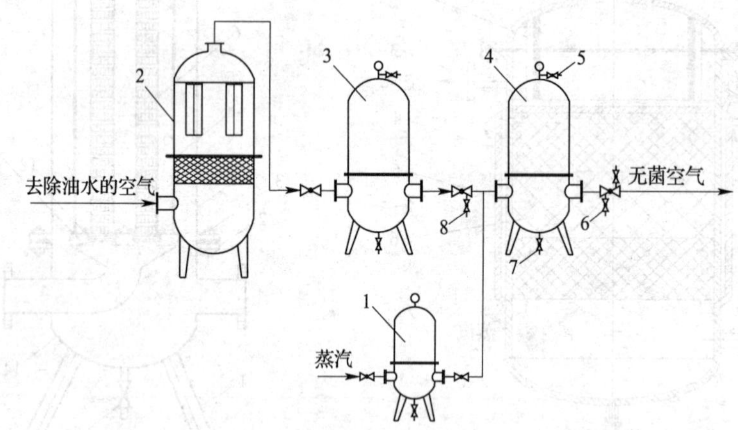

图2-10 折叠式膜芯空气过滤器的过滤流程
1—蒸汽过滤器 2—总过滤器 3—预过滤器 4—精过滤器 5—排汽阀A
6—排汽阀B 7—排汽阀C 8—排汽阀D

任务3 空气过滤器使用与维护

1. 空气过滤器的使用

压缩空气应进行除水、除油等处理，使其相对湿度在60%以下，否则易使过滤介质受潮而影响过滤效果。经过除水、除油处理后，空气相对湿度仍较高，可在分过滤器前加设空气加热器，适当提高空气温度，以降低相对湿度，再进入空气过滤器。

2. 空气过滤器的维护

一般情况下，总过滤器需每月灭菌1次，而分过滤器则需每批发酵前灭菌1次。视生产实际情况，各工厂也可各自制定总过滤器、分过滤器定期灭菌的间隔时间。各工厂需定期对过滤后空气进行无菌检查，以便及时拆检过滤器、更换过滤介质或膜芯。经过多次灭菌，过滤介质或膜芯会逐渐焦化受损而丧失过滤效能，各工厂也可根据灭菌频率摸索出更换过滤介质或膜芯的周期。过滤器的压力降也是拆检过滤器、更换过滤介质或膜芯的依据之一，随着使用时间延长，压力降会逐渐增大，例如，使用折叠式膜芯过滤器时，当预过滤器压力降增至0.025MPa，精过滤器压力降增至0.02MPa时，可考虑更换膜芯。

项目2.2　培养基及设备灭菌

灭菌是指利用物理和化学的方法杀灭或除去物料及设备中一切生命物质的过程。在整个发酵过程中，为了实现纯种培养，需要排除一切杂菌污染的可能，对培养基、消泡剂、补加的物料、空气系统、发酵设备、管道、阀门以及整个生产环境进行严格灭菌。

项 目 引 导

一、灭菌方法

灭菌方法可分为物理法和化学法。物理法包括：加热灭菌（干热灭菌和湿热灭菌）、过滤除菌、辐射灭菌等。化学法主要是利用无机或有机化学药剂进行灭菌。

1. 加热灭菌法

加热灭菌法是利用高温使菌体蛋白质变性或凝固，使酶失活而杀灭微生物的方法。根据加热方法不同，可分为干热灭菌和湿热灭菌两种，干热灭菌主要有灼烧灭菌法和干空气灭菌法。

灼烧灭菌法是利用火焰直接将微生物灼烧致死的方法。这种方法灭菌迅速、彻底，但是要直接灼烧灭菌对象，使其使用范围受到限制，主要用于金属接种工具、试管口、锥形瓶口、接种移液管等。对金属小镊子、小刀、玻璃涂棒、载玻片、盖玻片灭菌时，应先将其浸泡在75%的酒精溶液中，使用时从酒精溶液中取出来，通过火焰灼烧以达到灭菌目的。

干热空气灭菌法是指采用热空气使微生物细胞发生氧化、体内蛋白质变性和电解质浓缩引起中毒等作用，来达到灭菌的目的。微生物对干热的耐受力比对湿热强得多，故干热灭菌所需的温度要高，时间要长，一般为160～170℃维持1～1.5h。在实际应用中，对一些要求保持干燥的实验器具和材料可采用干热灭菌法。

利用饱和热蒸汽进行灭菌的方法称为湿热灭菌法。其原理是借助蒸汽释放的热能使微生物细胞中的蛋白质、酶和核酸分子内部的化学键特别是氢键受到破坏，引起不可逆变性，使微生物死亡。实际生产中，蒸汽易得，价格便宜，热穿透力强，灭菌可靠。湿法灭菌常用于大量培养基、设备、管路及阀门的灭菌。

2. 辐射灭菌法

辐射灭菌法是利用电磁波、紫外线、X－射线、γ－射线或放射性物质产生的高能粒子进行灭菌的方法。在发酵实践中，以紫外线灭菌较为常见。紫外线对芽孢和营养细胞都能起作用，但其穿透能力低，只能用于表面以及有限空间的灭菌，例如，无菌室、培养间等空间可采用紫外线灭菌。

3．过滤除菌法

过滤除菌法是采用介质过滤的方法阻截微生物达到除菌目的。该法适用于澄清液体和气体的除菌，发酵工业上常用此法制备大量无菌空气，供好氧微生物培养使用。

4．化学药剂灭菌法

化学药剂灭菌法是利用某些化学药剂渗透到微生物细胞内进行氧化、还原、水解等化学作用，引起细胞内蛋白质变性、酶类失活或细胞溶解而杀灭微生物的方法。主要适用于生产环境中的灭菌和小型器具等的灭菌，使用方法有浸泡、擦拭、喷洒、气态熏蒸等。常用的化学药剂有高锰酸钾、漂白粉、75%酒精溶液、新洁尔灭、甲醛、过氧乙酸等。

二、湿热灭菌的原理

1．微生物热阻

每一种微生物都有一定的最适生长温度范围，例如，大多数微生物的最适温度为25～37℃（最低限温度为5℃。最高限温度为45～50℃），一些嗜冷菌的最适温度范围为5～10℃（最低限温度为0℃、最高限温度为20～30℃），一些嗜热菌的最适温度为50～60℃（最低限温度为30℃，最高限温度为70～80℃）。当微生物处于最低限温度以下时，代谢作用几乎停止而处于休眠状态；当温度超过最高限温度时，微生物细胞中的原生质体和酶的基本成分——蛋白质发生不可逆变化即凝固变性时，微生物在很短时间内死亡。

湿热灭菌就是根据微生物的这种特性而进行的。一般无芽孢细菌在60℃下经过10min即可全部杀灭，而芽孢细菌则能够经受较高的温度，在100℃下要经过数分钟至数小时才能杀死。某些嗜热菌能在120℃下，耐受20～30min，但这种菌在培养基中出现的机会不多。一般灭菌的彻底与否以能否杀死芽孢细菌为标准。

杀死微生物的极限温度称为致死温度。在致死温度下，杀死全部微生物所需要的时间称为致死时间。在致死温度以上，温度愈高，致死时间愈短。细菌营养体、细菌芽孢和微生物孢子等对热的抵抗力不同，因此，它们的致死温度和致死时间也有差别。微生物对热的抵抗能力常用“热阻”表示。热阻是指微生物在某一特定条件下（主要是温度和加热方式）下的致死时间。相对热阻是指在相同条件下某一微生物在某条件下的致死时间与另一微生物的致死时间的比值，表2－1所示为几种微生物对湿热的相对抵抗力。

表 2－1　**微生物对湿热的相对抵抗力**

微生物名称	大肠杆菌	细菌芽孢	霉菌孢子	病毒
相对抵抗力	1	3000000	2～10	1～5

2. 对数残留定律

在一定温度下，微生物受热后，活菌数不断减少，其减少速度随残留活菌数的减少而降低，且在任何瞬间，菌的死亡速率（$-dN/dt$）与残存的活菌数 N 成正比，这一规律称为对数残留定律，可表示为：

$$-\frac{dN}{dt}=kN \tag{2-1}$$

式中　N——培养基中残留活菌数，个

t——所需灭菌时间，min

k——灭菌速度常数，也称比死亡速率常数，min^{-1}

从 $0\to t$，$N_0\to N_t$，将式（2－1）进行积分，可得

$$\int_{N_0}^{N_t}\frac{dN}{N}=-k\int_0^t dt \tag{2-2}$$

$$N_t=N_0e^{-kt} \tag{2-3}$$

$$t=\frac{1}{k}\ln\frac{N_0}{N_t}\text{或}t=\frac{2.303}{k}\lg\frac{N_0}{N_t} \tag{2-4}$$

式中　N_0——开始灭菌时原有活菌数，个

N_t——结束灭菌时残存活菌数，个

由式（2－4）可见，灭菌时间取决于污染的程度（N_0）、灭菌的程度（残留菌数 N_t）和 k 值。在培养基中有各种各样的微生物，不可能逐一加以考虑。一般来说，细菌营养体、酵母菌、放线菌、病毒对热的抵抗能力较弱，而细菌芽孢则较强，所以灭菌程度要以杀死细菌的芽孢为准，需要更高的温度并维持更长的时间。另外，如果要达到彻底灭菌，即 $N_t=0$，t 则为∞，这在实际操作中是不可能实现的。因此，在设计时通常取 $N_t=10^{-3}$，也就是说 1000 次灭菌中有一次失败的机会。

上述各式中的灭菌速度常数 k 是微生物的一种耐热性特征，它随微生物的种类和灭菌温度而异。在相同的温度下，k 值愈小，则此微生物愈耐热。例如，细菌芽孢的 k 值比营养细胞的 k 值小得多，表明细菌芽孢耐热性比营养细胞大。表 2－2 所示为不同细菌芽孢在 121℃时的 k 值。

表 2－2　**121℃某些芽孢细菌的 k 值**

细菌名称	k 值/min^{-1}	细菌名称	k 值/min^{-1}
枯草芽孢杆菌	2.6～3.8	硬脂嗜热芽孢杆菌 FS617	2.9
硬脂嗜热芽孢杆菌 FS1518	0.77	产气梭状芽孢杆菌 PA3679	1.8

对于同一种微生物，灭菌温度不同，其 k 值也不同。图 2－11 是大肠杆菌营养细胞在不同温度下的残留曲线，图 2－12 是嗜热脂肪芽孢杆菌在不同温度下的残留曲线。从两个图可以看出，灭菌温度愈低，微生物愈难死亡，k 值愈小；温度愈高，微生物愈容易死亡，k 值愈大。

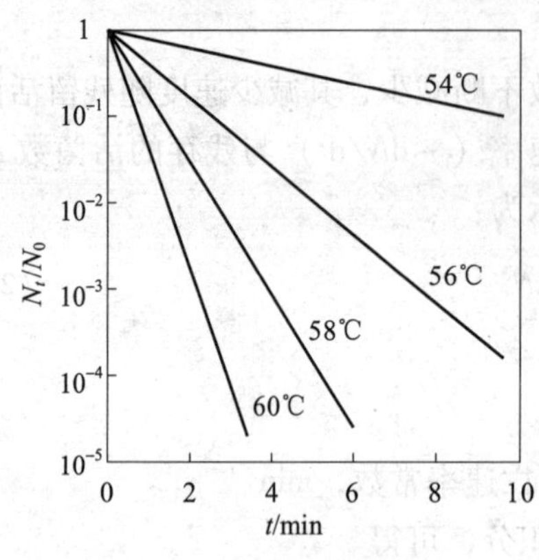

图 2－11　大肠杆菌在不同温度下的残留曲线

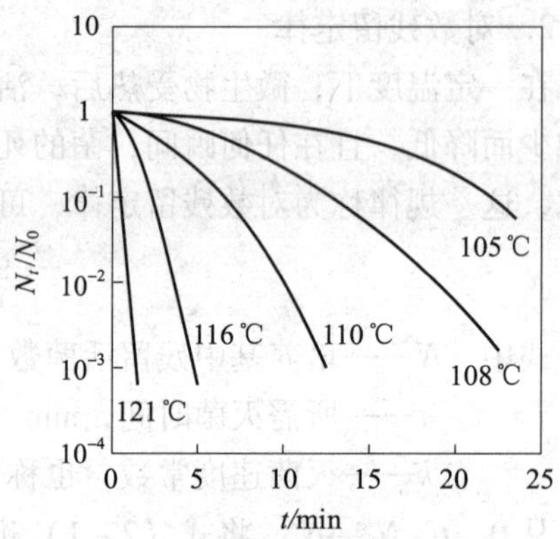

图 2－12　嗜热脂肪芽孢杆菌在不同温度下的残留曲线

对于某一微生物，死亡速度常数 k 与灭菌温度的关系可用阿伦尼乌斯（Arrhenius）方程式表示：

$$\frac{\mathrm{d}\ln k}{\mathrm{d}T} = \frac{E}{RT^2} \tag{2-5}$$

式（2－5）积分可得：

$$k = A\mathrm{e}^{-\frac{E}{RT}} \tag{2-6}$$

式中　k——死亡速度常数，min^{-1}

A——阿伦尼乌斯常数，min^{-1}

e——2.71

E——杀死微生物细胞所需的活化能，×4.187J/mol

T——绝对温度，K

R——气体常数，1.987×4.18J/（mol·K）

式（2－6）可写为：

$$\ln k = \frac{-E}{RT} + \ln A$$

或

$$\lg k = \frac{-E}{2.303RT} + \lg A \tag{2-7}$$

以 $\lg k$ 对 $1/T$ 绘图可得一直线（图 2－13），其斜率为 $-E/(2.303R)$，截距为 $\lg A$，从斜率和截距可求出 E 和 A 的值。

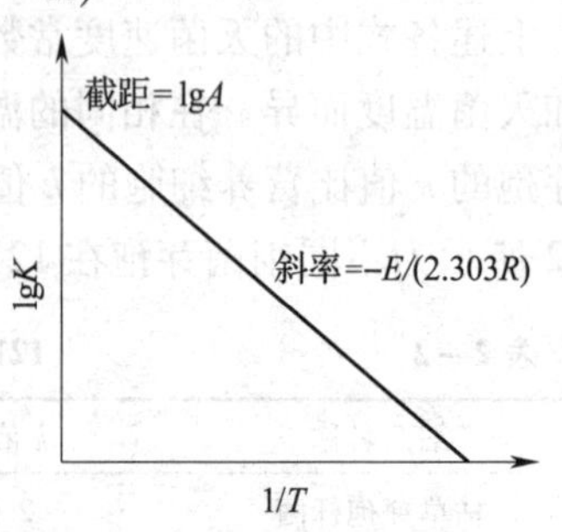

图 2－13　死亡速度常数与温度的关系

3. 培养基灭菌温度的选择

在培养基灭菌的过程中，除微生物被杀死外，还伴随着营养成分的破坏。实验证明，在高压加热情况下，氨基酸和维生素极易被破坏，仅20min，就有50%的赖氨酸、精氨酸及其他碱性氨基酸被破坏，蛋氨酸和色氨酸也有相当数量被破坏。因此，必须选择一个既能达到灭菌目的，又能使培养基中营养成分破坏至最小的灭菌工艺条件。

由于大部分培养基的破坏为一级分解反应，其反应动力学方程式如下：

$$-\frac{\mathrm{d}c}{\mathrm{d}t}=k'c \tag{2-8}$$

式中　k'——营养成分破坏（分解）速度常数，min^{-1}

c——热敏性物质的浓度，mol/L

在化学反应中，其他条件不变，其反应速率常数和温度的关系也可用阿伦尼乌斯方程表示：

$$k'=A'\mathrm{e}^{-\frac{E'}{RT}} \tag{2-9}$$

式中　k'——营养成分破坏（分解）速度常数，min^{-1}

A'——阿伦尼乌斯常数，min^{-1}

E'——营养成分分解反应的活化能，×4.187J/mol

T——绝对温度，K

R——气体常数，1.987×4.18J/（mol·K）

e——2.71

式（2-9）也可以写成

$$\lg k'=\frac{-E'}{2.303RT}+\lg A' \tag{2-10}$$

在灭菌时，温度由T_1升高到T_2，灭菌速率常数k和培养基成分破坏的速率常数k'的值分别如下：

$$k_1=A\mathrm{e}^{\frac{-E}{RT_1}} \tag{2-11}$$

$$k_2=A\mathrm{e}^{\frac{-E}{RT_2}} \tag{2-12}$$

两式相除得

$$\ln\frac{k_2}{k_1}=\frac{E}{R}\left(\frac{1}{T_1}-\frac{1}{T_2}\right) \tag{2-13}$$

同样，培养基成分的破坏也可得类似的关系

$$\ln\frac{k'_2}{k'_1}=\frac{E'}{R}\left(\frac{1}{T_1}-\frac{1}{T_2}\right) \tag{2-14}$$

将式（2-13）和式（2-14）相除得

$$\frac{\ln\frac{k_2}{k_1}}{\ln\frac{k'_2}{k'_1}}=\frac{E}{E'} \tag{2-15}$$

通过实际测定，一般杀灭微生物营养细胞的 E 值约为 $2.09\times10^5\sim2.71\times10^5$ J/mol，杀死微生物芽孢的 E 值约为 4.48×10^5 J/mol，酶及维生素等营养成分分解的 E' 值为 $8.36\times(10^3\sim10^4)$ J/mol。灭菌时的活化能 E 值大于培养基营养成分破坏的活化能 E'，因此，随着温度升高，灭菌速率常数增加倍数远远大于培养基中营养成分分解的速率常数的增加倍数。当灭菌温度升高时，微生物死亡速度提高，超过了培养基营养成分破坏的速度。每升高 10℃，速率常数的增加倍数为 Q_{10}。据测定，一般的化学反应 Q_{10} 为 1.5 ~ 2.0，杀灭芽孢的反应 Q_{10} 为 5 ~ 10，杀灭微生物营养细胞的反应 Q_{10} 为 35 左右。

从上述情况可以看出，在热灭菌过程中，同时发生微生物被杀灭和培养基成分被破坏两个过程。温度能加快这两个过程，当温度升高时，微生物死亡的速度更快。因此，灭菌操作可以采用较高的温度维持较短的时间，以减少培养基营养成分的破坏，这就是通常所说的"高温瞬时灭菌法"。生产实践表明：灭菌温度较高而时间较短，要比温度较低时间较长的灭菌效果好。例如，对于同样的培养基，若采用 126 ~ 132℃维持 5 ~ 7min 进行连续灭菌，其灭菌后的质量要比采用在 120℃保温 30min 的实罐灭菌好。

在不同灭菌条件下，培养基营养成分的破坏情况见表 2 -3。

表 2 -3　　不同灭菌条件下培养基成分的破坏情况

温度/℃	灭菌时间/min	营养成分的破坏/%	温度/℃	灭菌时间/min	营养成分的破坏/%
100	400	99.3	130	0.5	8
110	30	67	140	0.08	2
115	15	50	150	0.01	<1
120	4	27			

任务 1　发酵罐灭菌操作

1. 灭菌前的准备

（1）对发酵罐各阀门进行必要的拆检，并对发酵罐内部进行淋洗，排出洗罐水，关闭各个阀门。

（2）先对发酵罐的空气过滤器进行灭菌，灭菌后吹干，用无菌空气保压，备用。

2. 空罐灭菌步骤

图 2 -14 所示为发酵罐及其连接管道的简单示意图（此图没有详尽表达所有物料的补加管道以及阀门上必要的小边阀）。

（1）开启列管（或盘管、夹套）的蒸汽阀以及蒸汽冷凝水的排水阀，通入蒸汽将列管（或盘管、夹套）内残留的冷却水排出，然后关闭蒸汽阀，保持冷凝水排出的排水阀处于开启状态。

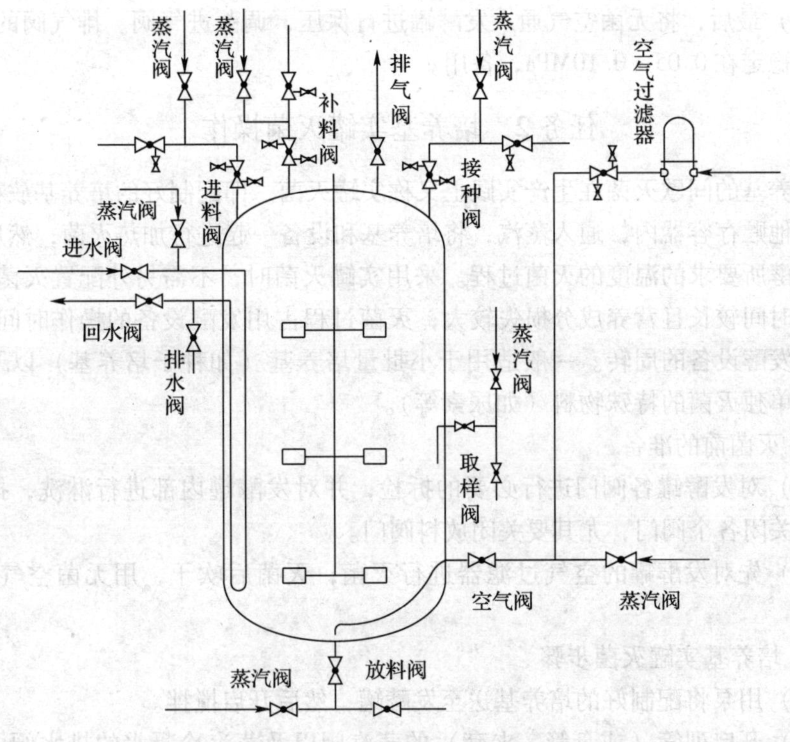

图2－14　通用式发酵罐及连接管路示意图

（2）从三路管道将蒸汽通入发酵罐内，一般依照“由远至近”（指某一管路上的阀门离罐体的远近）的次序开启主要阀门，即依次打开放料管道上的蒸汽阀、放料阀进蒸汽，依次打开通风管道上的蒸汽阀、空气阀进蒸汽，依次打开取样管上的蒸汽阀、取样阀进蒸汽。如果管道上装设小边阀，还需打开这些小边阀进行排汽。

（3）开启发酵罐顶部的排气阀进行排汽；同时，开启发酵罐顶部所有阀门上的小边阀排汽。

（4）当发酵罐温度上升至121℃时，即进入保温阶段，需调节各个蒸汽阀、排汽阀的开度，使发酵罐压力稳定在一定范围内，其对应的温度维持在121～125℃温度范围。

（5）为了更好地消除发酵罐顶部各个阀门的死角，在不影响其他发酵罐操作的前提下，在保温阶段，最好能够从发酵罐顶各路管道通入蒸汽。

（6）保温时间需根据发酵罐容积、罐内结构等具体情况而定，保温结束后，除了排气管道，“自上至下”逐个关闭排汽阀，然后“自上至下”逐个关闭各路管道的蒸汽，最后关闭的一路管道是放料管道。关闭每路管道上阀门时，其次序是“由近至远”。关闭阀门过程中，操作应迅速，防止发酵罐压力降低至零压

（表压）。

（7）最后，将无菌空气通入发酵罐进行保压，调节进气阀、排气阀的开度，使压力稳定在0.05～0.10MPa，备用。

任务2　培养基实罐灭菌操作

培养基的间歇灭菌在生产实践上又称实罐灭菌，即配制好的培养基放在发酵罐或其他贮存容器内，通入蒸汽，将培养基和设备一起进行加热灭菌，然后再冷却至发酵所要求的温度的灭菌过程。采用实罐灭菌时，不需另外配置灭菌设备，但灭菌时间较长且营养成分损失较大，灭菌过程占用发酵设备的操作时间较长，不利于发酵设备的周转。一般适用于小批量培养基（如种子培养基）以及少量只适宜单独灭菌的特殊物料（如尿素等）。

1. 灭菌前的准备

（1）对发酵罐各阀门进行必要的拆检，并对发酵罐内部进行淋洗，排出洗罐水，关闭各个阀门，尤其要关闭放料阀门。

（2）先对发酵罐的空气过滤器进行灭菌，灭菌后吹干，用无菌空气保压，备用。

2. 培养基实罐灭菌步骤

（1）用泵将配制好的培养基送至发酵罐，然后开启搅拌。

（2）开启列管（或盘管、夹套）的蒸汽阀以及蒸汽冷凝水的排水阀，通入蒸汽间接加热培养基至80℃左右。加热过程中，开启发酵罐顶部的排气阀、接种阀、进料阀、补料阀等阀门或这些阀门上的小边阀进行排汽。此过程必须掌握好预热温度，若预热温度过高，意味着随后直接通入蒸汽的时间过短，导致发酵罐顶部空间、某些管道及阀门灭菌不彻底；若预热温度过低，意味着后面直接通入蒸汽的时间过长，导致过多的蒸汽冷凝水进入培养基，使培养基体积增大，营养基质浓度降低。

（3）完成预热后，关闭列管（或盘管、夹套）的蒸汽阀，保持排水阀处于开启状态。

（4）从三路管道将蒸汽通入发酵罐内加热培养基，一般依照“由远至近”（指某一管路上的阀门离罐体的远近）的次序开启主要阀门，防止培养基倒流，即依次打开放料管道上的蒸汽阀、放料阀进蒸汽，依次打开通风管道上的蒸汽阀、空气阀进蒸汽，依次打开取样管上的蒸汽阀、取样阀进蒸汽。如果管道上装设小边阀，还需打开这些小边阀进行排汽。此过程需保持所有排汽阀处于充分排汽状态，以便消除死角；同时，罐外通风管也需灭菌，将蒸汽通至空气过滤器后的阀门，并打开该阀门上的小边阀进行排汽。

（5）如果发酵罐容积较大，升温速度较慢，当温度升至100℃左右时，可按照进蒸汽次序打开发酵罐顶部各路管道上的阀门进蒸汽入罐内。一方面，为了更好地消除发酵罐顶部各个阀门的死角；另一方面，为了补充蒸汽，使升温加速。

（6）当发酵罐温度上升至121℃时，即进入保温阶段，需调节各个蒸汽阀、排汽阀的开度，使发酵罐压力稳定在一定范围内，其对应的温度维持在121～125℃温度范围。

（7）保温时间需根据发酵罐容积、罐内结构等具体情况而定，保温结束后，除了排气管道，“自上至下”逐个关闭排汽阀，然后“自上至下”逐个关闭各路管道的蒸汽，最后关闭的一路管道是放料管道。关闭每路管道上阀门时，其次序是“由近至远”，防止培养基倒流。关闭阀门过程中，操作应迅速，防止发酵罐压力降低至零压（表压）。

（8）将无菌空气通入发酵罐进行保压，调节进气阀、排气阀的开度，使压力稳定在0.05～0.10MPa。

（9）开启列管（或盘管、夹套）的进水阀通入冷却水进行降温，热交换后的水经回水阀输送至冷却塔进行降温，并收集到贮水箱，循环使用。降温过程中，需密切关注发酵罐压力变化，并及时调整罐压，使其维持在0.05～0.10MPa。

（10）当培养基温度降至工艺所要求的温度（一般比培养温度略高0.5～1℃）时，关闭冷却水，然后停止搅拌，保持无菌空气保压状态，等待接种。

任务3　培养基连续灭菌操作

培养基连续灭菌俗称连消，即在一套专门灭菌设备中，培养基连续进料、瞬时升温、短时保温，尽快降温，完成灭菌操作后才进入发酵罐或其他贮存容器的过程。连续灭菌是在发酵罐或其他贮存容器外采用高温短时灭菌的连续操作过程，培养基营养成分的破坏较少，有利于提高发酵产率，整个过程占用发酵设备的操作时间较少，发酵罐利用率高，整个过程使用蒸汽均衡，可采用自动控制，减轻劳动强度。工业生产中，大批量的培养基普遍采用连续灭菌工艺。连续灭菌系统如图2－15所示。

1．灭菌前的准备

培养基连续灭菌前，需先对连续灭菌系统进行灭菌。开启连消器上的蒸汽阀，使蒸汽依次通入连消器、维持罐、换热器及相关管道，一直到达发酵罐顶部的进料阀或进料分布管上的进料阀，开启整个系统中所有排汽阀进行充分排汽，以消除灭菌死角。灭菌过程中，调节进汽阀和各排汽阀的开度，使维持罐压力维持0.1～0.15MPa（表压），一般保温30min可结束，然后关闭各排汽阀，用蒸汽保压，等待进培养基进行连续灭菌。

2．培养基连续灭菌步骤

（1）培养基经配料定容后，泵送至连消器，调节培养基流量和蒸汽流量，

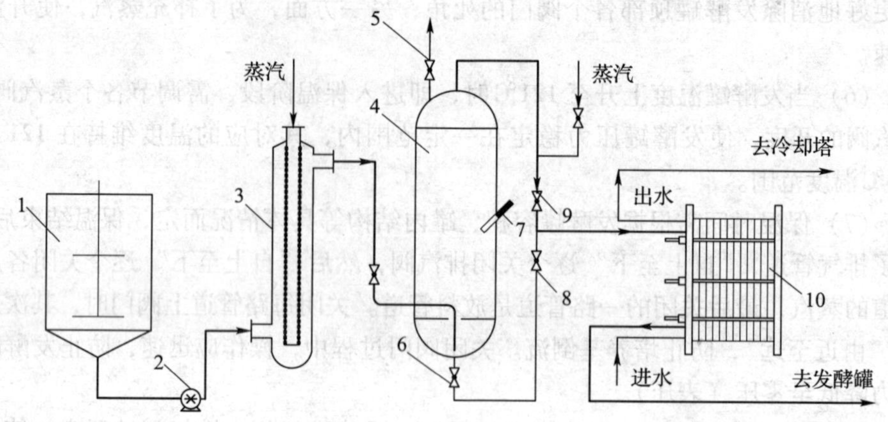

图2-15 连续灭菌的一般流程

1—定容罐 2—泵 3—连消器 4—维持罐 5—排汽阀 6—底阀
7—温度计 8—下出料阀 9—上出料阀 10—换热器

使培养基与蒸汽在连消器内瞬时混合，被加热至灭菌要求的温度，然后进入维持罐。

（2）加热后的培养基由底部进入维持罐，经保温一定时间，由维持罐顶部流出，经上出料阀进入换热器。

（3）以冷却水为换热介质，通入换热器与培养基进行热交换，使培养基温度降至工艺要求的温度，然后进入发酵罐。将热交换后的水送至冷却塔进行冷却处理，以便循环使用。

（4）当泵打空一个定容罐后，可立即转至泵送另一个定容罐的培养基。如果没有培养基时，需停泵，关闭连消器的蒸汽阀以及维持罐的进料阀、上出料阀，开启维持罐顶部的蒸汽阀、底阀以及下出料阀，用蒸汽进行压料，使残留培养基经底阀、下出料阀进入发酵罐。

归纳知识

一、空气过滤除菌效率及影响因素

通常以过滤效率来衡量过滤效果，过滤效率是指介质层所滤去的微粒数与空气中原有微粒数之比，即：

$$\eta = \frac{N_1 - N_2}{N_1} = 1 - \frac{N_2}{N_1} = 1 - P \qquad (2-16)$$

式中 N_1——过滤前空气中的微粒数，个

N_2——过滤后空气中的微粒数，个

P——穿透率，即过滤后空气中的微粒数与过滤前空气中的微粒数之比

η——过滤效率，%

过滤效率主要与微粒大小、过滤介质的种类和规格（纤维直径）、介质的填充密度、介质层厚度以及气流速度等因素有关。在一定条件下，过滤效率随滤层厚度增加而提高，而对于单位厚度滤层来说，微粒浓度的下降量与进入此滤层的微粒数成正比，即：

$$\frac{dN}{dL} = -KN \tag{2-17}$$

式中　N——空气中微粒数，个

L——滤层厚度，cm

K——过滤常数，cm^{-1}

dN/dL——单位厚度滤层除去的微粒数，cm/个

将式（2－17）整理并积分

$$-\frac{dN}{N} = KdL \tag{2-18}$$

$$-\int_{N_0}^{N_S}\frac{dN}{N} = K\int_0^L dL \tag{2-19}$$

$$\ln\frac{N_S}{N_0} = -KL \tag{2-20}$$

$$L = \frac{1}{K}\ln\frac{N_0}{N_S} \tag{2-21}$$

式中　N_0——过滤前进口空气的微粒数，个

N_S——过滤后出口空气的微粒数，个

式（2－21）称为对数穿透定律。过滤常数K与微粒大小、过滤介质的种类和规格（纤维直径）、介质的填充密度以及气流速度等因素有关，可通过实验测定。

二、培养基灭菌的影响因素

灭菌是一个非常复杂的过程，它包括热量传递和微生物细胞内的一系列生化、生理变化过程，并受到多种因素的影响。根据生产经验，影响灭菌效果的主要因素通常有以下几个方面。

1．温度的影响

在采用干热或湿热灭菌时，温度过高可引起细胞蛋白质凝固而变性，使细胞失去生命力，加热灭菌就是利用这个原理来杀灭生产中的各种杂菌。一般说来，杀灭细菌的芽孢必须在121℃以上保温30min左右，才能全部被杀死；对于含水较少的某些嗜热芽孢杆菌，其灭菌温度要在130℃以上。另外，在采用干热灭菌时，由于干热灭菌放热较少，穿透力较差，故其要求灭菌温度比湿热灭菌温度高，灭菌时间比湿热灭菌时间长。灭菌过程中，当灭菌温度达不到致死温度时，灭菌就会不彻底，因而灭菌温度是决定灭菌效果的关键因素之一。

2．灭菌液中pH的影响

培养液的pH对微生物的耐热性影响很大。一般来说，多数微生物在pH接

近中性时，其耐热性较强；当 pH 偏酸性时，氢离子较易渗入微生物细胞内，促使微生物细胞死亡，故 pH 愈低时，灭菌所需要的时间就越短。培养基的 pH 与灭菌时间的关系见表 2 -4。

表 2 -4　　培养基的 pH 与灭菌时间的关系

温度/℃	孢子个数/（个/mL）	灭菌时间/min				
		pH4. 5	pH4. 7	pH5. 0	pH5. 3	pH6. 1
100	10000	150	150	180	720	340
110	10000	24	30	35	65	70
115	10000	13	13	12	25	25
120	10000	5	3	5	7	8

3. 灭菌时间的影响

无论是采用化学药物还是加热方法进行灭菌，其作用时间对灭菌效果具有决定性作用，也就是说，灭菌作用需要维持一定时间才能达到灭菌目的。例如，无芽孢细菌温度在 55 ~65℃作用 30min 才能死亡，酵母菌和曲霉菌的营养细胞在 60 ~80℃作用 10min 才能致死。一般来说，作用时间越长，灭菌效果越好。生产中采用蒸汽加热灭菌时，视其灭菌温度高低而控制灭菌时间，通常作用时间为 5 ~30min；当采用化学药物灭菌时，视其药物种类和浓度而控制灭菌时间。

如果采用间歇灭菌（实罐灭菌）方式，在升温阶段后期和冷却阶段前期，培养基温度仍然很高，因而此两个时期也具有一定的灭菌作用。在计算间歇灭菌时间时，除了保温阶段，可将升温阶段后期、冷却阶段前期考虑进去。

如果采用连续灭菌方式，由于是瞬时升温、迅速降温，计算灭菌时间主要考虑保温阶段的时间，可通过下式进行计算：

$$t = \frac{2.303}{k}\lg\frac{c_0}{c_S} \tag{2-22}$$

式中　k——死亡速度常数，min^{-1}

c_0——单位体积培养基灭菌前的含菌数，个/mL

c_S——单位体积培养基灭菌后的含菌数，个/mL

4. 培养基成分的影响

培养基中脂肪、糖分和蛋白质等含量越高，微生物的热死亡速率就越慢，这是因为脂肪、糖分和蛋白质等有机物在微生物细胞外面形成一层薄膜，能够有效保护微生物细胞抵抗不良环境，故灭菌温度相应要高些。例如，大肠杆菌在水中加热到 60 ~65℃即死亡；在 10% 糖液中，加热到 70℃需 4 ~6min 死亡；在 30% 糖液中，加热到 70℃需 30min 死亡。相反，培养基中高浓度的盐类、色素等的存在，会削弱微生物细胞的耐热性，故较易灭菌。

5. 培养基中微生物数量的影响

培养基中微生物数量越多，达到要求灭菌效果所需要的时间就越长。如表2－5所示，培养基中不同数量的微生物孢子在105℃所需要的灭菌时间不同。因此，在生产实际中，不宜采用发霉、腐败的原料制作培养基，其不但含有较少有效营养成分，而且含有较多微生物及其代谢产物，彻底灭菌比较困难。

表2－5　　培养基中微生物孢子数目对灭菌时间的影响

培养基中微生物的孢子数/（个/mL）	9	9×10^2	9×10^4	9×10^6	9×10^8
105℃时灭菌所需要的时间/min	2	14	20	36	48

6. 培养基中水分含量的影响

当培养基营养物质丰富时，由于干物质含量多、水分含量少，灭菌热穿透力不强，且培养基中蛋白质等物质易形成菌体的保护膜，同时，在水分含量少的培养基中，蛋白质不易凝固，灭菌时细胞不易死亡，故灭菌温度需要高些，作用时间也要适当延长。培养基水分含量越多，加热后其潜热越大。因此，对浓度低的培养基进行灭菌比对浓度高的培养基进行灭菌容易彻底。

7. 培养基中颗粒的影响

培养基中的颗粒容易潜藏微生物，使微生物不易受热被杀灭。颗粒小，灭菌容易；颗粒大，灭菌困难。如果培养基内存在过多颗粒，可适当提高灭菌温度；若颗粒影响灭菌效果，在不影响培养基质量的情况下，可适当滤除这些颗粒后再进行灭菌。

8. 泡沫的影响

培养基中的泡沫对灭菌极为不利，因为泡沫中的空气形成隔热层，使热量传递困难，热量难以穿透空气层，泡沫内部不易达到微生物的致死温度，容易导致灭菌不彻底。对易产生泡沫的培养基进行灭菌时，可加入适量消泡剂防止泡沫产生。

拓展知识2.1　无菌操作室与微生物检测方法

一、无菌操作室的设计要求与使用管理

1. 无菌操作室的设计要求

空气无菌程度用空气洁净度来表示，空气洁净度是指洁净环境中空气含尘（微粒）量多少的程度。空气洁净度的具体高低是用空气洁净度级别来区分的，这种级别是用操作时间内空气的计数含尘量（即是单位容积空气中所含某种大小微粒的数量）来表示的，也就是从某一个低的含尘浓度起到不超过另一个高的含尘浓度为止，这一含尘浓度范围定为某一个空气洁净级别。空气洁净级别如表2－6所示。

表 2-6　环境空气洁净度等级

洁净级别[①] /级	≥0.5μm 尘埃数 /（个/L 空气）	≥5μm 尘埃数[②] /（个/L 空气）	菌落数[③] /个
100000	≤3500	≤25	≤10
10000	≤350	≤2.5	≤3
1000	≤35	≤0.25	≤2
100	≤3.5	0	≤1

注：① 洁净室空气洁净度等级的检验，应以动态条件下测试的尘粒数为依据；

② 对于空气洁净度为 100 级的洁净室内≥5μm 尘粒的计算应进行多次采样，当其多次出现时，方可认为该测试数值是可靠的；

③ 9cm 双蝶露置 30min，37℃培养 24h。

无菌操作室是指环境空气的悬浮微生物按无菌要求进行控制管理的洁净室，其关键区域的空气洁净度级别为 100 级或 10000 级背景下的 100 级，其辅助区域的空气洁净度级别为 10000 级。其设计要求一般有以下几点：

（1）采光良好，避免潮湿，远离污染区域，不安装下水道。

（2）面积不宜过大，一般为 5～10m^2，高度不超过 2.5m。

（3）由操作间和 1～2 个缓冲间组成，操作间的门和缓冲间的门应错开，以免气流带进杂菌；操作间与缓冲间之间应设置样品传递窗。

（4）六面必须光滑平整，无缝隙，不藏污垢，不留死角。

（5）应具有空气过滤的单向流空气装置，操作区域的洁净度达 100 级，室内温度控制在 18～26℃，相对湿度控制在 45%～65%。

（6）空气洁净度级别不同的相邻房间之间的静压差应大于 5Pa，操作室与室外的静压差应大于 10Pa。

（7）操作间和缓冲间均应设置能达到空气灭菌的紫外灯或其他装置，一般紫外灯功率为 2～2.5W/m^3，紫外灯离操作台面以 1m 为宜。

2. 无菌操作室的使用管理

一般情况下，无菌操作室的使用管理应注意以下几点：

（1）每次使用前，应开启空气净化系统，使其运转 1h 以上，同时开启紫外灯进行灭菌。

（2）凡是进入无菌操作室的物品必须用消毒剂对表面进行消毒，再经物流缓冲间、传递窗口送入。

（3）操作人员进入无菌操作室时，应用消毒剂洗手，在缓冲间更换消毒过的工作服、工作帽及工作鞋，在风淋室进行风淋 30s 后才进入操作间。

（4）使用过程中，应尽可能减少人员走动，以免搅动空气增加污染。

（5）一般要求，每周用适宜的消毒剂（如 2% 的石炭酸溶液）擦拭工作台、凳、门、窗及地面，然后用消毒剂（如 3% 石炭酸溶液）喷雾消毒空气，最后用紫外灯灭菌 30min。

（6）应定期检查室内空气中菌落状况，常用沉降菌检测方法和浮游菌检测方法，以此来判断无菌操作室是否达到规定的洁净度，以便及时采取净化措施。

（7）定期对无菌操作室的洁净度进行再验证，并定期对无菌操作室的环境检测数据进行趋势分析和评估。根据评估结果，了解洁净室设施环境质量的稳定状况及变化趋势，决定是否有必要修订相应的警戒和纠偏限度。发现洁净度不符合规定时，应立即停止使用，寻找原因，彻底清洁，并经验证，达到规定后方可使用。

（8）定期更换紫外灯管，至少每年1次，以确保紫外灯管灭菌持续有效。

（9）定期更换净化系统的初效过滤器、中效过滤器及高效过滤器，至少2年1次，以确保净化系统的功能持续有效。

二、空气与培养基的微生物检测方法

1. 空气中沉降菌检测方法

将经严格灭菌的直径为9cm的营养琼脂平板放置在预定位置，打开平板盖，在空气中暴露30min，然后盖好培养皿，置于（32.5±2.5）℃培养48h，取出观察是否有菌落生长，并计算菌落数。检测时，应按要求在不同地点放置多个平板采样，计算培养后出现菌落的平均数，以此判断空气的洁净度。

2. 空气中浮游菌检测方法

浮游菌采样器宜采用撞击法机理的采样器，一般采用狭缝式采样器或离心式采样器，并配有流量计和计时器。采用狭缝式采样器时，由附加的真空抽气泵抽气，通过采样器缝隙式平板，将采集的空气喷射并撞击到缓慢旋转的平板培养基表面上，附着的活微生物粒子经培养后形成菌落，然后予以计数。采用离心式采样器时，由于内部风机高速旋转，气流由采样器前部吸入，从后部流出，在离心力作用下，空气中的活微生物粒子有足够时间撞击到专用的固形培养条上，经培养后形成菌落，予以计数。培养温度为（32.5±2.5）℃，培养时间不少于48h。

3. 培养基中微生物检测方法

在火焰保护下，按无菌操作要求，对灭菌后的培养基进行取样；然后，在无菌操作室内将培养基样品涂布在经严格灭菌的营养琼脂平板上，盖好培养皿，置于32℃下培养48h，观察是否有菌落生长，并予以计数，以判断培养基灭菌效果。

拓展知识2.2　灭菌的节能措施与灭菌时间计算

一、培养基连续灭菌的节能措施

培养基连续灭菌的节能流程如图2－16所示。灭菌前的培养基（生料）与灭菌后的培养基（熟料）在换热器A中进行热交换，生料经预热，温度可提高40～60℃，从而可减少连消器的蒸汽用量，达到节能目的。同时，灭菌后的熟料经换热器A的第一次冷却后，温度可下降40～60℃，从而可减少换热器B中冷却水的循环量，达到降低循环水的电耗。

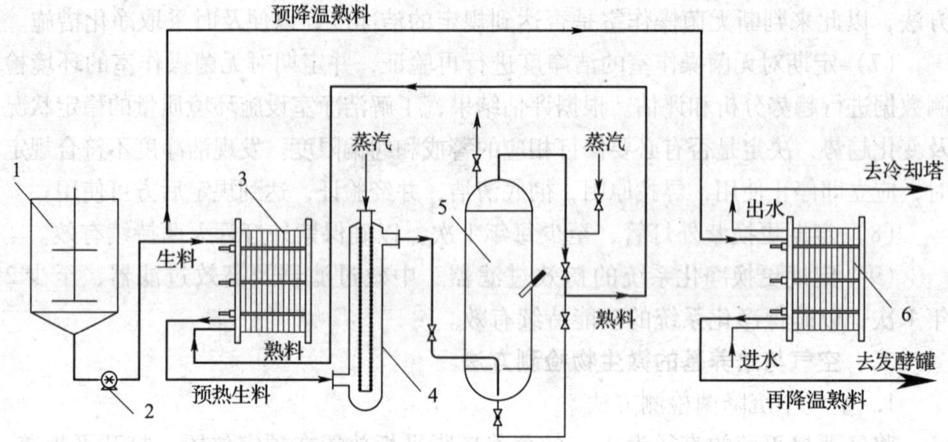

图 2-16　连续灭菌的节能流程

1—定容罐　2—泵　3—换热器 A　4—连消器　5—维持罐　6—换热器 B

二、培养基灭菌时间计算

1. 间歇灭菌时间的计算

[例题 2-1] 有一个 $100m^3$ 发酵罐内装 $60m^3$ 培养基，升温至 121℃时保温一段时间进行灭菌。每 1mL 培养基中有 1.5×10^7 个耐热细菌芽孢。灭菌过程中只考虑升温阶段 100℃以后以及保温阶段的灭菌作用，已知温度从 100℃上升至 121℃需要 21min，求保温阶段的时间。（已知：$A=1.34\times10^{36}s^{-1}$，$E=283460J/mol$）

解：已知：$A=1.34\times10^{36}s^{-1}$，$E=283460J/mol$，根据式（2-7），可得

$$\lg k=\frac{-E}{2.303RT}+\lg A=\frac{-14819}{T}+36.13$$

由此可计算出 T_1（=373K）至 T_2（=394K）之间的若干个 k 值，如表 2-7 所示：

表 2-7　$k-T$ 关系

T/K	373	376	379	382	385	388	391	394
k/s^{-1}	0.000251	0.000522	0.00107	0.00217	0.00436	0.00864	0.0170	0.0330

以表 2-7 计算的 k 值对 T 作图，如图 2-17 所示，可得 $k-T$ 曲线。

在图中，横坐标在 $T_1\sim T_2$之间以 2K 为单位进行分解，纵坐标在 0～0.0287 之间以 $0.002s^{-1}$为单位进行分解，单位面积（小方格）为 $2\times0.002=0.004K/s$，373～394K 的 $k-T$ 曲线以下的面积范围内包含 36 个单位面积，则有：

$$总面积\int_{373}^{394}k\mathrm{d}T=36\times0.004=0.144\ (K/s)$$

那么，升温阶段从 373～394K 的平均死亡速度常数可计算如下：

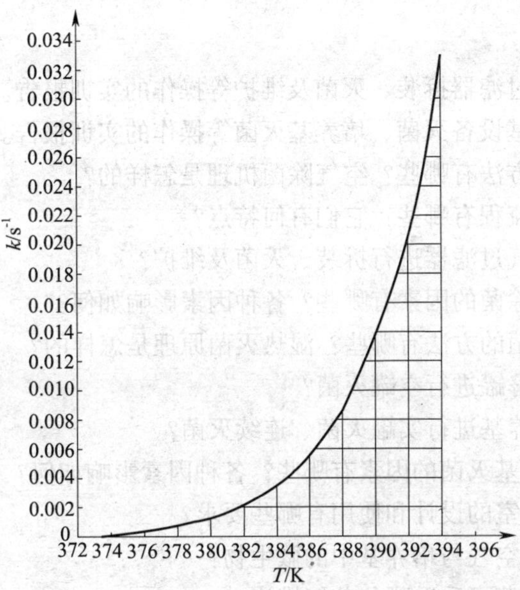

图2－17　$k-T$关系图

$$k_m=\frac{\int_{T_1}^{T_2}k\mathrm{d}T}{T_2-T_1}=\frac{0.144}{394-373}=0.0069\ (\mathrm{s}^{-1})$$

根据式（2－3），可计算升温阶段结束时培养基残留的芽孢数为：

$$N'_t=\frac{N_0}{e^{k_m\cdot t}}=\frac{9\times10^{14}}{e^{0.0069\times21\times60}}=1.51\times10^{11}\ (个)$$

根据式（2－4），可计算保温阶段所需的时间：

$$t=\frac{2.303}{k}\lg\frac{N'_t}{N_t}=\frac{2.303}{0.033}\lg\frac{1.51\times10^{11}}{0.001}=989.5\ (\mathrm{s})\ =16.5\ (\mathrm{min})$$

2. 连续灭菌时间的计算

［例题2－2］ 60m^{3}培养基采用连续灭菌，灭菌温度为130℃。每1mL培养基中有1.5×10^7个耐热细菌芽孢。求灭菌所需的维持时间。（已知：$A=1.34\times10^{36}\mathrm{s}^{-1}$，$E=283460\mathrm{J/mol}$）

解：已知：$A=1.34\times10^{36}\mathrm{s}^{-1}$，$E=283460\mathrm{J/mol}$，根据式（2－7），可得

$$\lg k=\frac{-E}{2.303RT}+\lg A=\frac{-14819}{T}+36.13=\frac{-14819}{403}+36.13=-0.64$$

即 $k=0.229\ (\mathrm{s}^{-1})$

由于 $c_0=1.5\times10^7$ 个/mL，$c_S=\frac{1}{60\times10^6\times10^3}=1.67\times10^{-11}$ （个/mL）

根据式（2－22），可得

$$t=\frac{2.303}{k}\lg\frac{c_0}{c_S}=\frac{2.303}{0.229}\lg\frac{1.5\times10^7}{1.67\times10^{-11}}=181\ (\mathrm{s})\ =3\ (\mathrm{min})$$

[思考题]

1. 撰写空气过滤器拆装、灭菌及维护等操作的实训报告。
2. 撰写培养基设备灭菌、培养基灭菌等操作的实训报告。
3. 空气除菌方法有哪些？空气除菌机理是怎样的？
4. 空气除菌流程有哪些？它们有何特点？
5. 怎样对空气过滤器进行拆装、灭菌及维护？
6. 影响空气除菌的因素有哪些？各种因素影响如何？
7. 培养基灭菌的方法有哪些？湿热灭菌原理是怎样的？
8. 怎样对发酵罐进行空罐灭菌？
9. 怎样对培养基进行实罐灭菌、连续灭菌？
10. 影响培养基灭菌的因素有哪些？各种因素影响如何？
11. 无菌操作室的设计和使用有哪些要求？
12. 怎样检测空气与培养基中的微生物？
13. 培养基灭菌可采取哪些节能措施？
14. 怎样计算培养基灭菌时间？

项目3　菌种选育、保藏与扩大培养

[能力目标]

1. 能够制定菌种诱变选育流程及技术参数、菌种扩大培养流程及技术参数；

2. 能够进行菌种诱变选育、菌种保藏、菌种扩大培养等岗位操作；

3. 能够处理与分析菌种诱变选育、菌种保藏、菌种扩大培养、菌种移接等过程的常见问题。

[知识目标]

1. 了解发酵工业对菌种的要求，菌种选育、保藏、扩大培养的目的及相关设施；

2. 熟悉菌种诱变选育、菌种保藏、菌种扩大培养等过程的控制要素；

3. 理解菌种诱变选育、菌种保藏、菌种扩大培养等工艺原理及影响因素。

项目3.1　菌种的选育

平衡生长、正常代谢的微生物不会有某种代谢产物的积累，为了使微生物合成的代谢途径朝人们所希望的方向进行，提高发酵单位，改进产品质量，去除多余的代谢产物和合成新品种，就需要进行优良生产菌种的选育，为发酵工业提供各种类型的菌株。

项 目 引 导

一、发酵工业对菌种的要求

人类利用微生物的代谢产物作为食品已有数千年的历史，例如酒、醋的酿造，不过古代的酿造技术只是天然发酵技术，到了19世纪末人们才建立起纯培养技术。在20世纪40年代，人类对青霉素的大量需求促进了青霉素发酵生产的研究，从而推动了深层培养技术的建立。随着深层培养技术在有机酸、酶制剂、氨基酸等工业生产中的应用，诞生了一个新的学科——发酵工程。所谓发酵工程，是指利用微生物生长代谢活动中产生的各种生理活性物质来发酵生产人类需要的众多有价值的商业产品。至今，随着诱变育种技术、代谢控制技术、基因工程技术以及生物反应器设计等方面的不断发展，发酵工程的发展也十分迅速，其产品包括菌体细胞及其代谢产物等，广泛应用于化工、食品、医药、水产、纺织、国防、能源等众多领域。

发酵工业使用的微生物菌种是多种多样的，但不是所有的微生物都可作为菌种，即使同属于一个种的不同株的微生物，其生产能力也不同。因此，无论是野生菌株，还是突变菌株或基因工程菌株，都必须经过精心选育，达到生产菌种的要求才可用于发酵工业。

一般来说，优良的生产菌种应该具备以下基本特性：

（1）菌种在有限的发酵过程中生长繁殖快和代谢能力强。生长迅速可提高发酵设备的周转率；代谢能力强包括高产能力和高转化能力，高产能力有利于提高生产能力，高转化能力有利于降低底物的消耗。

（2）菌种遗传特性稳定，不易变异退化，且菌种所要求的工艺控制比较粗放，易于控制，有利于发酵生产运行和产品质量的稳定。

（3）发酵过程中产生的副产物少，不但有利于提高底物的有效转化率，而且目的产物分离容易，有利于降低提取成本和提高产品质量。

（4）抗噬菌体感染的能力强。

（5）菌种不是病源菌，对人、动物、植物和环境都不具有潜在的危害性。

（6）菌种具备利用广泛来源原料的能力，并对发酵原料成分波动的敏感性尽可能小。

具备以上条件的菌株，才能应用于发酵工业生产，保证发酵产品的产量和质量，而这些要求也是菌种选育工作需要解决的问题。

二、菌种选育的方法

目前，菌种选育中采用的技术包括自然选育、诱变选育、杂交育种、原生质体融合技术、基因工程技术等。其中，自然选育和诱变选育是经典的育种方法，带有一定的盲目性；而杂交育种、原生质体融合技术和基因工程技术则是较为定向的育种方法。

1. 自然选育

不经过人工处理，而是根据微生物的自然突变进行筛选菌种的过程，称为自然选育。自然突变是指某些微生物在没有人工参与下发生的突变。引起自然突变的原因一般有多因素低剂量的诱变效应和互变异构效应。所谓多因素低剂量的诱变效应，是指在自然环境中存在着低剂量的宇宙射线、各种短波辐射、环境中的诱变物质和微生物自身代谢产生的诱变物质等的作用下而引起的突变。所谓互变异构效应，是指四种碱基的第六位上的酮基和氨基的瞬间变构会引起碱基的错配。在DNA复制过程中，发生碱基错误配对就会引起自然突变，据统计，这样的几率为10^{-9}～10^{-8}。

野生菌株、诱变菌株或基因工程菌株都会发生自然突变，其结果有两种情况：一种为负突变，表现为菌种衰退和生产能力降低；另一种为正突变，对生产有利。因此，为了从自然界或从已使用了一定时期的菌种中选育出优良生产菌株，需进行菌株的自然分离。自然分离是一种简单易行的选育方法，它可以达到纯化菌种、防止菌种衰退、稳定生产、提高产量的目的。如果从自然界分离新菌种，一般要经过采样、增殖培养、纯种分离和性能测定等几个步骤，经反复筛选，以确定生产能力更高的菌株作为生产菌株。

2. 诱变育种

利用各种诱变剂处理微生物细胞，提高基因的随机突变频率，扩大变异幅度，通过一定的筛选方法，获取所需要优良菌株的过程，称为诱变育种。诱变育种包括诱变和筛选两个部分：首先，以合适的诱变剂处理大量而均匀分散的微生物细胞悬浮液，在引起绝大多数细胞致死的同时，使存活个体中 DNA 结构变异频率大幅度提高；其次，用适宜的方法淘汰负效应变异株，选出极少数性能优良的正变异株，以达到培育优良菌株的目的。诱变育种的基本流程如图 3 - 1 所示。

诱变处理主要采用物理诱变剂和化学诱变剂。常用的诱变剂主要有紫外线（UV）、γ - 射线、硫酸二乙酯、亚硝基胍（NTG）、亚硝基甲基脲（NMU）等。亚硝基胍和亚硝基甲基脲具有突出的诱变效果，被誉为“超诱变剂”。

不同诱变剂的诱变机理不一样，而且诱变剂引起生物体的变异机制是异常复杂的。诱变剂进入细胞，与 DNA 作用引起突变，但不一定都能形成突变体。由于微生物具有一套自我修复系统，不同菌株修复能力有差异，修复能力弱的菌株将已形成的突变进行复制而遗传下去，在表型上就成为突变体。而对于修复能力强的菌株，由于自身修复而回复到原养型状态，即回复突变，或新的负变。因此，诱变剂的诱变作用，不仅取决于诱变剂种类的选择，还取决于出发菌株的特性及其诱变史。在诱变育种实践中，为了获得协同效应，常常采取诱变剂进行复合处理，可以是两种或多种诱变剂的先后使用，或是同一种诱变剂的重复使用，或是两种或多种诱变剂的同时使用。

3. 杂交育种与原生质体融合育种

杂交育种是指将两个不同性状个体内的遗传基因通过接合、转化、转导等转移到一起，经过遗传分子间的重新组合，形成新遗传型个体的方式，又称基因重组或遗传重组。通过不同遗传性状菌株的杂交，可改变亲株的遗传物质基础，扩大变异范围，使两个亲株的优良性状集中于重组体内，获得新品种；同时，也可克服因长期诱变造成的生活力下降、代谢缓慢等缺陷，提高菌株对诱变剂的敏感性。杂交育种包括常规杂交、控制杂交和原生质体融合等方法，其基本流程如图 3 - 2 所示。

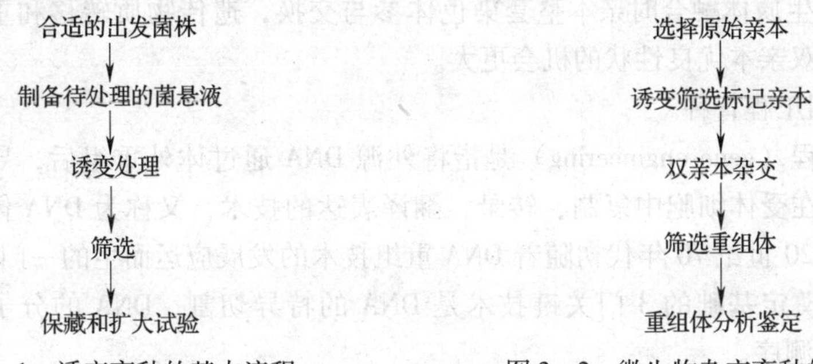

图 3 - 1　诱变育种的基本流程　　图 3 - 2　微生物杂交育种的基本流程

微生物杂交的本质是基因重组，细菌、放线菌、酵母和霉菌均可进行杂交育种，但是不同类群微生物导致基因重组的过程不完全相同。微生物常规的杂交育种主要包括接合、转化、转导、溶原转换和转染等技术，与动、植物不同，微生物中除了藻状菌纲、子囊菌纲具有明显的有性生殖方式，可产生配子并进行结合外，大部分发酵工业中具有重要经济价值的微生物是以准性生殖方式杂交重组。原核微生物杂交仅转移部分基因，然后形成部分结合子，最终实现染色体交换和基因重组。丝状真核微生物通过接合、染色体交换，然后分离形成重组体。

原生质体融合（protoplast fusion）是20世纪70年代发展起来的基因重组技术。所谓原生质体融合就是将两个亲本的细胞壁分别通过酶解作用加以瓦解，使之形成原生质体，然后在高渗条件下，并加以物理、化学或生物的助融条件，使两个亲本的原生质体相互凝集和发生融合的过程。通过细胞核融合，基因组由接触到交换，从而实现遗传重组，在适宜条件下再生出细胞壁，可获得重组子。原生质体融合基本过程如图3-3所示。

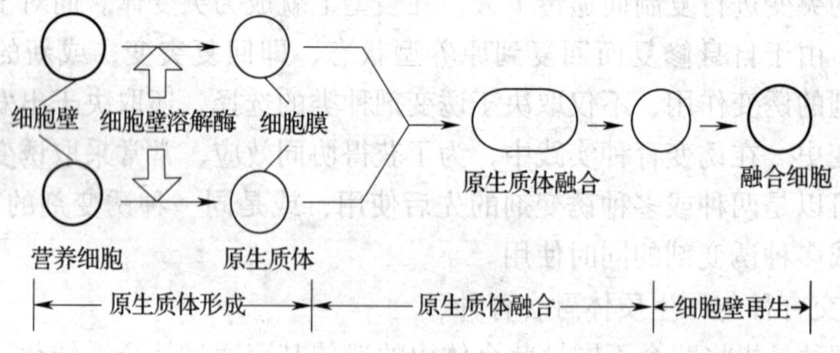

图3-3　原生质体融合基本过程

与常规杂交相比，原生质体融合具有多方面的优势：

（1）去除了细胞壁的障碍，大幅度提高亲本之间的重组频率。

（2）扩大重组的亲本范围，实现常规杂交无法做到的种间、属间、门间等远缘杂交。

（3）原生质体融合时亲本整套染色体参与交换，遗传物质转移和重组性状较多，集中双亲本优良性状的机会更大。

4. 基因工程育种

基因工程（gene engineering）是指将外源DNA通过体外重组后，导入受体细胞，使其在受体细胞中复制、转录、翻译表达的技术，又称为DNA体外重组技术。它是20世纪70年代初随着DNA重组技术的发展应运而生的一门新技术，为基因工程奠定基础的3门关键技术是DNA的特异切割、DNA的分子克隆和DNA的快速测序。

生物的遗传性状是由基因（即一段DNA分子序列）所编码的遗传信息决定

的。基因工程操作首先要获得基因，才能在体外用酶进行“剪切”和“拼接”，然后插入由病毒、质粒或染色体DNA片段构建成的载体，并将重组体DNA转入微生物或动、植物细胞，使其复制（无性繁殖），由此获得基因克隆。基因还可通过DNA聚合酶链式反应（PCR）在体外进行扩增，借助合成的寡核苷酸在体外对基因进行定位诱变和改造。克隆的基因需要进行鉴定或测序。控制适当的条件，使转入的基因在细胞内得到表达，即能产生人们所需要的产品，或使生物体获得新的性状。微生物基因工程育种仅指以微生物本身为出发菌株，利用基因工程方法进行改造而获得的工程菌。目前世界上以基因工程方法创造的各种工程菌不计其数。微生物基因工程育种的主要程序有：① 目的基因（供体基因或外源基因）的获得；② 载体DNA分子的选择；③ 目的基因与载体重组体的体外构建；④ 重组载体引入宿主细胞；⑤ 基因工程菌的筛选。在理想情况下，重组体进入受体细胞后，能通过自主复制而得到大量扩增，从而使受体细胞表达出供体基因所提供的部分遗传性状，受体细胞就成了“工程菌”。对发酵工业有重要意义的是基因的表达产量、表达产物的稳定性、产物的活性和产物的分离纯化。因此，必须选择最佳的基因表达系统。

任务1　谷氨酸生产菌的选育

1. 谷氨酸生产菌的特征

现有谷氨酸生产菌分属于棒状杆菌属、短杆菌属、小杆菌属及节杆菌属，但是它们在形态及生理方面仍有许多共同的特征。归纳起来主要有以下几点：

（1）细胞形态为球形、棒形以及短杆形。

（2）革兰氏染色阳性，无芽孢，无鞭毛，不能运动。

（3）都是需氧型微生物。

（4）都是生物素缺陷型。

（5）脲酶强阳性。

（6）不分解淀粉、纤维素、油脂、酪蛋白以及明胶等。

（7）发酵中菌体发生明显的形态变化，同时发生细胞膜渗透性的变化。

（8）CO_2固定反应酶系活力强。

（9）异柠檬酸裂解酶活力欠缺或微弱，乙醛酸循环弱。

（10）α-酮戊二酸氧化能力缺失或微弱。

（11）还原型辅酶Ⅱ（$NADPH_2$）进入呼吸链能力弱。

（12）柠檬酸合成酶、乌头酸酶、异柠檬酸脱氢酶以及谷氨酸脱氢酶强。

（13）能利用醋酸，不能利用石蜡。

（14）具有向环境中泄漏谷氨酸的能力。

（15）不分解利用谷氨酸，并能耐高浓度的谷氨酸。

2. 诱变育种流程

以菌株 AS1.299 为出发菌株，采用复合诱变剂进行诱变，诱变育种流程实例如图 3－4 所示。

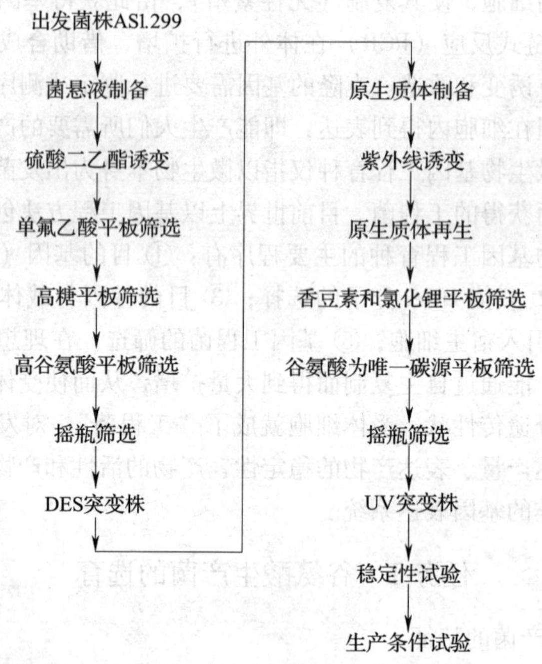

图 3－4　谷氨酸生产菌诱变育种流程实例

3．育种操作要点

（1）菌悬液的制备　将出发菌株 AS1.299 斜面菌接入一级种子培养基中，32℃振荡培养 8h，离心弃去清液，然后加入 pH7.0 缓冲液稀释菌体泥，制成菌悬液，使其浓度为（1～3）$\times 10^8$个/mL。

（2）硫酸二乙酯诱变　在菌悬液中加入硫酸二乙酯，使硫酸二乙酯浓度为 1%（体积分数），在电磁搅拌下处理 20～30min，处理后加入硫代硫酸钠终止反应。在正式处理前，可进行预备试验，绘制出处理时间与致死率的曲线，根据致死率选择合适的处理时间。

（3）单氟乙酸平板筛选　将诱变的菌悬液涂布在含 0.5% 单氟乙酸的平板上，在 32℃的条件下避光培养 36～48h，挑取生长良好的菌落。由于单氟乙酸是乌头酸酶的抑制剂，选育抗单氟乙酸的菌株，可强化乌头酸酶的活力，从而可强化菌株的三羧酸循环中从柠檬酸到 α－酮戊二酸的代谢。

（4）高糖平板筛选与高谷氨酸平板筛选　将抗单氟乙酸的菌株涂在含 25% 葡萄糖的平板上，培养 48h 后，挑取生长良好的菌落，可得到耐高糖菌株。然后，将耐高糖菌株涂在含 20% 谷氨酸的平板上，培养 48h 后，挑取生长良好的菌株，即得到耐高谷氨酸菌株。

（5）摇瓶筛选　将突变株接入摇瓶发酵培养基中，进行摇瓶发酵，比较各菌株的谷氨酸产量，选出谷氨酸高产菌株。

（6）原生质体制备　将DES突变株的斜面菌接入一级种子培养基中，32℃振荡培养5h，加入青霉素G，使青霉素G的浓度为0.6U/mL，继续培养3h，离心弃去上清液，用高渗稳定液洗涤2次，将菌体与高渗稳定液混合，于装有玻璃珠的无菌三角瓶中充分振荡，制成菌体的高渗悬液，调节菌体浓度为$(1\sim3)\times10^8$个/mL。然后，加入溶菌酶，使其浓度为200～800U/mL，恒温32℃振荡处理，镜检观察原生质体的形成情况，当95%以上的细胞变为原生质体时，离心弃去上清液，用高渗稳定液洗涤2次，最后制成原生质体的高渗悬液。取1mL原生质体悬液，用无菌水稀释后涂布于完全培养基上恒温28℃培养72h，以酶解前的菌悬液为对照，根据在平板上形成的菌落数计算原生质体形成率，计算公式如下：

$$原生质体形成率=\frac{酶解前的菌落数-酶解后的菌落数}{酶解前的菌落数}\times100\%$$

（7）原生质体的紫外线诱变　为了避免光复活作用，紫外线照射应置于暗室的红灯下操作。取5mL原生质体悬液放入已灭菌的直径为9cm的培养皿中，采用15W、波长为253.7nm左右的紫外线灯进行照射，照射距离为30cm，照射时间为20～40s。照射过程采用电磁搅拌，以使照射均匀。为了选择合适的照射时间，应在正式处理前进行预备试验，绘制出照射时间与致死率的曲线，在适当的致死率范围内选择对应的照射时间。

（8）原生质体再生　紫外线诱变后，用高渗稳定液对原生质体悬液进行适当稀释，吸取0.1mL涂布于下层固体再生培养基上，再加入上层固体再生培养基，轻微摇匀，双层平板法于28℃培养72h。取1mL原生质体悬液，用高渗稳定液稀释后涂布于下层固体再生培养基上恒温28℃培养72h，根据在平板上形成的菌落数计算原生质体再生率，计算公式如下：

$$原生质体再生率=\frac{再生的菌落数-酶解后的菌落数}{酶解前的菌落数-酶解后的菌落数}\times100\%$$

（9）香豆素和氯化锂平板筛选　挑取再生菌落涂在含0.15%香豆素和0.5%氯化锂的平板上，在32℃的条件下培养48h后，挑取生长良好的菌落。香豆素是维生素P类衍生物，选育抗维生素P类衍生物可以遗传性地改变细胞膜的渗透性，有利于谷氨酸从胞内渗出，可解除谷氨酸对谷氨酸脱氢酶的反馈调节。氯化锂作为诱变剂，在平板培养过程具有诱变作用。

（10）谷氨酸为唯一碳源平板筛选　用牙签法将抗维生素P类衍生物菌株接到以谷氨酸为唯一碳源平板上，在32℃的条件下培养48h后，挑取生长微弱或不生长的菌株，即为不利用谷氨酸的菌株。

（11）摇瓶筛选与稳定性试验　经谷氨酸为唯一碳源平板筛选后，再对所选菌株进行摇瓶筛选，选出谷氨酸产量最高的菌株。然后，将其连续进行斜面传代10次，对每代菌种都进行摇瓶试验，比较各代菌种的谷氨酸生产能力。如果谷氨酸生产能力稳定，则该菌株可用于生产条件试验。

任务 2　柠檬酸生产菌的选育

1. 柠檬酸生产菌的特征

很多微生物都能产生柠檬酸，例如黑曲霉、棒曲霉、文氏曲霉、泡盛曲霉、芬曲霉、丁烯二酸曲霉、斋藤曲霉、宇佐美曲霉、淡黄青霉、橘青霉、二歧拟青霉、梨形毛霉、绿色木霉以及假丝酵母属中的一些种，而目前最具竞争优势的是黑曲霉。

黑曲霉属半知菌纲，一般只进行无性繁殖，由孢子发芽开始到新孢子形成、成熟为一个生活周期。黑曲霉柠檬酸高产菌的生理特征如下：

（1）能耐高浓度的柠檬酸（150g/L 以上），而不利用和分解柠檬酸。

（2）耐高浓度葡萄糖，能产生和分泌大量的酸性 α - 淀粉酶和酸性糖化酶。其 α - 淀粉酶在 pH2. 0 仍能保持原活力的 80% 以上。在 pH2. 5、40℃下作用 30min 尚不失活。其糖化酶最适作用 pH 在 4. 0 ~ 4. 6，最适温度为 60 ~ 65℃。在柠檬酸发酵条件下，当培养 pH 下降至 2. 0 以下时，仍能保持大部分活力。

（3）能抗微量金属离子，尤其能抗较高浓度的 Mn^{2+}、Zn^{2+}、Cu^{2+}。

（4）在深层液体发酵培养时，能形成大量的细小菌球体，菌球体直径为 0. 1mm，菌球量达 10^4 个/mL 以上。

（5）在以葡萄糖为唯一碳源的合成培养基上，生长不好，生成小菌落，孢子形成能力弱。

（6）在生长、繁殖期，细胞内具有较高水平的氨基酸、NH_4^+，即 NH_4^+ 库水平高。

（7）菌丝体中含有低水平的甘油三酯和磷酸酯。

（8）细胞壁几丁质含量高，但 β - 葡聚糖和聚半乳糖含量低。

（9）在生长和产酸期，细胞内蛋白质、核酸水平低。

（10）具有很强的侧系呼吸链活性，此侧系呼吸链不产生 ATP。

2. 诱变育种流程

以从土壤中经酸性平板分离获得的野生黑曲霉为出发菌株，采用复合诱变剂进行诱变，诱变育种流程实例如图 3 - 5 所示。

3. 育种操作要点

（1）孢子悬液的制备　将出发菌株的孢子转接于麦芽汁斜面上，在 35 ~ 37℃的条件下培养 7 ~ 8d，孢子成熟后，用生理盐水将孢子洗下，接到营养丰富的培养基中，振荡培养 4 ~ 5h，使孢子萌发，离心弃去上清液，用 pH6. 0 磷酸盐缓冲液洗涤 2 次，将孢子与磷酸盐缓冲液混合，于装有玻璃珠的无菌三角瓶中充分振荡打散，然后通过脱脂棉过滤，滤去菌丝断片和没有打散的孢子团，制成单孢子悬浮液，调节孢子浓度为（1 ~ 3）×10^6 个/mL。

图3-5　柠檬酸生产菌诱变育种流程实例

（2）硫酸二乙酯诱变　取一定量孢子悬液，加入等量的2%硫酸二乙酯，于30℃下振荡处理30～60min，处理后加入硫代硫酸钠终止反应。合适的处理时间需通过预备试验确定。

（3）指示剂显色平板筛选　硫酸二乙酯诱变后，将孢子悬液涂布于含有0.01%溴酚蓝的麦芽汁平板上，在33℃下培养3d，选择显色圈直径大的菌落。

（4）高柠檬酸高渗察氏平板筛选　将所选菌株涂于含有30%柠檬酸的察氏平板上，在33℃下培养7d，选择生长良好的菌落，可得耐高渗透压的突变株，其菌体生长和柠檬酸合成不受高渗透压的影响或影响很小。

（5）摇瓶筛选　将突变株接入摇瓶发酵培养基中，进行摇瓶发酵，比较各菌株的柠檬酸产量，选出柠檬酸高产菌株。

（6）^{60}Coγ-射线诱变　取DES突变株的孢子悬液20mL放入25mL比色管中，经冰水浴冷却，置于^{60}Coγ-射线下照射，剂量为800～1200Gy（戈瑞）。在正式照射前，应进行预备试验，绘制剂量与致死率的曲线，从而选择合适的诱变剂量。

（7）高浓度金属离子平板筛选　将^{60}Coγ-射线诱变后的孢子悬液进行适当稀释，然后取0.1mL涂布于高浓度金属离子平板上。高浓度金属离子平板含有：$MnSO_4 \cdot H_2O$ 0.01%，$CuSO_4 \cdot 5H_2O$ 0.01%，$ZnSO_4 \cdot 7H_2O$ 0.05%，$FeSO_4 \cdot 7H_2O$ 0.5%，$MgSO_4 \cdot 7H_2O$ 0.05%，$NaNO_3$ 0.2%，KH_2PO_4 0.1%。在33℃下培养7d，选择生长良好的菌落，可获得耐高浓度金属离子的菌株。

（8）单氟乙酸平板筛选　用牙签法将耐高浓度金属离子菌株的孢子接到含

0.1%单氟乙酸的平板上，在33℃的条件下培养7d,，挑取生长微弱或不生长的菌株，即为单氟乙酸敏感突变株。单氟乙酸敏感突变株的乌头酸酶活力低下或者乌头酸酶含量少，有利于柠檬酸的高产。

（9）摇瓶筛选与稳定性试验　经单氟乙酸平板筛选后，再对所选菌株进行摇瓶筛选，选出柠檬酸产量最高的菌株。然后，将其连续进行斜面传代10次，对每代菌种都进行摇瓶试验，比较各代菌种的柠檬酸生产能力。如果柠檬酸生产能力稳定，则该菌株可用于生产条件试验。

项目3.2　菌种的保藏

工业微生物发酵所用的菌种，几乎都是由低产的野生菌株经过人工诱变、杂交或基因工程育种等手段而获得的，其获得需很长时间的艰苦工作。然而，微生物菌种在传代繁殖过程中由于不断受环境条件的影响，会出现退化现象，如何使菌种的变异减少到最低限度是微生物研究与应用工作的重要课题。

项 目 引 导

一、菌种退化的预防

菌种退化是指优良菌种的群体中出现某些生理特征和形态特征逐渐减退或丧失，而表现为目的代谢产物合成能力下降的现象。菌种退化不是突然发生的，而是从量变到质变的逐步演变过程，个别细胞突变不会使群体表型发生明显改变，但经过连续传代，负变细胞达到一定数量后，群体表型就出现退化。造成菌种退化的原因主要有：①菌种的自发突变或回复突变，引起菌体本身的自我调节和DNA的修复，有的因为完整的修复而恢复为低产菌株原型，有的因为错误的修复而产生新的负变菌株；②细胞质中控制产量的质粒脱落或核内DNA和质粒复制不一致，若核内DNA复制的速率超过质粒，经过多次传代繁殖，细胞中将出现不具有对产量起决定作用的质粒，造成菌种退化；③基因突变，这是引起菌种退化的根本原因，而移接代数越多，发生突变的概率越高；④不良的培养和保藏条件，容易诱发菌种基因或表型的改变，或导致质粒脱落，导致菌种退化。

虽然变异是绝对的，但采用减少传代、定期分离复壮、选择合适的培养条件、进行科学保藏等措施，可以使菌种保持优良性能。如果发现菌株已经退化，由于并不是所有菌体都衰退，则要进行分离复壮，即采用单细胞菌株分离的措施，通过菌落和菌体的特征分析和性能测定，从中筛选出具有原来性状的菌株或性状更好的菌株。显然，在菌种明显退化的情况下进行复壮是一种比较消极的措施，目前生产上提倡积极的“广义的复壮”，即在菌种的生产性能尚未退化前就经常有意识地进行纯种分离与生产性能测定，以保证菌种生产性状的稳定，甚至有所提高。

菌种保藏是保证生产菌种质量的重要环节，其目的在于不污染杂菌，使退化和死亡降低到最低限度，尽可能使菌种保持原来的优良性能。为了防止菌种的衰退，在保藏菌种时，首先选用它们的休眠体如分生孢子、芽孢等，并要创造一个低温、干燥、缺氧、避光和缺少营养的环境条件，以利于休眠体能长期地维持其休眠状态；对于不产孢子的微生物来说，也要使其新陈代谢处于最低水平，又不会死亡，从而达到长期保藏的目的。

二、菌种的保藏方法

菌种保藏的方法很多，因菌种生理生化特性不同而异，一般首先考虑能够较长期地保存原有菌种的优良特性，同时也要考虑保藏方法的经济性与简便性。常见的保藏方法有如下几种。

1. 简易的菌种保藏法

简易的菌种保藏法包括斜面菌种保藏、半固体穿刺菌种保藏及用石蜡油封藏等方法，不需要特殊设备和技术，为一般实验室和工厂普遍采用。通常将菌种在新鲜琼脂斜面培养基上或穿刺培养，然后将试管口防水密封，放入4℃冰箱中保存，使微生物在低温下维持很低的新陈代谢，缓慢生长，当培养基中的营养物逐渐被耗尽后再重新移植于新鲜培养基上，如此定期移植，又称为定期移植保藏法或传代培养保藏法。定期移植的间隔时间因微生物种类不同而异，不产芽孢的细菌间隔时间较短，一般为2周至1个月，而放线菌、酵母菌和丝状真菌一般间隔3~6个月移植1次。石蜡油封藏法是将灭菌的石蜡油加至斜面菌种或半固体穿刺培养的菌种上，以减少培养基内水分蒸发，并隔绝氧气，从而降低微生物的代谢，可延长保藏期，置于4℃冰箱中一般可保藏1年至数年。

2. 干燥载体保藏法

干燥载体保藏法是将菌种接种于适当的载体上，如河沙、土壤、硅胶、滤纸及麸皮等，以保藏菌种，一般适用于保藏产孢子或芽孢的微生物。沙土管保藏法使用得较多，其制备方法是：先将沙与土洗净烘干过筛后，按比例［沙∶土=(1~2)∶1］混匀，分装入小试管中，装料高度为1cm左右，121℃间歇灭菌三次，无菌实验合格后烘干备用；然后，将斜面孢子制成孢子悬浮液接入沙土管中或将斜面孢子刮下与沙土混合，置于干燥器中用真空泵抽干并封口，于常温或低温下保藏均可，保存期一般为1~10年。

3. 悬液保藏法

悬液保藏法的基本原理是寡营养保藏，是将微生物混悬于不含养分的媒液等中加以保藏的方法。在菌种保藏实践中发现，温度越低越有利于保持菌种的活性，但由于菌种在冷冻和冻融操作中会造成对细胞的损伤，而利用适当浓度的甘油、二甲基亚砜等溶液作为保护剂，可减少冷冻、冻融过程中对细胞原生质体及细胞膜的损伤。由于在适当浓度的保护剂中，将会有少量保护剂渗入细胞，使菌种细胞在冷冻过程中缓解了由于强烈脱水及胞内形成冰晶体而引起的破坏作用。

制备的菌种悬液，可置于 -20℃左右的冰箱或超低温冰箱（-60℃以下）中保藏，一般可保藏3~5年。

4. 冷冻保藏法

菌种冷冻保藏法可分为普通冷冻保藏法、超低温冷冻保藏法和液氮冷冻保藏法。一般而言，冷冻温度愈低，效果愈好。

普通冷冻保藏法是将菌种培养在小试管斜面上，适度生长后密封管口，置于 -20~-5℃的普通冰箱中保存。此方法简便易行，但不适宜多数微生物菌种的长期保藏，一般可维持若干微生物活力1~2年。

超低温冷冻保藏法是先离心收获对数生长期的微生物细胞，再重新悬浮于新鲜培养基中，然后加入等体积的20%甘油或10%二甲基亚砜冷冻保护剂，混匀后分装入冷冻指管或安瓿管中，置于 -60℃以下的超低温冰箱中进行保藏。冷冻时，超低温冰箱的冷冻速度一般控制在1~2℃/min。若干细菌和真菌菌种可通过此方法保藏，保藏时间一般为5年。

液氮冷冻保藏法是把细胞悬浮于一定的分散剂中或是把在琼脂培养基上培养好的菌种直接进行液体冷冻，然后移至液氮（-196℃）或其蒸气相（-156℃）中保藏。进行液氮冷冻保藏时应严格控制制冷速度，以1.2℃/min的制冷速度降温，直到温度达到细胞冻结点（通常为 -30℃），然后调节制冷速度为1℃/min，至 -50℃时，将安瓿管迅速移入液氮罐的液相或气相中保存。在液氮冷冻保藏中，最常用的冷冻保护剂是甘油和二甲基亚砜，甘油和二甲基亚砜的最终使用浓度分别为10%和5%，所使用的甘油一般用高压蒸汽灭菌，而二甲基亚砜最好经过滤除菌。

5. 真空冻干保藏法

真空冻干保藏法是将培养至最大稳定期的微生物制成悬浮液，加入保护剂，然后装入特制的安瓿管内，并迅速冷冻至 -30℃左右，在低温下迅速用真空泵抽干，最后将安瓿管在抽真空情况下熔封，置于低温保藏。保护剂的作用是使悬浮液保持活性，尽量减少冷冻干燥时对微生物造成的损伤。氨基酸、有机酸、蛋白质、多糖等物质都可作为保护剂，而通常选用脱脂乳或动物血清。此方法是微生物菌种长期保藏的最有效方法之一，大部分微生物菌种可以在冻干状态下保藏10年而不丧失活力。

任务1　谷氨酸生产菌的保藏

1. 定期移植法保藏

保藏斜面培养基的组成：蛋白胨1.0%，牛肉膏1.0%，氯化钠0.5%，琼脂2.0%。配制后，调节pH7.0~7.2，加热熔融，趁热分装于试管，分装量控制为试管高度的1/4，试管口加棉塞并用牛皮纸包扎，于121℃下蒸汽灭菌20min。然后，趁热摆放斜面，斜面长度不超过试管长度的1/2为宜。斜面培养基冷却凝固后，放入培养箱，于32℃培养1~3d，进行无菌检查，合格后将其保存于4℃下备用。

在无菌操作条件下，用接种环挑取少量菌体，从斜面底部自下而上进行“之”字形划线，塞好棉塞并放入培养箱，于32℃培养20~24h，然后，进行防潮包扎，保存于4℃冰箱中。一般情况下，1个月需移植1次，供生产使用时需移接活化1次，使菌体细胞由休眠状态恢复到代谢旺盛状态。

2. 甘油法保藏

将80%甘油置于三角瓶中，塞上棉塞，外加牛皮纸包扎，于121℃下蒸汽灭菌20min，冷却后备用。

取培养适龄的斜面菌种，用无菌的生理盐水洗下菌苔细胞，制成10^8个/mL的菌悬液，然后，加入等量的甘油混匀，制成含40%左右甘油的菌悬液，置于-20℃的冰箱中保存。

3. 真空冻干法保藏

(1) 安瓿管的准备　安瓿管材料以中性玻璃为宜。清洗安瓿管时，先用2%盐酸浸泡12h以上，取出冲洗干净后，用蒸馏水浸泡至pH中性，再烘干，加塞脱脂棉花，于121℃蒸汽灭菌20min，备用。

(2) 保护剂的选择与准备　配制保护剂时，应注意其浓度、pH及灭菌方法。例如，动物血清，可用过滤除菌；牛乳要进行脱脂，即将牛乳煮沸除去上面的一层脂肪，然后用脱脂棉过滤，并在3000r/min的离心机上离心15min，如果一次不行，再离心一次，直至除尽脂肪为止，脱脂后加1%谷氨酸钠，在50kPa条件下灭菌30min，经无菌检查，合格后备用。

(3) 冻干样品的准备　取培养适龄的斜面菌种，用保护剂洗下菌苔细胞，制成10^8~10^{10}个/mL的菌悬液，然后将0.1~0.2菌悬液滴入安瓿管底部。

(4) 预冻　将分装好的安瓿管在-40~-25℃的干冰酒精中进行预冻，一般预冻2h以上，使温度达到-35~-20℃左右。

(5) 冷冻干燥　将预冻后的样品安瓿管置于冷冻干燥机的干燥箱内，进行冷冻干燥，时间一般为8~20h。样品是否达到干燥，需根据实践经验来判断，例如，目视冻干的样品呈酥丸或松散的片状，真空度接近或达到无样品时的最高真空度，温度计所反映的样品温度与管外的温度接近。

(6) 真空封口　将安瓿管颈部用强火焰拉细，然后采用真空泵抽真空，使真空度达1.33Pa，在真空条件下将安瓿管颈部加热熔封。

(7) 保藏　将安瓿管置于低温条件下避光保藏，保藏温度愈低愈好。

(8) 恢复培养　先用75%酒精棉花擦拭安瓿管上部，将安瓿管顶部烧热，用蘸冷水的无菌棉签在顶部擦一圈，顶部即出现裂纹，用镊子在颈部轻叩一下，敲下已开裂的顶部，用无菌水或培养液溶解菌块，使用无菌吸管移接到新鲜培养基上，进行适温培养。

任务2 柠檬酸生产菌的保藏

1. 定期移植法保藏

将黑曲霉孢子移接于麦芽汁琼脂斜面，于35℃下培养7~8d，待长满黑褐色孢子后，放在2~4℃冰箱中保藏，一般1~2个月移植1次。供生产使用时，一般要预先移接活化1次，使休眠状态的孢子活化。

2. 沙土管法保藏

（1）沙土的准备　取河沙用10%稀盐酸加热煮沸30min，除去其中有机物质，倒去酸水，用清水冲洗至中性，烘干，过40目或60目筛，去粗粒。取不含腐殖质的土壤加清水洗涤数次，直至中性，烘干碾碎，筛去粗粒。

（2）无菌沙土管的准备　将沙与土按2∶3比例混合，分装入小试管或安瓿管中，塞上棉塞，于121℃蒸汽灭菌30min，冷却后保温培养，第二天再进行灭菌，经真空干燥，抽样进行培养试验及无菌检查，无菌检查合格后备用。如果灭菌不彻底，则需再一次灭菌。

（3）沙土管保藏　用无菌水将长好的孢子洗下制成10^8个/mL的孢子悬液，每支沙土管移接1mL孢子悬液，用接种针搅匀，包扎好，放入真空干燥器中，真空干燥8~10h，然后放在装有P_2O_5的干燥器内，置于2~4℃冰箱中保藏。若是安瓿管，则可以将安瓿管接到真空泵上抽取8~10h，使水分被抽干，然后用酒精喷灯熔封管口，将制好的安瓿管置于2~4℃冰箱中保藏。一般可保藏3~5年。

3. 真空冻干法保藏

黑曲霉孢子的保护剂一般采用牛、马、羊血清或者用脱脂牛乳加1%谷氨酸钠，真空冻干法保藏的操作步骤按任务1谷氨酸生产菌的保藏所述进行。

项目3.3　菌种的扩大培养

现代发酵工业生产规模越来越大，发酵罐的容积从几十立方米发展到几百立方米，要使微生物在有限时间内完成巨大的发酵转化任务，就必须具有数量巨大的微生物细胞。发酵周期的长短与接种量的大小有直接关系，按10%左右的接种量计算，几十立方米的发酵罐需要几立方的种子量，几百立方米的发酵罐需要几十立方米的种子量，因此，发酵生产需要一个种子扩大培养的过程。

项目引导

一、种子扩大培养的目的

种子扩大培养是指将保存在沙土管、冷冻干燥管中处于休眠状态的生产菌种接入试管斜面，活化后再经过摇瓶以及种子罐逐级扩大培养，从而获得一定数量和质量的纯种的过程。所得的纯种培养物称为种子。

种子扩大培养的目的就是为每次发酵罐的投料生产提供数量足够的、活力旺盛的种子。足够数量的种子接入发酵罐中，有利于缩短发酵周期，提高发酵罐的周转率，并且也有利于减少染菌的机会。

二、种子扩大培养流程

在发酵生产中，种子扩大培养的一般流程如图3-6所示。

对于不同产品的发酵过程，其种子扩大培养的级数由微生物菌种的生长繁殖速度来决定。例如，谷氨酸发酵所采用的菌种是细菌，由于细菌生长繁殖速度较快，故其种子扩大培养通常采用二级种子培养流程；而对于抗生素发酵，由于所采用的放线菌细胞生长繁殖较慢，其种子扩大培养一般采用三级种子培养流程。即使同一产品采用相同菌种的发酵过程，也往往因发酵罐规模不同而采用不同级数的种子扩大培养流程。例如，对于200m^{3}发酵罐的谷氨酸发酵，一般采用二级种子培养流程；而对于800m^{3}发酵罐的谷氨酸发酵，可考虑采用三级种子培养流程。

图3-6 种子扩大培养一般流程

种子扩大培养过程大致可分为两个阶段：实验室种子制备阶段与生产车间种子制备阶段。实验室种子制备阶段一般包括斜面种子的培养、实验室内进行的固体或液体培养基的种子扩大培养；生产车间种子制备阶段是指在生产车间进行的种子扩大培养，如利用种子罐进行种子培养等。

1. 实验室种子制备

保藏在沙土管或冷冻干燥管的菌种经无菌操作接入适合孢子发芽或菌丝生长的斜面培养基中，培养成熟后再一次转接入试管斜面进行培养，以完成菌种的活化。在实验室的进一步扩大培养中，对于产孢子能力强、孢子发芽及生长繁殖快的菌种，可采用固体培养基进行扩大培养，然后将培养所得的孢子直接作为生产车间种子罐的种子；对于不产孢子或产孢子能力不强、孢子发芽慢的菌种，可以采用液体培养基进行摇瓶培养，所得的菌丝体悬浮液作为下一步培养的种子。

放线菌的试管斜面培养温度大多数为28℃，部分为37℃，培养时间因菌种而异，一般在4~7d；霉菌的试管斜面培养温度一般为25~28℃，培养时间一般为4~14d；细菌的试管斜面培养温度大多数为37℃，少数为28℃，培养时间一般为1~2d，产芽孢的细菌则需要5~10d。用于活化的试管斜面培养成熟后，可置于4℃冰箱内保存备用，一般用于生产时的保存时间不超过一周。

在无菌操作条件下，将试管斜面接种到摇瓶中，经恒温振荡培养形成大量菌体的过程，称为摇瓶培养。摇瓶培养有一级摇瓶（母瓶）培养和二级摇瓶（母瓶-子瓶）培养两种方式。摇瓶培养条件因菌种不同而异，对于好氧性微生物菌种，振幅、振荡频率、装液量以及瓶口覆盖的纱布等对氧气的溶解程度均有较大影响，应加以严格控制。摇瓶培养成熟后，可存放于4℃冰箱内备用，保存时间不超过1d。

2. 生产车间种子制备

生产车间种子制备有固体培养和液体培养两种类型。我国酿造生产特有的传统制曲就是采用固体培养方式，而目前液体深层发酵生产的生产车间种子制备则采用种子液体培养的方式。种子罐的培养基通常采用易被菌种利用的成分，同时需不断供给无菌空气和不断搅拌，以满足种子生长繁殖时对氧的需求。

在以种子罐进行种子扩大培养流程中，种子罐级数根据菌种生长特性、菌体繁殖速度以及所采用发酵罐的容积而定。例如，在谷氨酸发酵生产中，以生长快的细菌为菌种，通常采用摇瓶种子接入种子罐于32℃培养8~12h，菌体浓度达到要求后即可接入发酵罐，整个过程只采用了一级种子罐的扩大培养；在青霉素发酵生产中，将孢子悬浮液接入一级种子罐，于27℃培养40h，孢子发芽，长出短菌丝，然后移接至新鲜培养基的第二级种子罐，于27℃培养10~24h，菌丝迅速繁殖并获得粗壮菌体，方可作为种子接入发酵罐，整个过程采用了二级种子罐的扩大培养。在种子扩大培养中，越接近发酵罐的培养级数，其培养基组成越接近发酵培养基，以有利于种子接入发酵罐后尽快适应发酵培养基。

任务1 谷氨酸生产菌的扩大培养

国内的谷氨酸发酵种子扩大培养普遍采用二级种子培养流程，即：

斜面菌种→一级种子的摇瓶培养→二级种子的种子罐培养→发酵罐发酵

1. 斜面培养

斜面培养基必须有利于菌种生长，以多含有机氮而不含或少含糖为原则。斜面菌种要求绝对纯，不得混有任何杂菌和噬菌体，培养条件应有利于菌种繁殖。

(1) 斜面培养基的制备　斜面培养基的组成为：葡萄糖0.1%，蛋白胨1.0%，牛肉膏1.0%，氯化钠0.5%，琼脂2.0%~2.5%。按配方配制培养基，调节pH7.0，加热熔融，分装到试管中，分装量为试管高度的1/4，塞上棉塞，用牛皮纸进行防潮包扎，置于121℃蒸汽灭菌20min，然后趁热摆放斜面，待冷却凝固后，放入培养箱，于32℃培养1~3d，进行无菌检查，合格后将其保存于4℃下备用。

(2) 接种与培养　在无菌操作条件下，用接种环挑取少量菌体，从斜面底部自下而上进行"之"字形划线，塞上棉塞并放入培养箱，于30~32℃培养20~24h，仔细观察菌苔生长情况、菌苔的颜色和边缘等特征，确认正常后，防水密封并置于4℃冰箱中保存备用。

2. 摇瓶培养

摇瓶种子培养的目的在于大量繁殖活力强的菌体，培养基组成应以少含糖分，多含有机氮为主，培养条件从有利于菌体生长考虑。

（1）摇瓶培养基的制备　摇瓶培养基的组成：葡萄糖25g/L，尿素5g/L，$MgSO_4 \cdot 7H_2O$ 0.5g/L，磷酸二氢钾1.2g/L，玉米浆25～35g/L（根据玉米浆质量指标增减用量），硫酸亚铁、硫酸锰各2mg/kg。按配方配制培养基，调节pH7.0，每个1000mL三角瓶分装培养基200mL，用纱布包扎瓶口，并用牛皮纸进行防潮包扎，置于121℃蒸汽灭菌20min，冷却后备用。

（2）接种与培养　在无菌操作条件下，用接种环挑取1环菌体接入三角瓶培养基，用纱布包扎瓶口，置于冲程8.0cm左右、频率100次/min左右的往复式摇床上恒温32℃振荡培养8～10h。培养时间长短视培养基营养成分与摇床培养条件而定，为了防止摇瓶种子衰老，通常在培养液pH下降到6.8～7.0时下摇床，此时残糖在10g/L左右。

下摇床后，取样检测OD、pH、残糖以及菌体形态等，确认正常、无污染后，在无菌条件下进行并瓶操作，即将10～12瓶种子液并入1个灭好菌的3000mL种子瓶中，存入4℃冰箱备用。

成熟的摇瓶种子质量要求如下：

种龄：9～10h；

pH：6.8～7.0；

光密度：净增OD_{650}值0.5以上；

残糖：10g/L，左右；

无菌检查：无杂菌；

噬菌体检查：无噬菌体；

镜检：菌体生长均匀、粗壮，排列整齐，革兰氏阳性反应。

通常还要将每批培养好的一级种子液取样倒双层平板进行染菌检查，以便在生产上跟踪分析，为下一批摇瓶种子培养的预防染菌工作提供参考。

3．种子罐培养

以$20m^3$种子罐为例，按项目1中的配方及方法进行配制，经实罐灭菌、冷却后，接入摇瓶种子，开启种子罐的搅拌以及通入无菌空气，进行种子罐培养，培养条件控制如下：

（1）接种量　接入24瓶摇瓶种子（200mL种子液/1000瓶三角瓶）。

（2）培养温度　大型种子罐的降温装置一般为罐内的盘管或列管，通过调节冷却水的流量控制温度，培养过程中温度控制为32～33℃。

（3）培养pH　谷氨酸生产菌的生长pH范围为6.8～8.0，在培养过程中，可通过流加液氨来控制pH7.0～7.2，同时供给菌体生长所需的氮源。

（4）搅拌转速　种子罐的搅拌转速一般为150～200r/min，视种子罐容积和搅拌叶径而定，通常容积大的种子罐设计搅拌速度会小一些。

（5）通气比　在培养过程中，通过搅拌与通气提供种子生长所需的溶解氧，而通气量控制与种子罐容积、搅拌器叶径、搅拌转速等条件相关，即取决于种子罐的氧气传递效率。根据现用种子罐的溶氧效率，通气比一般控制在 0.15 ~ 0.45m^3/（m^3·min）范围内，且随着时间推移，菌体浓度逐渐增大，通气比应逐步增大。图 3 - 7 所示为通气比控制的一个实例。

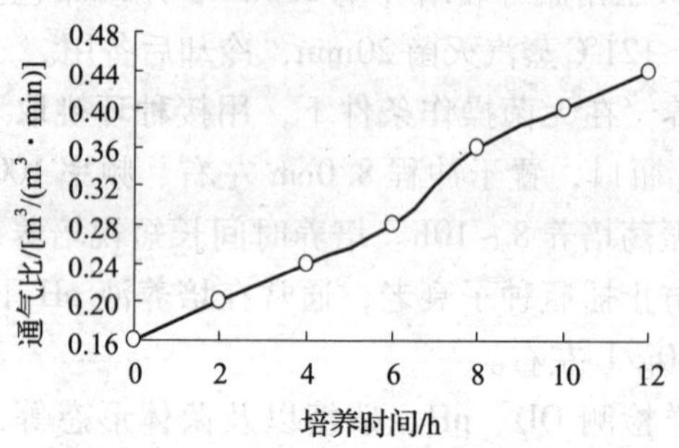

图 3 - 7　培养过程中通气比控制曲线

（6）培养时间　培养时间长短视生产所采用的培养工艺、种子罐的溶氧效率、培养基营养成分及浓度而定。由于采用流加液氨作为氮源的工艺，且生物素用量和残留的葡萄糖浓度都足够，在溶解氧能够满足菌体生长需求的条件下，可适当延长培养时间，在培养基残糖降低至 10 ~ 15g/L 时才结束培养，以争取获得更大菌体浓度。图 3 - 8 所示为培养过程中菌体 OD_{650} 值（光密度）变化曲线的实例。

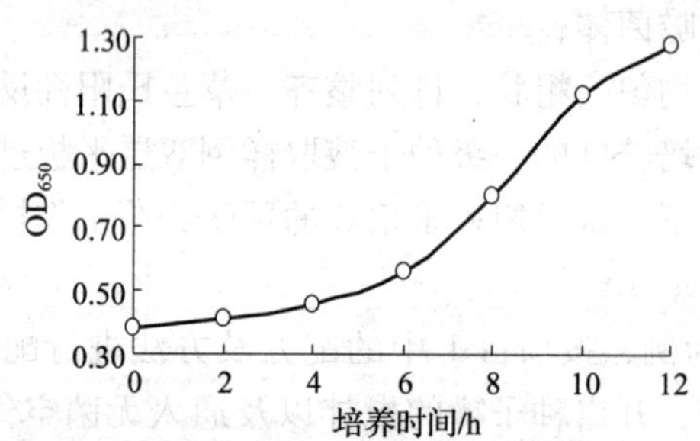

图 3 - 8　培养过程中菌体 OD_{650} 值变化曲线

培养结束后，取样检测 OD、pH、残糖以及菌体形态等，确认正常、无污染后，即可接入发酵罐。

成熟的种子罐种子质量要求如下：

种龄：视培养工艺而定；

OD 值：视培养工艺而定，一般净增 $OD_{650} \geq 0.5$；

pH：7.0 ~ 7.2；

残糖：10 ~ 15g/L；

无菌检查：无杂菌；

噬菌体检查：无噬菌体；

镜检：菌体生长均匀、粗壮，排列整齐，革兰氏阳性反应。

任务2　柠檬酸生产菌的扩大培养

国内的柠檬酸发酵生产的菌种扩大培养普遍采用的流程：

斜面菌种→三角瓶麸曲培养→种子罐培养→发酵罐发酵

1．斜面培养

斜面培养基以多含碳源、少含氮源为原则，斜面培养条件必须有利于菌种的生长和孢子的着生，而且不产酸，并要求斜面菌种要纯。

（1）斜面培养基的制备　斜面培养基可采用察氏琼脂培养基、蔗糖合成琼脂培养基、麦芽汁琼脂培养基、米曲汁琼脂培养基等，不同菌种根据需要而选定不同的培养基。配制好培养基后，调节 pH6.0，加热熔融，分装入试管，塞上棉塞，用牛皮纸进行防潮包扎，121℃蒸汽灭菌 20min，趁热摆放成斜面，待冷却凝固后，放入培养箱，于 32℃培养 1～3d，进行无菌检查，合格后将其保存于 4℃下备用。

（2）接种与培养　在无菌操作条件下，用接种环蘸取无菌水，再挑取菌种孢子，从斜面底部自下而上进行划线，塞上棉塞并放入培养箱，于 35℃培养 7～8d，待长满黑褐色孢子后，防水密封并置于 4℃冰箱中保存备用。

2．三角瓶麸曲培养

（1）麸曲培养基的制备　取新鲜麸皮，用 60 目筛子筛去细粉，以减少淀粉含量。按麸皮∶水 = 1∶（1.0～1.3）比例加入水，拌匀至无干粉又无结团现象。然后，分装入 1000mL 或 2000mL 三角瓶中，每只 1000mL 装湿麸皮约 40g，2000mL 三角瓶装湿麸皮约 100g。用 8 层纱布封扎瓶口，以及用牛皮纸进行防潮包扎，于 121℃蒸汽灭菌 40～60min，趁热摇散，冷却至 35℃，培养 1d，未发现异常气味或杂菌，即可使用。

（2）接种与培养　在无菌操作条件下，每一个三角瓶中接入 1～2 环已活化好的斜面菌种孢子或 2mL 斜面菌种的孢子悬浮液，于 30～32℃下培养 16～20h 后，白色小菌落已盖满曲层表面，这时应摇瓶一次，使培养基疏松、铺平、继续培养。再经 4～6h，即培养约 24h 后，可看到培养基结成块状，白色菌丝生长旺盛，但未产生孢子。培养基品温控制在（35±1）℃，每隔 12～24h 摇瓶一次，摇瓶时必须充分摇匀，使结块的培养基疏散，铺平后，继续培养。待黑褐色孢子布满后，即可使用。

成熟麸曲质量要求是：孢子稠密、整齐、黑亮，无杂色孢子及气生菌丝。每批麸曲任取 1～2 瓶，进行发酵产酸试验，将麸曲孢子接种于含 14% 浓度薯干粉的 500mL 三角瓶中，装液量为 40mL，于转速为 200r/min 的旋转摇床上，35℃下培养 24h。下摇床后，进行一些指标的检测，即要求 pH2. 0 左右，柠檬酸 2. 0% 以上，菌丝粗壮，成细小菊花状菌球体，无杂菌。

3．种子罐培养

以 $10m^3$ 种子罐为例，按项目 1 中的配方及方法进行配制，经实罐灭菌、冷却后，接入麸曲孢子，开启种子罐的搅拌以及通入无菌空气，进行种子罐培养，培养条件控制如下：

（1）接种量　在无菌操作条件下，将 40 瓶麸曲加无菌水制成孢子悬液，即每瓶加入 500 ~ 600mL 无菌水，摇匀，在火焰下接入种子罐。

（2）培养温度　种子罐的降温装置一般为罐内的盘管或列管，通过调节冷却水的流量进行控制温度，培养过程中温度控制为（35 ±1）℃。

（3）搅拌与通气　搅拌转速为 150 ~ 200r/min，通气比一般控制为 0. 3 ~ 0. $4m^3$/（m^3 · min）。

（4）培养时间　以薯干粉为原料，一般控制培养时间为 18 ~ 24h，此时糖化活力相当高。成熟的种子罐种子质量要求如下：

镜检：菌丝粗壮，结成像菊花状的小菌球状。菌球直径不超过 100μm，每 1mL 种子液达 1 ~ 2 万个，无杂菌，无异常菌丝。

pH：2. 0 ~ 2. 5。

酸度：0. 5% ~ 2. 0% 。

柠檬酸含量：5g/L 左右。

项目 3. 4　种子移接操作

项 目 引 导

种子移接主要包括：斜面菌种移接到斜面、斜面菌种移接到三角瓶、三角瓶种子移接到种子罐、种子罐种子移接到种子罐或发酵罐等。

种子移接时，操作空间环境的洁净度越高越好，所有与种子接触的物质必须是无菌的，操作必须符合无菌操作的规范，且移接时间越短越好。斜面菌种移接到斜面或三角瓶的操作在无菌室里进行，环境洁净度高，无菌操作较易进行。但是，其他的菌种移接操作是在生产车间里进行，操作空间环境的洁净度很难达到较高水平，因此，移接过程对操作的要求很高。

将三角瓶种子移接到种子罐时，通常采用微孔接入法或差压接入法，都是在火焰有效区域中进行的，但空间环境的洁净度较差，为了减少污染几率，一般需预先进行并瓶操作，即将几个或十几个培养瓶中的种子合并到较大的无菌瓶中，然后再将合并瓶中的种子接入种子罐。

将种子罐种子移接到种子罐或发酵罐时，一般以无菌空气为压力源，通过密闭管道将种子压入种子罐或发酵罐。管道设计要求合理，操作前需预先对管道进行灭菌，并且要求操作各步骤要紧凑。

任务1　摇瓶种子接入种子罐的操作

1．并瓶操作

金属种瓶如图3－9所示，用不锈钢特制的种子瓶主要由瓶体、带螺纹的瓶盖以及耐高温的软管组成，软管用纱布包扎好，置于灭菌锅内121℃灭菌30min，备用。

在无菌操作条件下，将摇瓶种子倒入金属种瓶，塞上橡胶塞，并拧紧金属瓶盖，保存于4℃冰箱内，备用。

2．接种操作

接种操作如图3－10所示。接种前，对操作空间进行必要的消毒，并采取必要措施尽可能防止操作区域的空气流动。接种时，点燃火球灼烧种子罐的接种管口，并让火焰笼罩接种管口，稍微打开接种阀门，使种子罐内无菌空气以微弱气流从接种管口排出。接着，在火焰区域解开金属种瓶的纱布，迅速将软管套在种子罐的接种管上，用铁丝扎紧，移开火焰。然后，开尽接种阀门，同时调节种子罐进气阀门，使大量无菌空气通入种子罐，由于金属种瓶与种子罐连通，两者压力均可上升，并达到平衡。当种子罐压力（表压）升高至0.10～0.15MPa，关闭进气阀门，打开排气阀门进行大量排气，使种子罐压力骤降，金属种瓶与种子罐在瞬间就会形成气压差，从而把摇瓶种子液压进种子罐。当种子罐压力降低至0.03～0.05MPa时，应立即关闭排气阀门，避免种子罐压力跌至零压。一次操作后，若金属种瓶中的种子液没有完全接入种子罐，可重复上述操作，直至全部种

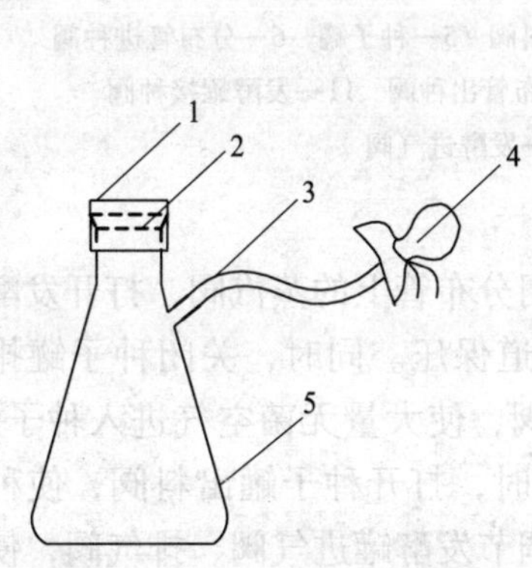

图3－9　金属种瓶结构示意图

1—带螺纹的瓶盖　2—橡胶塞
3—耐高温软管　4—纱布　5—金属瓶体

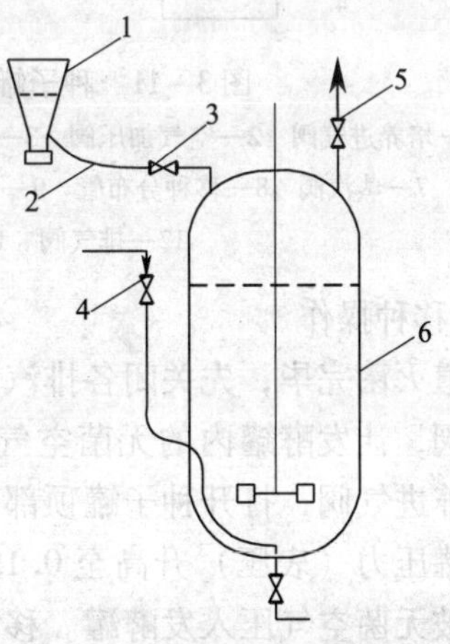

图3－10　摇瓶种子接入种子罐的操作示意图

1—金属种子瓶　2—耐高温软管　3—接种阀
4—进气阀　5—排气阀　6—种子罐

子液进入种子罐。接种后，立即调节进气阀门和排气阀门，使罐压升高至0.10MPa左右，然后将接种阀门调小，拔出软管，让种子罐内气流将残留在接种管的种子液吹出，最后关闭接种阀门，启动种子罐搅拌，即可进行培养。此操作即差压接种法，整个过程一般需2~3个人员协同操作，必须注意操作的先后顺序。

任务2 种子罐种子接入发酵罐的操作

1. 管道灭菌操作

种子罐种子接入发酵罐的管路如图3-11所示。接种前，依次打开分布管上的蒸汽阀、分布管进种阀、分布管出种阀、分布管各阀门上的小边阀、分布管的排污阀、种子罐出料阀上的下面小边阀、发酵罐接种阀上的小边阀，以蒸汽灭菌30min。灭菌过程中，确保各排汽口充分排汽，消除死角。

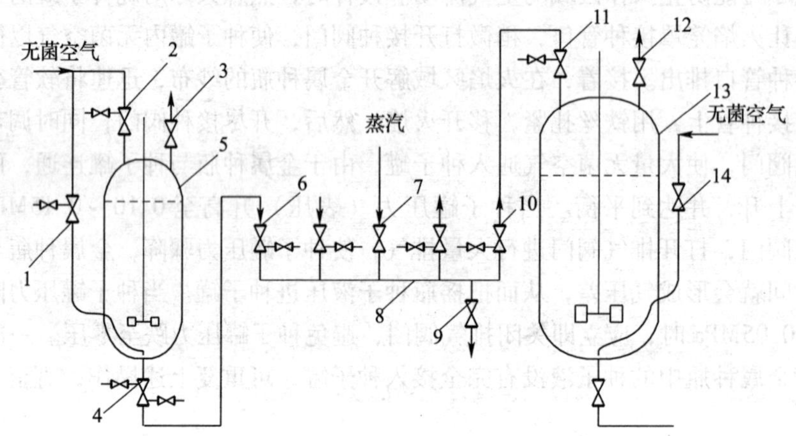

图3-11 种子罐种子接入发酵罐的管路示意图

1—培养进气阀 2—空气加压阀 3—排气阀 4—出料阀 5—种子罐 6—分布管进种阀 7—蒸汽阀 8—移种分布管 9—排污阀 10—分布管出种阀 11—发酵罐接种阀 12—排气阀 13—发酵罐 14—发酵进气阀

2. 移种操作

管道灭菌完毕，先关闭各排汽口，然后关闭分布管上的蒸汽阀，打开发酵罐的接种阀，让发酵罐内的无菌空气进入移种管道保压。同时，关闭种子罐排气阀、培养进气阀，打开种子罐顶部的空气加压阀，使大量无菌空气进入种子罐，当种子罐压力（表压）升高至0.15~0.20MPa时，打开种子罐出料阀，使种子罐种子被无菌空气压入发酵罐。移种过程中，调节发酵罐进气阀、排气阀，使发酵罐压力（表压）恒定在0.03MPa左右，确保种子罐与发酵罐之间保持一定的压力差，从而保证较快的移种速度。移种完毕，关闭发酵罐的接种阀，打开接种阀上小边阀，让气流吹出管道残留的种子液后，关闭种子罐空气加压阀、出料阀，打开排气阀排气。同时，按照接种前的管道灭菌操作步骤，对移种管道进行灭菌10min。

归纳知识

一、诱变育种的影响因素

诱变成功的关键包括出发菌株的选择、诱变剂种类和剂量的选择，以及合理的使用方法。

1．出发菌株的选择

出发菌株是指用于育种的起始菌株（parent strain）。作为出发菌株，一般应具备产量较高、对诱变剂的敏感性大、变异幅度广等条件。

出发菌株通常有三种：一是从自然界分离得到的野生型菌株，虽然产量较低，但对诱变因素敏感，变异幅度大，易发生正向突变；二是通过生产选育，即由自发突变经筛选而得到的高产菌株，这类菌株也易收到较好效果；三是已经诱变处理过的菌株，这类菌株作为出发菌株较为复杂，一般认为，已经诱变处理过的高产菌株再诱变时易产生负突变，再度提高产量比较困难，但有些高产突变往往需要经过逐步累积的过程，进行多步诱变可以获得高产菌株。

2．单孢子（或单细胞）悬液制备方法的选择

诱变育种要求所处理的细胞必须是处于对数生长期同步生长的细胞，并且是均匀状态的单细胞悬液。细胞的生理状态对诱变处理会产生很大的影响，细菌一般在对数生长期的诱变处理效果较好，而霉菌和放线菌的分生孢子在稍加萌发时进行诱变处理可提高诱变效率。分散状态的细胞可以均匀地接触诱变剂，避免长出不纯的菌落。

由于在许多微生物的细胞内同时含有几个核，即使使用单细胞悬液进行诱变处理，还是容易出现不纯的菌落。因此，获得单细胞悬液的方法需具有针对性，对产孢子或芽孢的微生物最好采用其孢子或芽孢。例如，诱变霉菌或放线菌时，应处理它们的孢子；诱变芽孢杆菌时，应处理它们的芽孢。

在实际工作中，要得到均匀分散的细胞悬液，通常可用无菌的玻璃珠来打散成团的细胞，然后再用脱脂棉花或滤纸过滤。菌悬液的细胞浓度一般控制为：真菌孢子或酵母细胞为10^6～10^7个/mL，放线菌或细菌为10^8个/mL。菌悬液一般用生理盐水（0.85% NaCl）稀释，有时因有些化学诱变剂处理时会改变反应液pH，需用0.1mol/L磷酸缓冲液进行稀释。

3．诱变因素的选择

在微生物诱变育种中，诱变处理主要采用物理诱变剂和化学诱变剂。

物理诱变剂是通常使用物理辐射中的各种射线，包括紫外线、X－射线、γ－射线、快中子、α－射线、β－射线、微波、电磁波、激光射线和宇宙线等，其中诱变效果较好、应用较广泛的是紫外线、X－射线、γ－射线、快中子。物

理辐射可分为电离辐射和非电离辐射，电离辐射如 X－射线、γ－射线等，主要引起 DNA 上的基因突变和染色体的畸变；非电离辐射如紫外线，主要导致形成嘧啶二聚体。同一种辐射线对不同微生物的效应不一样，这与每种微生物修复系统的强弱有关。

化学诱变剂是一类能对 DNA 起作用、改变其结构并引起遗传变异的化学物质。化学诱变剂很多，可分为四大类：碱基类似物、烷化剂、移码突变剂以及其他种类，其中，N－甲基－N'－硝基－N－亚硝基胍（NTG 或 MNNG）和亚硝基甲基脲（NMU）因有突出的诱变效果，被誉为“超诱变剂”。化学诱变剂往往具有专一性，它们对基因的某部位发生作用，对其余部位则无影响。突变大多为基因突变，并且主要是碱基的改变，其中尤以转换为多数。

诱变的方法有单一诱变剂处理和复合诱变剂处理。选择诱变剂时应考虑使用方便和有效性，若经过诱变，正突变株出现率较高，所用的诱变剂则为有效诱变剂。对于野生菌株，使用单一诱变因素有可能取得较好的效果。但是，对于已经诱变过的菌株，单一诱变因素重复使用的效果不佳，这时可利用两种以上诱变因素交替使用，以提高诱变效果。

4. 诱变剂剂量的选择

各种诱变剂有不同的剂量表示方法，例如，紫外线的强度是尔格（erg，$1\mathrm{erg}=10^{-7}\mathrm{J}$），X－射线的单位是伦琴（R，$1\mathrm{R}=2.58\times10^{-4}\mathrm{C/kg}$）或拉德（rad，$1\mathrm{rad}=10^{-2}\mathrm{Gy}$）等，化学诱变剂的剂量则以在一定温度下诱变剂的浓度和处理时间来表示。但是，仅采用诱变剂的理化指标控制诱变剂的用量常会造成偏差，不利于重复操作。

诱变剂的剂量与致死率有关，而致死率又与诱变率有一定关系，因此，可用致死率作为各种诱变剂的相对剂量，用以选择各种诱变剂的剂量。对不同的微生物使用的诱变剂剂量不同。通常情况下，高剂量诱变剂处理后获得的负突变率较高，而在偏低的剂量处理中获得的正突变率较高。因此，诱变剂处理剂量一般选择死亡率为 70% ~80% 时的剂量。但是，在多核细胞中，仍然采用高剂量，因为在高剂量诱变时，除个别核发生突变外，其他核均被致死，可形成较纯的变异菌落，同时也造成遗传物质的巨大损伤，可减少回复突变。

二、菌种扩大培养的影响因素

1. 培养基

培养基是微生物生存的营养来源，培养基的质量对于菌种的生长繁殖、酶的活性和代谢产物的产量有着直接影响。种子培养基的营养成分要适当丰富和完全，易被菌体直接吸收和利用，其中氮源和维生素含量较高，有利于孢子发芽和菌丝生长，以便获得菌丝粗壮且活力较强的种子。

不同类型的微生物所需要的培养基成分与浓度配比并不完全相同，应根据实际情况加以选择。种子培养基是以培养菌体为目的，对微生物生长起主导作用的氮源所占比例通常要大些。但是，为了缩短发酵过程生长阶段的缓慢期，逐级种子培养基应逐步趋向与发酵培养基相近，使微生物执行代谢活动的酶系在扩大培养过程已经形成，无需花费时间另建适宜新环境的酶系。对于任何一个菌种和具体设备条件来说，应该从多种因素进行优选种子培养基，以确定最适宜的营养配比，使菌种特性得以最大程度地发挥。

2. 种龄与接种量

种龄是指种子培养的时间。通常，种龄选择菌体处于生长极为旺盛的对数生长期。处于对数生长期的微生物，其群体的生理特性比较一致，生长速率恒定以及细胞成分平衡。若种龄过嫩，菌体浓度较低，接入下一培养工序会出现前期生长缓慢，使培养周期延长；如果种龄过老，发酵过程菌种衰老早，造成生产能力下降，同样会使发酵周期延长。不同品种或同一品种而工艺条件不同，其种龄是不一样的，一般要经过多次试验来确定。

接种量是指移入的种子液体积和接种后培养液体积的比值。接种量的大小直接影响发酵周期。大量接入成熟的菌种，不但使培养基中菌体初始浓度较大，而且可以把微生物生长和分裂所必须的代谢物（大约是 RNA）一起带进去，有利于微生物对基质的利用，使微生物立即进入对数生长阶段，缩短发酵周期。但是，过分强调增大接种量，必然要求种子罐容积过大或种子扩大培养级数过多，会造成种子扩大培养的投入与运行费用过高。接种量过小，则发酵周期延长，影响发酵生产的产能。因此，应该根据实际情况选择适宜的接种量。

3. 温度

任何微生物的生长都需要最适的生长温度，在此温度范围内，微生物生长、繁殖最快。由于微生物体的生命活动可以看作是相互连续进行的酶反应的表现，任何化学反应都与温度有关，温度直接影响酶反应，从而影响着生物体的生命活动。不管微生物处于哪个生长阶段，如果培养的温度超过其最高生长温度，则都要死亡；如果培养的温度低于其最低生长温度，则生长都要受到抑制。因此，在种子扩大培养过程中，应根据菌种的特性采取相应的培养温度。为了使种子罐培养温度控制在一定的范围，生产上常在种子罐设备上装有热交换设备，如夹套、盘管或列管等进行温度调节。

4. pH

各种微生物都有自己生长与合成酶的最适 pH，同一菌种合成酶的类型与酶系组成可以随 pH 的改变而发生不同程度的变化。例如，在黑曲霉合成果胶酶的培养基中，当 pH 在 6.0 以上时，果胶酶的形成受到抑制；如果将 pH 调节到 6.0 以下，就可产生果胶酶。在 pH6.0 条件下培养泡盛曲霉突变株时，主要产生 α－淀粉酶，而糖化型淀粉酶与麦芽糖酶产生极少；在 pH2.4 条件下培养时，转向合成糖化型淀粉酶与麦芽糖酶，而 α－淀粉酶的合成受到抑制。

培养基 pH 在培养过程中因菌体代谢而有所改变，如阴离子（如醋酸根、磷酸根）被吸收或氮源被利用后由于NH_3的产生，pH 上升；阳离子（如NH_4^+，K^+）被吸收或有机酸的积累，则 pH 下降。培养过程中 pH 的变化与培养基的碳氮比有关，高碳源培养基倾向于向酸性 pH 转移，而高氮源培养基倾向于向碱性 pH 转移。为了使菌种迅速生长繁殖，培养基必须保持适当的 pH。一方面，在配制培养基时，注意培养基营养成分的合理配比，使其具有一定 pH 缓冲能力；另一方面，在培养过程中，可以流加酸碱溶液、缓冲液以及各种生理缓冲剂（如生理酸性与生理碱性的盐类）进行调节。

5. 通气与搅拌

需氧微生物或兼性需氧微生物的生长与酶合成，都需要氧气的供给。不同微生物对氧的需求不同，即使是同一种菌种，不同生理时期对氧的需求也不同。在种子培养过程中，通气可以供给菌体生长繁殖所需的氧，而搅拌则能将氧气分散均匀，使氧气的溶解效果更好。为了满足菌种生长繁殖的需求，应根据菌种的特性、种子罐的结构、培养基的性质等多种因素来进行试验，以选择适当的通气量和搅拌转速。

只有氧溶解的速度大于菌体对氧的消耗速度时，菌体才能正常地生长。如果氧的溶解速度比菌体对氧的消耗速度小，培养基中溶氧的浓度就会逐渐降低，当降低到某一浓度（称为临界溶解氧浓度）以下时，菌体生长速度就会减慢。培养过程中，随着菌体量的增大，呼吸强度也增大，必须相应加大通气量和搅拌转速以增大溶解氧的量。但是，应注意避免溶氧浓度过高对菌体生长造成抑制，或通气量过大造成“空气过载”现象而使溶氧速率降低，或搅拌过度剧烈造成菌体细胞的损伤及导致培养液大量涌泡。

6. 泡沫

种子培养过程中，由于通气与搅拌，微生物代谢活动产生气泡，以及培养基中存在一定量蛋白质或其他胶体物质，容易在培养基中形成泡沫。泡沫的持久存在影响着微生物对氧的吸收，妨碍CO_2的排除，破坏其生理代谢的正常进行。若泡沫大量产生，严重影响种子罐的利用率，甚至可能发生逃液，引起染菌。因此，应对所产生泡沫加以控制，一方面注意培养基原料的选择，另一方面通过化学方法或机械方法消除泡沫。种子罐一般设置消泡桨进行机械消泡，在培养基配制时可以添加适量消泡剂抑制泡沫的形成，在培养过程中可以流加已灭菌的消泡剂以消除泡沫。

拓展知识 3.1　代谢控制发酵的育种思路

一、切断支路代谢

要切断支路代谢，可通过选育营养缺陷型突变株或渗漏缺陷型突变株而达到目的。

1. 选育营养缺陷型突变株

所谓营养缺陷型就是指原菌株由于发生基因突变，致使合成途径中某一步骤发生缺陷，从而丧失了合成某些物质的能力，必须在培养基中外源补加营养物质才能生长的突变型菌株。如果其在合成途径中某一步骤发生缺陷，致使终产物不能积累，可遗传性地解决终产物的反馈调节，使中间产物或另一分支途径的末端产物得以积累。

在谷氨酸棒状杆菌合成赖氨酸、苏氨酸、蛋氨酸的途径中，关键酶天冬氨酸激酶受赖氨酸、苏氨酸的协同反馈抑制。如图3－12所示，如果选育高丝氨酸缺陷型，使菌株缺乏催化天冬氨酸－β－半醛为高丝氨酸的高丝氨酸脱氢酶，因而丧失了合成高丝氨酸的能力。一方面，切断了生物合成苏氨酸和蛋氨酸的支路代谢，使天冬氨酸半醛全部转入赖氨酸的合成；另一方面，通过限量添加高丝氨酸，可使蛋氨酸和苏氨酸生成有限，因而解除了苏氨酸、赖氨酸对天冬氨酸激酶的协同反馈抑制，使赖氨酸得以积累。

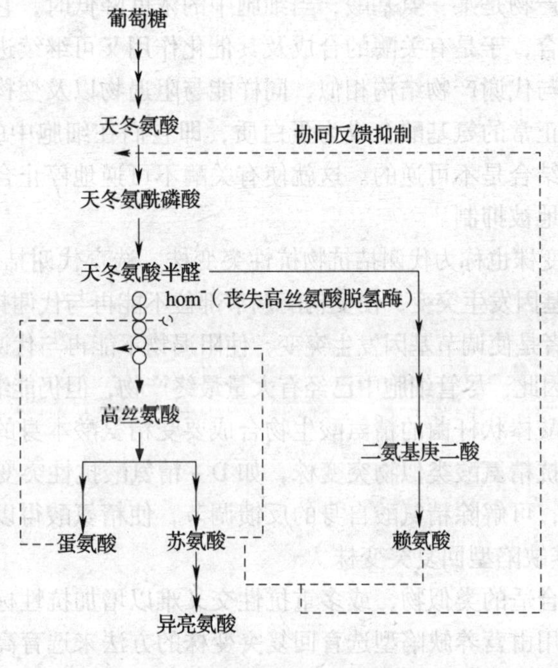

图3－12　高丝氨酸缺陷型菌株的赖氨酸发酵机制

2. 选育渗漏缺陷型突变株

渗漏缺陷型是指遗传性障碍不完全的缺陷型。选育渗漏缺陷型，可使某一种酶的活力下降而不是完全丧失，因而能够少量地合成某一种代谢最终产物，不会造成反馈抑制而影响中间代谢产物的积累。

枯草芽孢杆菌中核苷酸合成的调节机制如图3－13所示，如果选育腺嘌呤缺陷型（Ade⁻）时，由于切断了 IMP 到 AMP 这条支路代谢，通过在培养基中限量控制腺嘌呤的含量，就可以解除腺嘌呤系化合物对 PRPP 转酰胺酶的反馈调节，可使肌苷（XMP）得以积累。如果在 Ade⁻基础上再选育黄嘌呤渗漏缺陷型（Xan^L），就可以解除鸟嘌呤系化合物所引起的反馈调节，从而增加肌苷的积累。

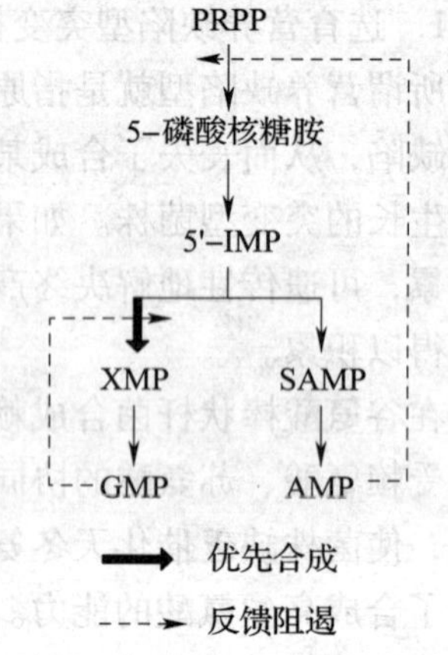

图 3－13　枯草芽孢杆菌中核苷酸合成的调节机制

二、解除菌体自身的反馈调节

1. 选育抗类似物突变株

在正常合成代谢中，最终产物对于有关酶的合成具有阻遏作用，对于合成途径的第一个酶具有反馈抑制作用。其原因是最终产物能与阻遏蛋白以及变构酶相结合，但这种结合是可逆的，如果最终产物是某一氨基酸，当细胞中的浓度降低时，它就不再与阻遏物以及变构酶相结合，于是有关酶的合成及其催化作用又可继续进行。

代谢拮抗物与代谢产物结构相似，同样能与阻遏物以及变构酶相结合，但它们往往不能代替正常的氨基酸合成为蛋白质，即它们在细胞中的浓度不会降低，因而与阻遏物的结合是不可逆的。这就使有关酶不可逆地停止合成，或者是酶的催化作用不可逆地被抑制。

抗类似物突变株也称为代谢拮抗物抗性突变株。选育代谢拮抗物抗性突变株，可使变构酶结构基因发生突变，使变构酶调节部位不能再与代谢拮抗物与代谢最终产物相结合；或者是使调节基因发生突变，使阻遏物不能再与代谢拮抗物与代谢最终产物相结合。因此，尽管细胞中已经有大量最终产物，但仍能继续不断地合成。

例如，谷氨酸棒状杆菌的精氨酸生物合成要受精氨酸本身的反馈抑制和反馈阻遏，如果采用抗精氨酸类似物突变株，如 D－精氨酸抗性突变株、精氨酸氧肟酸盐抗性突变株，可解除精氨酸自身的反馈调节，使精氨酸得以积累。

2. 选育营养缺陷型回复突变株

当难以找到合适的类似物，或多重抗性交叉难以增加抗性标记，或反馈调节很复杂时，可采用由营养缺陷型选育回复突变株的方法来选育高产菌株。当一个菌株由于突变而失去某一遗传性状后，经过回复突变，某一结构基因所编码的酶的活性中心结构可以复原，而调节部位的结构往往没有恢复，那么代谢途径中的反馈抑制可被解除或减弱，从而可提高代谢产物的产量。例如，先将金霉素生产菌绿链霉菌诱变成蛋氨酸缺陷型，然后再回复突变成原养型，结果其中有 85% 的回复突变株的金霉素产量提高了 1.2 ~3.2 倍。

三、增加前体物的合成

在分支合成途径中，除目的产物外，切断其他控制共用酶的终产物分支合成途径，增加目的产物的前体，可使目的产物的产量提高。例如，在赖氨酸发酵育种中，对已经解除赖氨酸反馈调节的突变株，可考虑增加丙氨酸营养缺陷型等遗传标记。乳糖发酵短杆菌中赖氨酸和丙氨酸的调节机制如图3－14所示，丙酮酸和天冬氨酸是赖氨酸和丙氨酸生物合成中共用的前体物，丙氨酸可由丙酮酸经L－氨基酸－丙氨酸转氨酶的催化作用而生成，也可由天冬氨酸脱羧形成。虽然丙氨酸并不抑制赖氨酸的生物合成，但丙氨酸的形成却意味着赖氨酸前体物丙酮酸和天冬氨酸的减少。如果在抗*S*－（2－氨乙基）－L－半胱氨酸（AEC）突变株的基础上，再选育丙氨酸缺陷型，切断丙氨酸的生物合成，使前体物丙氨酸和天冬氨酸的合成转向赖氨酸的合成，就会提高赖氨酸的产量。

当目的产物的生物合成从别的终产物开始时，除了设法解除目的产物自身合成的反馈调节外，还应设法解除对其前体物合成的调节。例如，选育异亮氨酸产生菌时，苏氨酸是异亮氨酸的前体物，为了积累异亮氨酸，需解除对苏氨酸生物合成的反馈抑制，增强苏氨酸的生物合成，从而提高异亮氨酸的积累量。在苏氨酸和异亮氨酸生物合成途径中，关键酶高丝氨酸脱氢酶（HD）受苏氨酸的反馈抑制，选育抗α－氨基－β－羟戊酸（AHV）突变株，可解除苏氨酸对HD的反馈调节，从而使异亮氨酸大量生成。

四、提高细胞膜的渗透性

改变细胞膜渗透性，使属于反馈控制因子的终产物能迅速地排出于细胞外，就可以预防反馈控制。如图3－15所示，在黄色短杆菌中，谷氨酸比天冬氨酸优先合成，当谷氨酸过剩时，就会反馈控制谷氨酸脱氢酶，使生物合成转向天冬氨酸；当天冬氨酸合成过量时，就会反馈控制磷酸烯醇式丙酮酸羧化酶，因此，在正常情况下，谷氨酸并不积累。

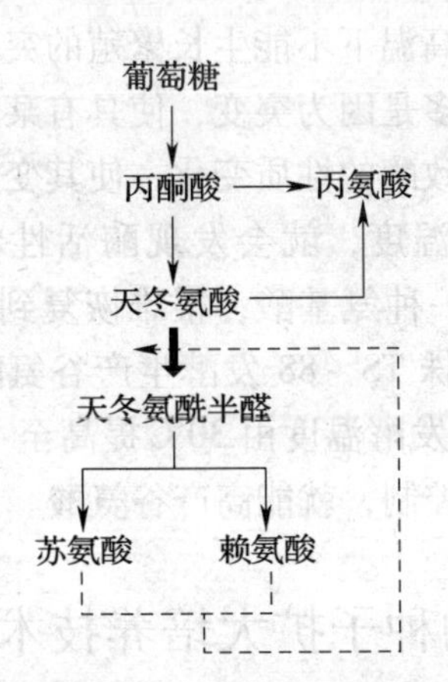

图3－14　乳糖发酵短杆菌中赖氨酸和丙氨酸生物合成的调节

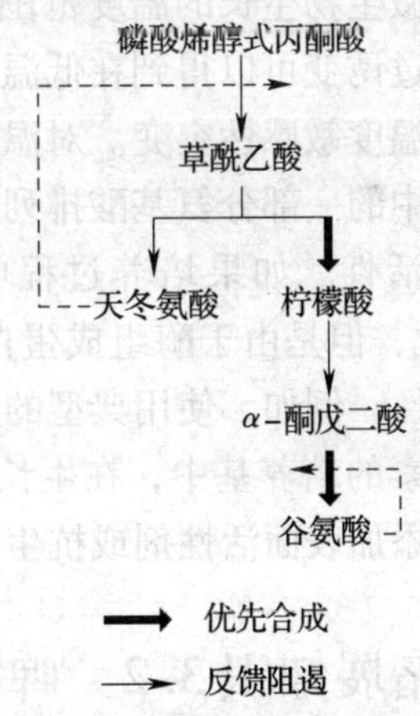

图3－15　黄色短杆菌中谷氨酸与天冬氨酸生物合成的调节

但是，生物素是作为催化脂肪酸生物合成初始酶乙酰 CoA 羧化酶的辅酶，参与了脂肪酸的生物合成，而脂肪酸又是形成细胞膜磷脂的主要成分，从而间接地起到干扰细胞膜磷脂合成的作用。选育生物素缺陷型，通过限量供给生物素，可改变细胞膜渗透性，使谷氨酸容易透过，就能在发酵培养基中积累谷氨酸。同理，选育丧失脂肪酸合成酶的油酸缺陷型或丧失 α－磷酸甘油脱氢酶的甘油缺陷型，对于谷氨酸的积累也是有效的。

五、代谢互锁的利用

所谓代谢互锁，就是从生物合成途径来看，似乎是受一种完全无关的终产物的控制，它只是在较高浓度时才发生，而且这种抑制（阻遏）作用是部分性的、不完全的。

例如，选育黄色短杆菌的异亮氨酸缺陷型，即丧失了苏氨酸脱氢酶的突变株，在限量供给异亮氨酸时，可使苏氨酸合成量增大，苏氨酸与赖氨酸协同反馈抑制天冬氨酸激酶，就会致使天冬氨酸增多；如果添加过量生物素，谷氨酸不易渗透，导致细胞内谷氨酸浓度很高，就促使了谷氨酸激酶所催化的反应，最终会大量生成易于透过细胞膜的脯氨酸。

又例如，在黄色短杆菌赖氨酸生物合成途径中，二氢吡啶二羧酸合成酶（PS）的合成被亮氨酸阻遏，如果使抗 AEC 突变株再诱变成具有亮氨酸营养缺陷的遗传标记（$AEC^r + Leu^-$），在亚适量供给亮氨酸时，由于解除了亮氨酸对二氢吡啶二羧酸合成酶的反馈阻遏，可大幅度提高赖氨酸产量。

六、选育条件突变株

像温度敏感突变、抑制性突变、链霉素依赖性突变和低温敏感性突变，因环境条件的不同能显示野生型特性又能显示突变型特性的突变，称为条件致死突变。

适应微生物生长的温度范围较宽，很多微生物在 20～50℃温度范围内都能生长。通过诱变可以得到在低温下生长，而在高温下不能生长繁殖的突变株，此突变称为温度敏感性突变。对温度敏感的原因多是因为突变，使具有某种功能的酶蛋白质中的一部分氨基酸排列发生变化，导致酶的性质变化，使其变为容易受热而失去活性。如果培养过程中慢慢地改变温度，就会发现酶活性将在 0～100% 变化，但是由于酶组成蛋白中已改变了一种氨基酸，很难恢复到 100% 的野生型活性。例如，使用典型的温度敏感突变株 TS－88 发酵生产谷氨酸时，在富有生物素的培养基中，在生长的适当阶段将发酵温度由 30℃提高至 40℃，不需任何像添加表面活性剂或抗生素那样的化学控制，就能高产谷氨酸。

拓展知识 3.2 啤酒工业中的种子扩大培养技术

啤酒生产中，使用的啤酒酵母必须经过纯种扩大培养，使细胞数量达到一定要求后再用于啤酒发酵。啤酒发酵的扩大培养可分为两个阶段，即实验室扩大培养阶段和生产车间扩大培养阶段。

一、实验室扩大培养

1. 实验室扩大培养流程

啤酒酵母的实验室扩大培养流程如图3－16所示。

2. 操作要点

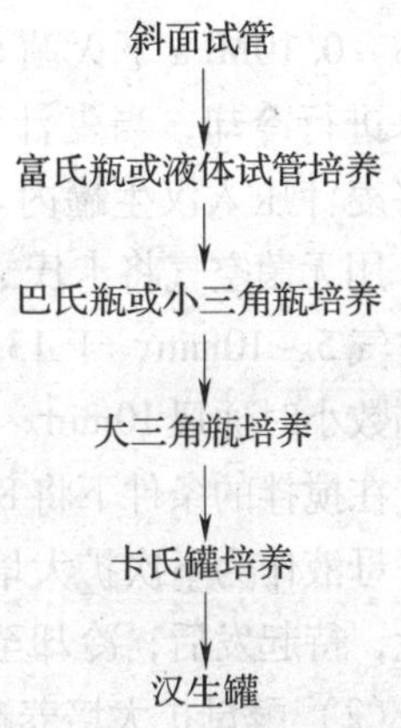

图3－16　啤酒酵母的实验室扩大培养流程

（1）液体试管培养　将10mL麦汁装入富氏瓶内，灭菌备用。用接种针将酵母斜面菌种接入富氏瓶内，置于25～27℃培养箱中培养2～3d，培养过程中定时摇动，使沉淀的酵母重新分布到培养基中。由于富氏瓶小而高，使用不便，可用20mL试管代替。一般每次培养2～4支试管，用于扩大培养时可加以选择。

（2）巴氏瓶培养　将250～500mL麦汁装入500～1000mL的巴氏瓶中，加热煮沸，使瓶内蒸汽从侧管喷出，30min后，吸去弯管内的冷凝水，塞上棉塞，冷却后备用。巴氏瓶可用三角瓶或平底烧瓶代替。在无菌操作条件下，将培养成熟的富氏瓶或试管酵母液由侧管接入巴氏瓶中，置于23～25℃培养箱中培养2d，每天观察培养情况。

（3）卡氏罐培养　卡氏罐容量一般为10～20L，加入5～10L麦汁后，先拔去侧管的玻璃塞，加热煮沸，使蒸汽从侧管和弯管喷出，30min后停止加热，塞上玻璃塞，吸去弯管内的冷凝水。然后，添加1L无菌水，以补充蒸发的水分。冷却后，备用。

将1～2瓶巴氏瓶的酵母液接入卡氏罐，摇匀，置于18～20℃培养箱中培养3～5d，即可进行用于进一步的扩大培养。

3. 控制原则

（1）用于实验室扩大培养的麦汁为头号麦汁，加水调节，使浓度为11～12°P。

（2）生长繁殖期的酵母对氧需求较高，而酵母在培养过程中很容易沉淀到容器底部，因而需每天定期摇动培养容器，使沉淀的酵母重新分布到培养基中，以促进溶氧。

（3）为了使接种后的酵母能快速生长繁殖，应选择在对数生长期接种，每次扩大培养的稀释倍数一般为10～20倍。

（4）啤酒发酵是在低温（10℃左右）下进行的，而啤酒酵母的最适生长温度为28℃左右，为了让啤酒酵母适应低温发酵，扩大培养应采用逐步降温培养的方法。

二、生产车间扩大培养

1. 生产车间扩大培养流程

啤酒酵母的生产车间扩大培养流程如图3－17所示。

2. 操作要点

(1) 汉生罐培养　汉生罐培养系统一般由 1 个麦汁杀菌罐和 1 ~ 2 个酵母培养罐组成。冷却后的麦汁进入麦汁杀菌罐后，在杀菌罐的盘管或夹套中通入蒸汽，于 0.08 ~ 0.10MPa 下灭菌 60min，然后在盘管或夹套中通入冰水进行冷却，当麦汁温度降至 10 ~ 12℃时，用无菌空气将麦汁压入汉生罐内。

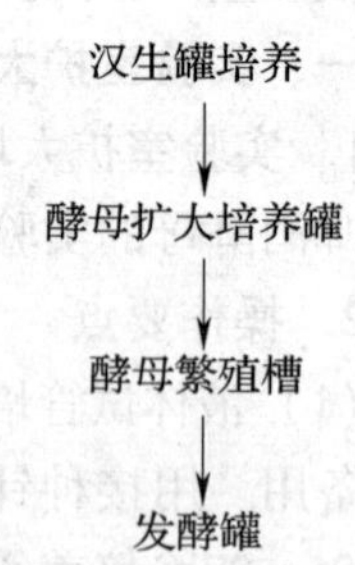

图 3 - 17　啤酒酵母的生产车间扩大培养流程

用无菌空气将卡氏罐中的酵母液压入汉生罐，通入无菌空气 5 ~ 10min，于 13 ~ 15℃下培养 36 ~ 48h，在此期间每隔数小时通风 10min。当汉生罐的培养液进入旺盛发酵期时，在搅拌的条件下将 85% 左右的酵母液移接至下一级培养罐中，仍保留 15% 左右酵母液作为下次扩大培养的种子。对于留下来的种子液，可加入经灭菌、冷却的麦汁，待起发后，冷却至 2 ~ 4℃，罐内压力保持为0.02 ~ 0.03MPa，备用。

(2) 酵母扩大培养罐培养　对相关管道和培养罐进行严格灭菌后，将汉生罐酵母液接入酵母扩大培养罐，并加入 14 ~ 16℃的麦汁 400 ~ 500L，待发酵旺盛期再追加 12 ~ 15℃的麦汁 2000 ~ 2300L，培养 24h 后，可将酵母液移接至酵母繁殖槽。

(3) 酵母繁殖槽培养　将酵母扩大培养罐的酵母液移至繁殖槽，加入 10 ~ 12℃麦汁 2500L，培养 24h 后，追加 8 ~ 10℃麦汁 4500L，再经 24h，将此 10000L 酵母液均分至两个繁殖槽，然后加入 8 ~ 10℃麦汁，分别使两个槽的液位达 10000L，经 24h 后，可移至发酵罐。

3. 控制原则

(1) 用于生产车间扩大培养的麦汁为沉淀槽的热麦汁，浓度一般为 12°P 左右，α - 氨基氮应在 180 ~ 220mg/L。

(2) 培养基中溶氧量对酵母的繁殖非常重要，要向麦汁不断地通风供氧。在生产车间扩大培养过程中，溶解氧的控制水平呈逐步降低趋势，即汉生罐控制为 6.0mg/L，一级繁殖槽控制为 4.0 ~ 5.0mg/L，二级繁殖槽控制为 3.0 ~ 4.0mg/L。

(3) 由于随着温度的降低，酵母的增殖时间不断延长，使污染杂菌的机会增大，因此各级扩大的稀释倍数不宜过高，一般以 1:(4 ~ 5) 为宜。这要求酵母经过多级繁殖，繁殖槽级数应根据实际情况而定，一般要经过两级以上的繁殖槽扩大培养。

(4) 为了使酵母逐渐适应低温发酵，扩大培养温度应逐步降低，但每一步扩大培养的降温幅度不宜过大，以免影响细胞活性。

拓展知识 3.3　酱油工业中的厚层通风制曲技术

制曲是酿造酱油的主要工序，其过程的实质是创造米曲霉生长最适宜的条件，保证优良曲霉等有益微生物得以充分繁殖发育，分泌酿造酱油需要的各种酶类，这些酶类为发酵过程提供原料分解、转化合成的物质基础。因此，曲子质量直接影响到原料利用率、酱油质量以及淋油效果等。制曲需创造适当的环境条件，关键控制好温度和湿度，以适应米曲霉的生理特性和生长规律。

一、厚层通风制曲流程

厚层通风制曲就是将接种后的曲料置于曲池内，厚度一般为25～30cm，利用通风机供给空气，调节温湿度，促使米曲霉在较厚的曲料上生长繁殖和积累代谢产物，以完成制曲过程。除了简易的曲池外，现用的厚层通风制曲设备还有链箱式机械通风制曲机及旋转圆盘式自动制曲机。厚层通风制曲的工艺流程如图3－18所示。

二、操作要点

1. 种曲制造

种曲制造的目的是要获得大量纯菌种，要求菌丝发育健壮、产酶能力强、孢子数量多、孢子的耐久性强、发芽率高，细菌的混入量少，为制造大曲提供优良的种子。

种曲的原料必须适应曲霉菌旺盛繁殖的需要，需大量糖分作为碳源，而豆粕含淀粉较少，因而豆粕在原料配比上占少量，应加入大量的麸皮。为了保持曲料松散，还应适当加入粗糠等疏松料，对改变曲料物理性质起着很大的作用。

培养种曲的场所是种曲室，要求密闭、保温、保湿性能好，并有调温调湿装置和排水设施。培养种曲的用具一般为木盘，其外形尺寸为（45～48）cm×（30～40）cm×5cm。种曲制造流程如图3－19所示。

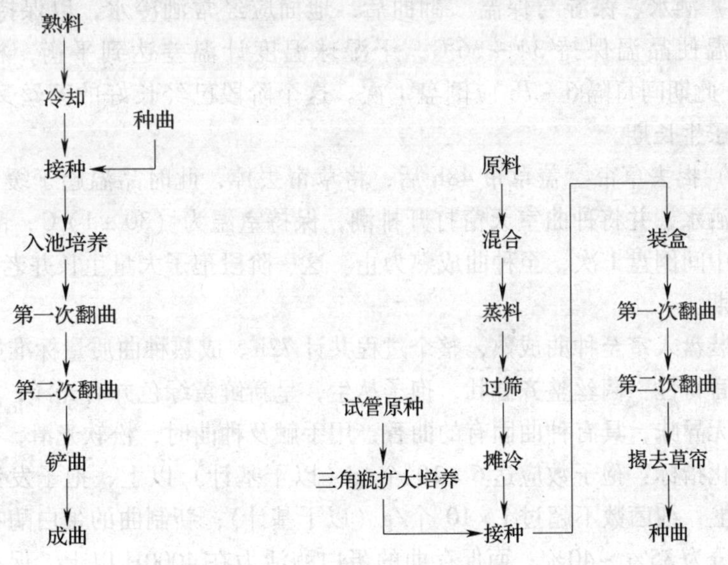

图3－18　厚层通风制曲流程　　图3－19　种曲制造流程

（1）原料处理　按一定比例（例如，豆粕粉: 麸皮: 水 = 2: 8: 10）进行配料。用85℃水与豆粕混匀，浸泡30min以上，然后拌入麸皮，放入蒸料锅内蒸熟，以达灭菌目的及蛋白质适度变性，蒸料时间为2h以上，停汽后焖料90min，出锅过筛，摊开冷却，品温达35～40℃可接种。

（2）接种　夏天和冬天的接种温度分别为38℃和42℃，接种量一般为0.1%～0.5%。用灭菌的竹筷将纯种取出，接入少量冷却的曲料上，然后将这少量曲料与全部曲料拌匀。

（3）堆积培养　将曲料呈丘形堆积于盘中央，每盘装料0.5kg，然后将曲盘以柱形堆叠于木架上，堆积高度一般为8个盘，最上层应倒盖1个空盘，以保温保湿。控制品温为30～31℃，室温为29～31℃（冬季室温为32～34℃），干湿球温度计温度1℃，经6h左右，上层品温达35～36℃时，可进行翻曲1次，使上下品温均匀。此阶段为孢子发芽期。

（4）搓曲与盖湿草帘　继续保温培养6h，上层品温达36℃左右。由于孢子发芽并继续生长成为菌丝，曲料表面呈微白色，并开始结块，此阶段为菌丝生长期。此时需用手将曲料搓碎、摊平，使曲料松散，将曲盘改为品字形堆放，然后每盘盖上灭菌的湿草帘，以利于保湿降温。

（5）第二次翻曲　搓曲后继续保温培养6～7h，品温又升至36℃左右，曲料全部长满白色菌丝，结块良好，即可进行第二次翻曲，使靠近盘底的曲料翻起，以利于通风降温和菌丝孢子生长均匀。翻曲后仍盖好湿草帘，仍以品字形堆放，室温控制为25～28℃，干湿球温度计温度0～1℃。此阶段菌丝发育旺盛，大量生长蔓延，曲料结块，称为菌丝蔓延期。

（6）洒水、保湿与保温　翻曲后，地面应经常洒冷水，以保持室内湿度，控制室温使品温保持34～36℃，干湿球温度计温差达到平衡，相对湿度为100%，此期间每隔6～7h应倒盘1次。这个阶段已经长好的菌丝又长出孢子，成为孢子生长期。

（7）揭去草帘　盖草帘48h后，将草帘去掉，此时品温趋于缓和，应停止向地面洒水，并将种曲室天窗打开排潮，保持室温为（30±1）℃，品温为35～36℃，中间倒盘1次，至种曲成熟为止。这一阶段孢子大量生长并老熟，称为孢子成熟期。

自装盘入室至种曲成熟，整个过程共计72h。成熟种曲质量标准如下：

感官特性：菌丝整齐健壮，孢子丛生，呈新鲜黄绿色并有光泽，无夹心，无杂菌，无异味，具有种曲固有的曲香；用手触及种曲时，松软光滑，孢子飞扬。

理化指标：孢子数应达6×10^{9}个/g（以干基计）以上，孢子发芽率应达到90%以上，细菌数不超过1×10^{7}个/g（以干基计）；新制曲的蛋白酶在5000U以上，水分为35%～40%；而保存曲的蛋白酶活力在4000U以上，保存曲水分一般为10%以下。

2. 熟料的冷却与接种

按项目1“拓展知识1.3”中酱油酿造培养基制备方法进行蒸料，蒸熟出锅后应迅速冷却，并打碎结块部分。如果使用带有减压冷却设备的旋转式蒸煮锅，可在罐内利用水力喷射器直接抽冷，出罐后可用绞龙或扬散机扬开热料，使熟料冷却至40℃左右，然后接入种曲，接种量为0.3%～0.5%。

3. 入池培养

接种后的曲料即可入池培养，铺料时应尽量保持料层松、匀、平，防止压实，以免通风、湿度和温度不一致。如果料层温度过高或上下品温不一致，应及时开动鼓风机，调节温度在32℃左右，促使米曲霉孢子发芽。当静置培养6～8h，料层开始升温至35～37℃，应开动鼓风机进行通风降温，整个过程以开机、停机的方法来调节曲料温度，使其维持在30～35℃，通入的风可用循环风或掺入部分自由空气（来自循环系统外）的混合风。

4. 翻曲与铲曲

翻曲目的是疏松曲料，调节品温，供给米曲霉旺盛繁殖所需的氧气。曲料入池培养12h以后，品温上升较快，由于菌丝密集繁殖，曲料结块，通风阻力增大，出现底层品温偏低、表层品温偏高、温差逐渐加大的现象，而且表层品温有超过35℃的趋势，此时应进行第一次翻曲，使曲料疏松，减小通风阻力，调节品温在34～35℃。继续培养4～6h后，由于菌丝繁殖旺盛，又形成结块，应及时进行第二次翻曲，翻曲后应连续鼓风，品温控制为30～32℃为宜。如果曲料出现裂纹收缩，为了防止风从裂缝漏掉，可采用压曲或铲曲的方法使裂缝消除。

5. 出曲

培养20h左右时，米曲霉开始产生孢子，蛋白酶活力大幅度上升，培养至24～28h即可出曲。

成曲质量标准如下：

感官特性：外观淡黄色，菌丝密集，质地均匀，随时间延长颜色加深，不得有黑色、棕色、灰色、夹心；具有曲香气，无霉臭及其他异味；在手感方面，曲料蓬松柔软，潮润绵滑，不粗糙。

理化指标：一、四季度含水量一般为28%～32%，二、三季度含水量一般为26%～30%；蛋白酶活力一般为1000～1500U（斐林法）。

［思考题］

1. 撰写菌种选育实训报告。
2. 撰写菌种保藏实训报告。
3. 撰写菌种扩大培养报告。
4. 发酵工业对菌种有什么要求？
5. 菌种选育方法有哪些？各有什么特点？

6. 影响诱变育种的因素有哪些？各种因素有何影响？

7. 菌种保藏方法有哪些？各有什么特点？

8. 菌种保藏的总体条件是什么？

9. 菌种扩大培养的目的是什么？

10. 菌种扩大培养的一般流程是怎样的？如何确定菌种扩大培养的级数？

11. 分别简述谷氨酸生产、柠檬酸生产、啤酒生产及酱油生产中的菌种扩大培养流程及操作要点。

12. 分别简述摇瓶种子接入种子罐、种子罐种子接入发酵罐的操作要点。

13. 影响菌种扩大培养的因素有哪些？各种因素有何影响？

14. 代谢控制发酵的育种思路有哪些？

项目4 发酵过程控制与染菌处理

[能力目标]

1. 能够制定发酵工艺流程及工艺控制参数；
2. 能够操作发酵 pH、温度、溶氧、补料、泡沫消除等控制；
3. 能够分析与处理发酵过程中的常见问题。

[知识目标]

1. 了解微生物发酵类型、染菌的危害；
2. 熟悉发酵过程的控制要素；
3. 理解发酵工艺原理及影响因素、染菌原因分析及染菌防治原理。

项目4.1 谷氨酸发酵过程控制

在谷氨酸发酵过程中，影响因素通常包括营养基质浓度、溶解氧、pH、温度、泡沫等，故了解和控制这些因素显得十分重要。

项 目 引 导

一、谷氨酸发酵机制

生物体内合成谷氨酸的前体物质是α-酮戊二酸，是三羧酸循环（TCA循环）的中间产物。由糖质原料生物合成谷氨酸的途径包括糖酵解途径（EMP途径）、三羧酸循环、乙醛酸循环、CO_2的固定反应（伍德-沃克曼反应）等。

1. 谷氨酸生物合成途径

由葡萄糖生物合成谷氨酸的代谢途径如图4-1所示。谷氨酸生成期的主要过程用黑体箭头来表示，至少有16步酶促反应。由于三羧酸循环中的缺陷（丧失α-酮戊二酸脱氢酶氧化能力或氧化能力微弱），糖质原料发酵生产谷氨酸时，谷氨酸产生菌采用图4-1中所示的乙醛酸循环途径进行代谢，提供四碳二羧酸及菌体合成所需的中间产物等。为了获得能量和生物合成反应所需中间产物，在谷氨酸发酵的菌体生长期，需要异柠檬酸裂解酶反应，走乙醛酸循环途径；在菌体生长期之后，进入谷氨酸生成期，为了大量生成、积累谷氨酸，需要封闭乙醛酸循环。这就说明在谷氨酸发酵中，菌体生长期的最适条件和谷氨酸生成积累期最适条件是不一样的。

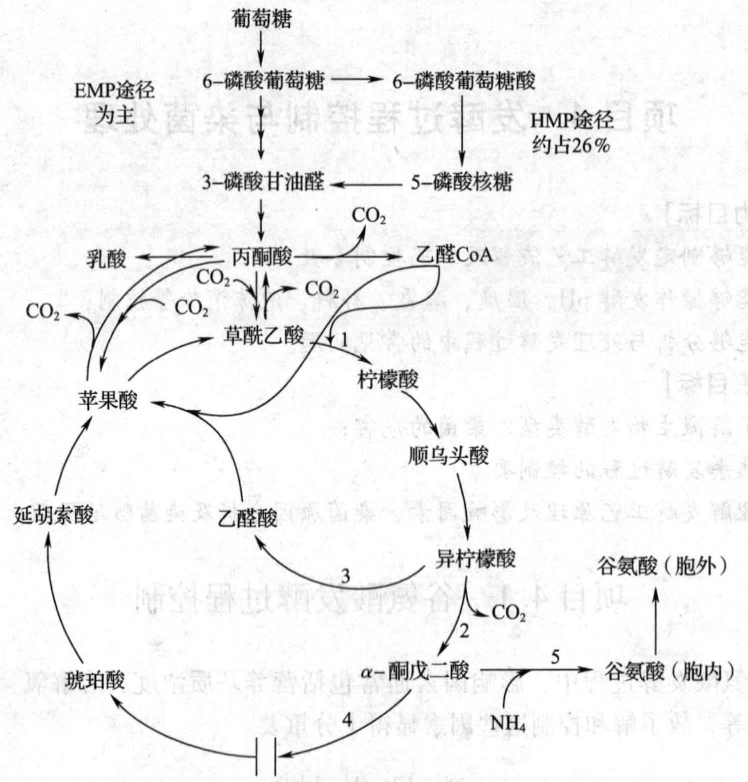

图 4-1　由葡萄糖生物合成谷氨酸的代谢途径

1—柠檬酸合成酶　2—异柠檬酸脱氢酶　3—异柠檬酸裂解酶

4—α-酮戊二酸脱氢酶　5—谷氨酸脱氢酶

在菌体生长之后，假如四碳二羧酸是 100% 通过 CO_2 固定反应供给在生长之后，理想的发酵按如下反应进行：

$$C_6H_{12}O_6 + NH_3 + 1.5O_2 \rightarrow C_5H_9O_4N + CO_2 + 3H_2O$$

$$180 \qquad\qquad\qquad\qquad 147$$

1mol 葡萄糖可以生成 1mol 的谷氨酸，谷氨酸对葡萄糖的质量理论转化率为：

$$\frac{147}{180} \times 100\% = 81.7\%$$

若 CO_2 固定反应完全不起作用，丙酮酸在丙酮酸脱氢酶的催化作用下，脱氢脱羧全部氧化成乙酰 CoA，通过乙醛酸循环供给四碳二羧酸。反应如下：

$$3C_6H_{12}O_6 \rightarrow 6\text{ 丙酮酸} \rightarrow 6\text{ 乙酸} + 6CO_2$$

$$6\text{ 乙酸} + 2NH_3 + 3O_2 \rightarrow 2C_5H_9O_4N + 2CO_2 + 6H_2O$$

3mol 葡萄糖可以生成 2mol 的谷氨酸，谷氨酸对葡萄糖的质量理论转化率为：

$$\frac{2 \times 147}{3 \times 180} \times 100\% = 54.4\%$$

目前，谷氨酸发酵的实际转化率处于中间值，这是因为菌体的形成、微量副产物的生物合成消耗了一部分糖。当以葡萄糖为碳源时，CO_2固定反应与乙醛酸循环的比率，对谷氨酸产率有影响，乙醛酸循环活性越高，谷氨酸越不易生成与积累。

2. 谷氨酸生物合成的代谢调节机制

(1) 能荷的调节　糖代谢中酵解主要受三个酶调节：磷酸果糖激酶、已糖激酶、丙酮酸激酶，其中磷酸果糖激酶是限速酶，已糖激酶控制酵解的入口，丙酮酸激酶控制出口；三羧酸循环的调控由三个酶调控，分别为：柠檬酸合成酶、异柠檬酸脱氢酶和α-酮戊二酸脱氢酶。两者都与能荷的控制调节相关。能荷调节是通过ATP、ADP和AMP分子对某些酶分子进行变构调节来实现的。

Atkinson提出了能荷的概念。认为能荷是细胞中高能磷酸状态的一种数量上的衡量，能荷大小可以说明生物体中ATP-ADP-AMP系统的能量状态。能荷的大小决定于ATP和ADP的多少。

实验证明能荷逐渐升高，即细胞内能量水平逐渐升高，这一过程中AMP、ADP转变成ATP。ATP的增加会抑制糖原降解、柠檬酸合成酶、异柠檬酸脱氢酶，并激活糖类合成的酶，加速糖原的合成。当生物体内生物合成或其他需能反应加强时，细胞内ATP分解生成ADP或AMP，ATP减少，能荷降低，就会激活某些催化糖类分解的酶或解除ATP对这些酶的抑制（糖原磷酸化酶、磷酸果糖激酶、柠檬酸合成酶、异柠檬酸脱氢酶等），并抑制糖原合成酶（糖原合成酶、果糖-1，6-二磷酸酯酶等），从而加速酵解、TCA循环产生能量，通过氧化磷酸化作用生成ATP。

(2) 生物素对糖代谢速度的调节　生物素对糖代谢的调节与能荷的调节是不同的，能荷是对糖代谢流的调节，而生物素能够促进糖的EMP、HMP途径、TCA循环。

谷氨酸产生菌大多为生物素缺陷型，生物素对谷氨酸产生菌的生长和糖代谢影响很大。许多研究表明，生物素对从糖开始到丙酮酸为止的糖降解途径的比例并没有显著的影响，主要作用是对糖降解速率的调节。

碳水化合物、脂肪和蛋白质代谢中的许多反应都需要生物素。生物素的主要功能是在脱羧-羧化反应和脱氨反应中起辅酶作用，并和碳水化合物与蛋白质的互变、碳水化合物以及蛋白质向脂肪的转化有关。在碳水化合物代谢中，生物素酶能催化脱羧和羧化反应。McDowell（1989）报道，三羧酸循环的进行依赖于生物素的存在。碳水化合物代谢中依赖生物素的特异反应有：丙酮酸脱羧生成草酰乙酸；苹果酸转化为丙酮酸；琥珀酸与丙酮酸的互变；草酰琥珀酸转化为α-酮戊二酸。

（3）三羧酸循环（TCA 循环）的调节　谷氨酸产生菌在代谢途径中，三羧酸循环（TCA 循环）的调节主要是通过 5 种酶的调节进行的。这 5 种酶是磷酸烯醇式丙酮酸羧化酶、柠檬酸合成酶、异柠檬酸脱氢酶、谷氨酸脱氢酶和 α - 酮戊二酸脱氢酶。

谷氨酸比天冬氨酸优先合成，谷氨酸合成过量后，谷氨酸抑制谷氨酸脱氢酶的活力和阻遏柠檬酸合成酶的合成，使代谢转向天冬氨酸的合成。

① 磷酸烯醇式丙酮酸羧化酶受天冬氨酸的反馈抑制，受谷氨酸和天冬氨酸的反馈阻遏。

② 柠檬酸合成酶是三羧酸循环的关键酶，除受能荷调节外，还受谷氨酸的反馈阻遏和乌头酸的反馈抑制。

③ 异柠檬酸脱氢酶活力强，而异柠檬酸裂解酶活力不能太强，这就有利于谷氨酸前体物 α - 酮戊二酸的生成，满足合成谷氨酸的需要。

异柠檬酸脱氢酶催化的异柠檬酸脱氢脱羧生成 α - 酮戊二酸的反应和谷氨酸脱氢酶催化的 α - 酮戊二酸还原氨基化生成谷氨酸的反应是一对氧化还原共轭反应，细胞内 α - 酮戊二酸的量与异柠檬酸的量需维持平衡，当 α - 酮戊二酸过量时对异柠檬脱氢酶发生反馈抑制作用，停止合成 α - 酮戊二酸。

④ 谷氨酸产生菌的谷氨酸脱氢酶活力都很强，这种酶以 NADP 为专一性酶，谷氨酸发酵的氨同化过程，是通过连接 NADP 的 L - 谷氨酸脱氢酶催化完成的。沿着由柠檬酸至 α - 酮戊二酸的氧化途径，谷氨酸产生菌有两种 NADP 专性脱氢酶，即异柠檬酸脱氢酶和 L - 谷氨酸脱氢酶。

如图 4 - 2 所示，在谷氨酸的生物合成中，谷氨酸脱氢酶和异柠檬酸脱氢酶在铵离子存在下，两者非常密切地偶联起来，形成氧化还原共轭体系，不与 $NADPH_2$ 的末端氧化系相连接，使 α - 酮戊二酸还原氨基化生成谷氨酸。谷氨酸产生菌需要氧化型 NADP，以供异柠檬酸氧化作用。生成的还原型 $NADPH_2$ 又因 α - 酮戊二酸还原氨基化而再生成 NADP。由于谷氨酸产生菌的谷氨酸脱氢酶活力比其他微生物的强得多，所以由三羧酸循环所得的柠檬酸的氧化中间物，就不再往下氧化，而以谷氨酸的形式积累起来。谷氨酸对谷氨酸脱氢酶存在着反馈抑制和反馈阻遏。若铵离子进一步过剩供给时，发酵液偏酸性，pH 在 5.5 ~ 6.5，谷氨酸会进一步生成谷氨酰胺。

⑤ 在谷氨酸产生菌中，α - 酮戊二酸脱氢酶先天性丧失或微弱，对导向谷氨酸形成具有重要意义，这是谷氨酸产生菌糖代谢的一个重要特征。谷氨酸产生菌的 α - 酮戊二酸氧化力微弱，尤其在生物素缺乏的条件下，三羧酸循环到达 α - 酮戊二酸时，即受到阻挡，这有利于 α - 酮戊二酸的积累，在铵离子存在下，α - 酮戊二酸在谷氨酸脱氢酶的催化下生成谷氨酸。

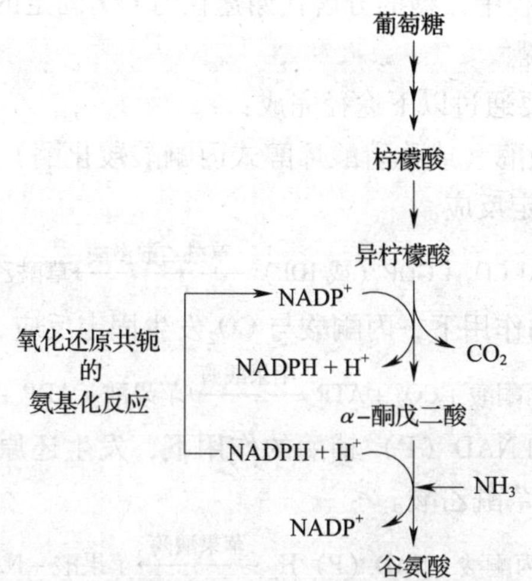

图4-2　谷氨酸生物合成中的氧化还原共轭体系

（4）乙醛酸循环（DCA循环）的调节　乙醛酸循环（图4-1）中关键酶是异柠檬酸裂解酶和苹果酸酶。通过乙醛酸循环异柠檬酸裂解酶的催化作用，使琥珀酸、延胡索酸和苹果酸的量得到补足，其反应如下：

异柠檬酸 —(异柠檬酸裂解酶)→ 乙醛酸 + 琥珀酸

乙醛酸 + 乙酰 CoA —(苹果酸酶)→ 苹果酸

在乙醛酸循环中，葡萄糖和琥珀酸等对异柠檬酸裂解酶起着阻遏作用。

如果以糖质原料发酵谷氨酸，培养基中生物素用量对DCA循环有很大影响。在生物素亚适量条件下，琥珀酸氧化力降低，积累的琥珀酸会反馈抑制异柠檬酸裂解酶活性，并阻遏该酶的生成，乙醛酸循环基本处于封闭状态，异柠檬酸高效率地转化为α-酮戊二酸，再生成谷氨酸；在生物素充足的条件下，异柠檬酸裂解酶活性增大，通过乙醛酸循环提供能量，进行蛋白质的合成，不仅异柠檬酸转化生成谷氨酸的反应减弱使得谷氨酸减少，而且生成的谷氨酸在转氨酶的催化作用下又转成其他氨基酸，也不利于谷氨酸积累。

如果以醋酸为原料发酵谷氨酸，醋酸浓度要低，高浓度的醋酸易被完全氧化。但菌体内的有机酸浓度低到一定程度，乙醛酸循环启动，此时异柠檬酸裂解酶催化生成的乙醛酸与细胞内的草酰乙酸共同抑制异柠檬酸脱氢酶，TCA循环转为DCA循环，不利于谷氨酸生成与积累；当DCA循环运转使得TCA循环包含的某些有机酸过剩时，异柠檬酸裂解酶被抑制，乙醛酸浓度下降，解除对异柠檬酸脱氢酶的抑制，TCA循环运转。

（5）CO_2固定反应的调节　通过CO_2的固定反应能起到补充草酰乙酸的作

用，在谷氨酸合成过程中，糖的分解代谢途径与CO_2固定的适当比例是提高谷氨酸对糖收率的关键问题。

CO_2固定反应主要通过以下途径完成：

① 在草酰乙酸激酶（或称磷酸烯醇式丙酮酸羧化酶）作用下，磷酸烯醇式丙酮酸与CO_2发生固定反应。

$$\text{磷酸烯醇式丙酮酸} + CO_2 + GDP\text{（或 IDP）} \xrightarrow{\text{草酰乙酸激酶}} \text{草酰乙酸} + GTP\text{（或 ITP）}$$

② 在苹果酸酶的作用下，丙酮酸与CO_2发生固定反应，并消耗 1 个 ATP。

$$\text{丙酮酸} + CO_2 + ATP \xrightarrow{\text{苹果酸酶}} \text{苹果酸} + ADP + P_i$$

③ 在苹果酸酶和 NAD（P）辅酶的作用下，发生还原羧化反应，丙酮酸生成苹果酸，再转化为草酰乙酸。

$$CO_2 + \text{丙酮酸} + NAD\text{（P）}H_2 \xrightarrow{\text{苹果酸酶}} \text{苹果酸} + NAD\text{（P）}$$

$$\text{苹果酸} \xrightarrow{\text{苹果酸脱氢酶}} \text{草酰乙酸} + NAD\text{（P）}H_2$$

（6）NH_4^+对谷氨酸生物合成的调节　从谷氨酸生物合成途径可知，糖代谢中间体α-酮戊二酸在谷氨酸脱氢酶催化下，还原氨基化生成谷氨酸，NH_4^+起到重要的作用。值得注意的是谷氨酸脱氢酶也能催化谷氨酸氧化脱氨反应，脱氨过程以NAD^+作为辅酶，该酶催化的反应虽然偏向氨合成谷氨酸一边，但是脱氢过程产生的 NADH 被氧化成NAD^+，同时产生的NH_3很容易被除去。脱氨反应被NH_4^+和α-酮戊二酸所抑制，这对于谷氨酸的积累也起到了很好的作用。

在谷氨酸发酵生产中，生物素缺乏菌在NH_4^+存在时，葡萄糖消耗速度快而且谷氨酸收率高；NH_4^+不存在时，葡萄糖消耗速度很慢，生成物是α-酮戊二酸、丙酮酸等物质，不产生谷氨酸。

（7）细胞膜通透性的调节　细胞膜的谷氨酸通透性对于谷氨酸发酵很重要，当细胞膜转变为有利于谷氨酸向膜外渗透的样式，谷氨酸才能不断地排出细胞外，这样既有利于细胞内谷氨酸合成反应的优先性、连续性，也有利于谷氨酸在胞外的积累。

细胞膜是在细胞壁与细胞质之间的一层柔软而富有弹性的半渗透性膜，磷脂双分子层为其基本结构，在双分子层中镶嵌蛋白质。根据细胞膜的结构特性，控制细胞膜通透性的方法主要有两种：一种是通过控制脂肪酸和甘油的合成，实现对磷脂合成的控制，使得细胞不能形成完整的细胞膜；一种是通过干扰细菌细胞壁的形成，使得细胞不能形成完整的细胞壁，丧失了对细胞膜的保护作用。在膜内外渗透压差等因素影响下，细胞膜物理性损伤，增大膜的通透性。

控制细胞膜形成的常用方法有：

① 利用生物素缺陷型菌株进行谷氨酸发酵时，限制发酵培养基中生物素的浓度。生物素参与了脂肪酸的生物合成，进而影响了磷脂的合成和细胞膜的形

成。生物素是催化脂肪酸合成起始反应的关键酶乙酰 CoA 羧化酶的辅酶，对脂肪酸的形成起促进作用。为了形成有利于谷氨酸向外渗透的不完整的细胞膜，选育生物素缺陷型，阻断生物素合成，亚适量控制生物素添加，抑制不饱和脂肪酸的合成，使得细胞膜不完整，提高了细胞膜对谷氨酸的通透性。

② 利用生物素过量的糖蜜原料进行谷氨酸发酵时，添加表面活性剂或饱和脂肪酸。在生物素过量的条件下，添加表面活性剂或饱和脂肪酸仍能进行谷氨酸发酵，其原因在于这些物质对生物素起拮抗作用，抑制不饱和脂肪酸的合成，导致油酸合成量减少，磷脂合成不足，使得细胞膜不完整，提高了细胞膜对谷氨酸的通透性。常用的表面活性剂有吐温－60、吐温－40 等，常用的饱和脂肪酸有十七烷酸、硬脂酸等。

③ 利用油酸缺陷型菌株进行谷氨酸发酵，限制发酵培养基油酸的浓度。油酸缺陷型菌株丧失了自身合成油酸的能力，直接影响磷脂的合成，不能形成完整的细胞膜，必须添加油酸才能生长，所以通过控制油酸的添加量，实现细胞膜对谷氨酸的通透性。当油酸过量时，该菌株只长菌或产酸少；当油酸亚适量时，随着油酸的耗尽，细胞膜结构与功能发生变化，使得谷氨酸的通透性提高。

④ 利用甘油缺陷型进行谷氨酸发酵，限制发酵培养基甘油的浓度。甘油缺陷型菌株不能自身合成 α－磷酸甘油和磷脂，外界供给甘油才能使其生长，因此可以通过控制甘油添加量来控制细胞膜对谷氨酸的通透性。当甘油添加量过多时，磷脂正常合成，菌体正常生长，不产酸或产酸低；当甘油添加量过少时，菌体生长不好，产酸低，所以控制甘油亚适量是控制的关键。

⑤ 控制细胞壁的形成。细胞壁的骨架结构是肽聚糖，肽聚糖的合成及其调节控制就与细胞壁形成密切相关。控制细胞壁的形成是增大细胞膜通透性的另一种方法，常用的方法有添加青霉素、头孢霉素 C 等 β－内酰胺类抗生素。例如，青霉素是转肽酶的抑制剂，它与转肽酶活性部位上的 Ser 残基形成了共价键，使转肽酶受到了不可逆的抑制。青霉素作为糖肽末端结构（D－Ala－D－Ala）的类似物，竞争性地抑制合成糖肽的底物，而与转肽酶的活性中心结合，使糖肽合成不能完成，结果形成不完整的细胞壁，使细胞膜处于无保护状态，易于破损，从而可增大谷氨酸的通透性。

二、谷氨酸发酵工艺

谷氨酸发酵生产工艺的种类很多，从不同的角度划分，大致有以下几类：

1. 按碳源原料划分

谷氨酸发酵生产的碳源原料主要有淀粉制取的葡萄糖液和糖蜜两类，由于这两类原料所含生物素量差别很大，导致发酵工艺明显不同。对于糖蜜原料，其生物素含量丰富，在发酵过程中需要添加青霉素、表面活性剂等来抑制菌种的细胞壁合成，从而抑制菌种的过度生长；而对于葡萄糖液，其所含生物素远远低于糖蜜，用于发酵培养基时还需添加生物素。

2. 按生产菌株的类型划分

现用谷氨酸生产菌株主要有生物素缺陷型菌株和温度敏感型菌株。两个菌株的生理性能不同，发酵过程中控制细胞膜渗透性机理也不一样，生物素缺陷型菌株是通过控制生物素“亚适量”来控制细胞膜通透性，而温度敏感型菌株则是通过调节发酵温度达到控制细胞膜通透性的目的，对两种菌株所采用的发酵工艺差别很大。

3. 按培养基含生物素量大小划分

生物素缺陷型菌株是应用最早、最广泛的菌株，其菌体形态在发酵过程中随生物素浓度趋于贫乏而发生特异变化，细胞膜渗透性也相应地发生改变。生产菌的细胞转型取决于培养基中生物素浓度以及发酵控制工艺。在生产实践中，发酵控制工艺因培养基中生物素浓度不同而有所区别。

采用淀粉糖质原料的工厂一般控制发酵培养基的生物素浓度为 5 ~ 6μg/L，其发酵工艺是传统中的生物素“亚适量”工艺。随着各种发酵条件的优化，现有一些工厂将培养基中生物素浓度控制在 8 ~ 12μg/L，并显著地提高了谷氨酸产酸水平，为区别传统的生物素“亚适量”工艺，有人称之为生物素“超亚适量”工艺。由于糖蜜原料的发酵培养基和应用温度敏感型菌株的发酵培养基所含生物素浓度极高，其工艺可称为生物素“丰富量”工艺。当前，有些工程技术人员努力改进生物素“超亚适量”工艺，将培养基中生物素浓度提高至“超亚适量”工艺与“丰富量”工艺之间，可将其工艺称为生物素“亚富量”工艺。

4. 按接种量大小划分

一般情况下，所说的接种量是指接入发酵罐的成熟种子醪的体积相对于发酵初始体积的百分比。以往很多工厂的接种量为 1% ~ 3%，这种接种量相对当前的接种量来说，属于小种量，已较少采用。当前谷氨酸发酵工艺趋向于大种量，一般为 5% ~ 10% 或以上。

5. 按发酵初糖浓度划分

根据发酵初糖浓度高低，大致可将发酵工艺划分为低初糖工艺、中初糖工艺和高初糖工艺。通常，低初糖工艺的初糖浓度为 80 ~ 120g/L，中初糖工艺的初糖浓度为 140 ~ 160g/L，高初糖工艺的初糖浓度为 180 ~ 200g/L。由于培养基的高渗透压抑制微生物生长、代谢，大部分工厂采用中、低初糖工艺，高初糖工艺极少使用。

6. 按发酵过程补加糖液划分

从是否补加糖液的角度来看，有需要补糖工艺和不需要补糖工艺。一般情况下，不需要补糖工艺采用一次高初糖或中初糖工艺，而需要补糖工艺则采用中初糖或低初糖、中间补加糖液的工艺。在需要补糖工艺中，又按补加糖液的浓度分为补加低浓度糖液工艺、中浓度糖液工艺以及高浓度糖液工艺。补加糖液的低浓度、中浓度和高浓度分别为 300g/L 左右、400g/L 左右和 500g/L 以上，低浓度的补加糖液一般采用糖化车间出来的糖液即可，不需浓缩处理，而中浓度和高浓度的补加糖液则需经过浓缩处理获取。

三、谷氨酸发酵工艺流程与菌体形态变化

1. 谷氨酸发酵工艺流程

谷氨酸发酵工艺流程如图4-3所示。配制好的发酵培养基经灭菌、冷却后，送至发酵罐中，经调节pH、温度，接入种子罐培养成熟的种子液，然后通入无菌空气和启动搅拌，即开始谷氨酸发酵。在发酵过程中，菌种经过发酵前期的适度生长繁殖后，便由生长型向生产型转变，并利用营养基质大量合成谷氨酸。为了实现发酵目标，整个过程需对溶氧、pH、温度、泡沫、补料等要素加以调节控制，即需不断通入无菌空气为菌体生长、代谢提供氧气，需流加液氨调节pH及补充氮源，需采用冷却水调节温度，需补加糖液以补充碳源，还需通过化学或机械等方法消除发酵过程中形成的泡沫。发酵结束后，即可进行放罐，将成熟发酵液送至提取工序。

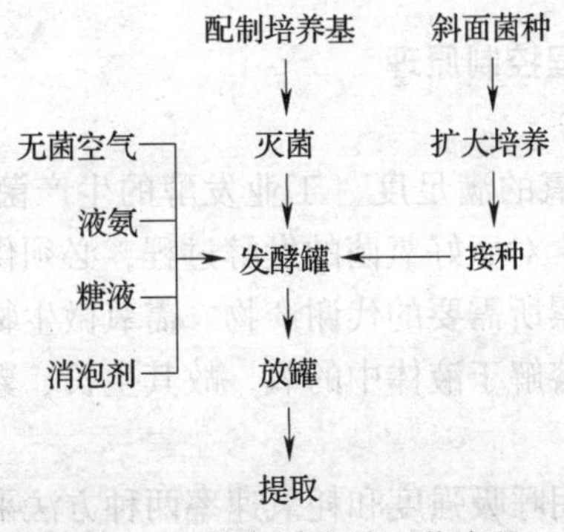

图4-3　谷氨酸发酵工艺流程

2. 菌体形态变化

在生物素限量的培养条件下，根据谷氨酸发酵过程的菌体形态变化，可将细胞分为长菌型细胞、转移期细胞和产酸型细胞。生物素浓度以及发酵控制条件不同，这三种细胞形态相互转换的时间有迟早差异。下面以一个发酵周期为32h的谷氨酸发酵为例进行说明。

在0~7h，菌体先进行繁殖，菌体细胞为长菌型细胞，细胞形态与二级种子基本相似，均为短棒状，有的微呈弯曲状，细胞排列呈单个、成对及“V”字形。

随着菌体生长，生物素逐渐被消耗，于是生物素由“丰富向贫乏”过渡。在实例中，大约在发酵7h以后，生物素处于贫乏状态，一部分长菌型细胞开始向产酸型细胞转变，形成有利于谷氨酸向外渗透的磷脂合成不足的细胞膜，这部分细胞的形态急剧变化，出现伸长、膨大等异常形态，并且开始产酸。转移期为7~14h，有长菌型细胞，也有产酸型细胞，随着时间推移，生物素浓度越来越

低，异常形态的产酸型细胞越来越多，产酸速度也不断加快。

发酵14h以后，生物素基本消耗完，菌体细胞完成了谷氨酸非积累型向谷氨酸积累型的转变，即完全转变为异常形态的产酸型细胞，表现为OD值稳定，谷氨酸产量不断上升，直至发酵结束。产酸型细胞为含磷脂不足的异常形态，呈现伸长、膨大、不规则，缺乏“V”字形排列，有的呈弯曲形，边缘颜色浅，稍模糊，有的边缘褶皱乃至残缺不齐，但菌体形态基本清楚。在发酵26h以后，菌体细胞会变得比刚转型完毕时的细胞稍细、稍长，有的细胞呈现有明显横隔（1~3个或更多）的多节细胞，类似花生状，在发酵转化率高时表现尤其明显。

如果在生物素过量的培养条件下，限制发酵周期内细胞形态基本上没有明显的变化。菌体比较粗短，类似于种子培养阶段的细胞形态，多为短杆至棒状，细胞排列呈单个、成对及“V”字形，形成的细胞为谷氨酸非积累型细胞。由于在限制发酵周期内细胞转型期后移或者不出现细胞转化期，导致发酵过程呈现典型的异常发酵，表现为长菌体，谷氨酸产出很少甚至不产谷氨酸，其耗糖速度比正常发酵的耗糖速度慢。

四、谷氨酸发酵过程控制原理

1. 溶解氧控制原理

（1）谷氨酸发酵中氧的满足度　工业发酵的生产菌株多数为好氧菌，少数为厌氧菌或兼性厌氧菌。对于好氧菌的发酵过程，必须供给适量无菌空气，菌体才能正常生长繁殖并积累所需要的代谢产物。需氧微生物的氧化酶系存在于细胞内原生质中，只能利用溶解于液体中的氧，故其生长、繁殖以及代谢受溶解氧浓度的直接影响。

微生物的吸氧量常用呼吸强度和耗氧速率两种方法来表示。呼吸强度是指单位质量干菌体在单位时间内所吸取的氧量，以Q_{O_2}表示，单位为［mmol（O_2）/（g·h）］。耗氧速率是指单位体积培养液在单位时间内吸氧量，以r表示，单位为［mmol（O_2）/（L·h）］，耗氧速率可用下式表示：

$$r = Q_{O_2} \cdot X \tag{4-1}$$

式中　r——微生物耗氧速率，mmol（O_2）/（L·h）

Q_{O_2}——菌体呼吸强度，mmol（O_2）/（g·h）

X——发酵液中菌体浓度，g/L

微生物的呼吸强度大小受其所含氧化酶体系的种类及数量、菌龄、培养条件等多种因素影响，其中发酵液中溶解氧浓度（$c_{溶解氧}$）对呼吸强度有很大的影响，两者的关系如图4-4所示。各种微生物的呼吸对发酵液中溶解氧浓度有一个最低要求，Hixson等人称这一溶氧浓度为“临界氧浓度”，以$c_{临界}$表示（或以临界溶解氧分压$p_{L临界}$表示）。工业发酵中，微生物的临界氧浓度一般为0.003~0.05mmol/L。如果不存在其他限制性基质，当溶解氧浓度低于临界氧浓度时，呼吸强度随溶解氧浓度的增加而增加，这时若限制溶解氧浓度会严重影响细胞的代谢活动；当溶解氧浓度继续增加，达到临界氧浓度后，呼吸强度不随溶解氧浓度变化而变化。利用这一规律，可以指导发酵前期的溶解氧控制。

由于各种代谢产物的生物合成途径不同，产物合成的最适溶解氧浓度不一定是细胞生长的临界氧浓度。Hirose 等人将溶解氧浓度与临界氧浓度之比定义为氧的满足度，并以此为基准研究了氧的满足度对各种氨基酸发酵的影响，图 4－5 为几种氨基酸的生产与氧的满足度的关系。

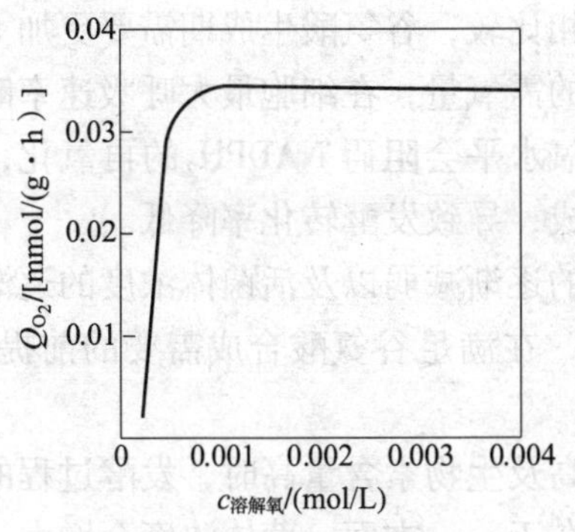

图 4－4　呼吸强度与溶解氧的关系

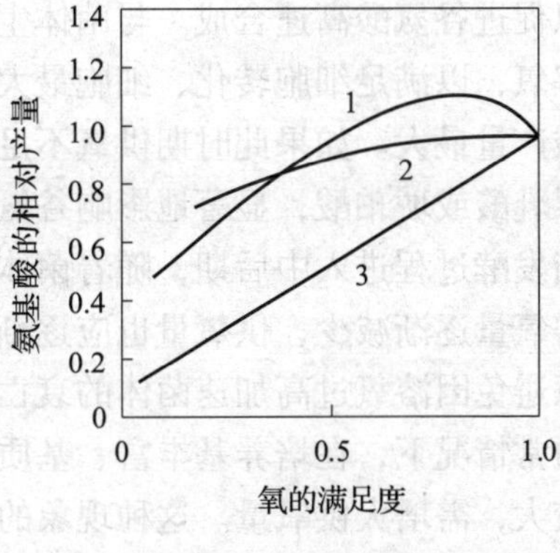

图 4－5　氨基酸的相对产量与氧的满足度之间的关系

1—L－亮氨酸　2—L－赖氨酸　3—L－谷氨酸

根据氨基酸相对产量与氧的满足度的关系，氨基酸发酵可分为三类：第一类氨基酸的氧的满足度远远大于 1，包括谷氨酸、谷氨酰胺、脯氨酸和精氨酸等，这类氨基酸的最大量合成的前提是必须充分满足菌体的正常呼吸，若供氧不能满足菌体的正常呼吸，氨基酸的合成就会受到强烈的抑制，将会积累副产物乳酸和琥珀酸等；第二类氨基酸的氧的满足度稍微大于 1，包括赖氨酸、苏氨酸、天冬氨酸、异亮氨酸等，供氧充足时可获得最大合成量，若供氧稍微偏低，合成量受到抑制的程度没有那么明显；第三类氨基酸的氧的满足度低于 1，包括缬氨酸、苯丙氨酸和亮氨酸等，缬氨酸、苯丙氨酸和亮氨酸的氧的满足度分别为 0.60、0.55、0.85，这类氨基酸最大量合成时的供氧条件是限制细胞正常呼吸，若供氧充足反而会抑制产物的形成。

（2）供氧控制原则　在好氧发酵过程中，必须从需氧和供氧两方面考虑来进行溶解氧的控制。发酵中需氧量因产物、生产菌株、发酵工艺及发酵阶段的不同而不同，必须根据生产菌株在发酵过程中各阶段的需氧量进行控制供氧。

谷氨酸发酵属于部分生长耦联型发酵。在菌体生长期，希望糖的消耗最大限度地用于合成菌体；在谷氨酸生成期，希望糖的消耗最大限度地用于合成谷氨酸。菌体生长期与谷氨酸生成期的需氧量有明显差别，且在各时期又随具体条件不同而变化。

菌种在进入生长稳定期前，供氧量应最大程度地满足菌体生长对溶解氧的需求，即 $p_L \geqslant p_{L临界}$，使菌体生长速率达到最大值，此时期的供氧量随菌体浓度增大而增大。如果菌体的需氧量得不到满足，将抑制菌体生长，发酵液的菌体量较低。但是，供氧并非越大越好，当供氧量远远大于需氧量时，也会抑制菌体生长。

当菌体生长速率基本稳定和谷氨酸开始大量合成时，供氧量应同时考虑菌体维持与产物合成的需要，此时期的通风量通常要在较高水平维持较长的一段时间，以促进谷氨酸高速合成。与菌体生长期相比较，谷氨酸生成期需要更加大量的溶解氧，以满足细胞转化、细胞最大呼吸的需氧量，在细胞最大呼吸速率时的谷氨酸产量最大。如果此时期供氧不足，低氧水平会阻碍 $NADPH_2$ 的再氧化，容易积累乳酸或琥珀酸，显著地影响谷氨酸生成，导致发酵转化率降低。

当发酵过程进入中后期，随着菌体活力的逐渐减弱以及活菌体浓度的逐渐降低，需氧量逐渐减少，供氧量也应逐渐减少，在满足谷氨酸合成需要的前提下，应注意避免因溶氧过高加速菌体的衰亡。

通常情况下，在培养基丰富、基质浓度高及生物素含量高时，发酵过程的需氧量较大，需增大供氧量。这种现象的原因在于：一方面，菌体浓度会增大，菌体代谢旺盛，使耗氧量增大；另一方面，由于培养基浓度大，导致氧传递的阻力增大，使氧传递的效率降低。如果培养基营养贫乏、生物素含量少时，需氧量往往较小，供氧量要适当减小。

2. 温度控制原理

（1）温度变化原因及其对发酵的影响　发酵过程中，随着微生物对培养基中的营养物质的利用、机械搅拌的作用，将会产生一定的热量；同时由于发酵罐壁的散热、水分的蒸发等将会带走部分热量。习惯上将发酵过程中释放出来的引起温度变化的净热量称为发酵热，以 kJ/（$m^3 \cdot h$）为单位。发酵热包括生物热、搅拌热、蒸发热以及辐射热等，即：$Q_{发酵} = Q_{生物} + Q_{搅拌} - Q_{蒸发} - Q_{辐射}$。

生物热主要来源于培养基中的营养物质如碳水化合物、脂肪和蛋白质等被分解所产生的大量能量，这些能量部分用于合成细胞内的高能化合物，供微生物细胞合成和代谢活动的需要，部分用于合成代谢产物，其余则以热的形式散发出来。对于机械搅拌通气式发酵罐，由于机械搅拌作用，造成液体之间、液体与设备之间的摩擦，使机械搅拌的动能转化为摩擦热而释放在发酵液中，此为搅拌热。在通气培养过程中，空气进入发酵罐后与发酵液充分接触，除了部分氧气等被微生物利用外，大部分气体从发酵液出来，排放至大气中，从而引起热量的散发，热量将被空气或蒸发的水分带走，这部分热量就称为蒸发热。辐射热是指因发酵罐温度与罐外环境温度不同，而使发酵液通过罐体向外辐射的热量。辐射热的大小取决于发酵罐内外温度差的大小，也受环境温度变化的影响。

发酵周期内生物热的产生具有明显的阶段性。在发酵初期，微生物处于适应期，细胞数量较少，呼吸作用缓慢，产生热量就较少；而当微生物处于对数生长期时，细胞活力旺盛，呼吸作用激烈，且细胞数量以对数增长，大量产热，导致发酵液温度升高较快；发酵后期，细胞逐步衰老，代谢减弱，产热不多，温度变化不大。另外，发酵过程中生物热又随培养基成分的不同而变化，在相同条件下，培养基的营养成分越丰富，产生的生物热就越大。

微生物的生长和代谢产物的合成都是在各种酶的催化下进行的，温度是保证酶活力的重要条件，对发酵的影响是多方面且错综复杂的，具体表现如下几点：

① 微生物的生命活动可以看作是连续进行酶反应的过程，任何反应都与温度有关，温度直接可以影响微生物的生命活动。在低温环境中，微生物生长延缓甚至受到抑制；在高温环境中，微生物细胞的蛋白质易变性，酶活性易遭受破坏，故微生物易衰老甚至死亡。各种微生物在一定的条件下都有一个最适的生长温度范围，由于微生物所具有的酶系的差异，不同微生物的最适生长温度范围也会有差异。同一种微生物所处的生长阶段不同，其对温度的反应也不一样。处于延滞期的细菌对温度的反应十分敏感，将其置于最适的生长温度下培养，可以缩短生长的延滞期；若在低于最适生长温度下培养，延滞期就会延长。在最适的生长温度范围内，提高温度对处于生长后期的细菌生长速度影响则不明显。

② 温度对产物合成有影响。细胞内产物合成是一系列酶促反应的结果，产物合成需要一个最适温度范围。从酶反应动力学来看，在最适合成温度范围内升高温度，就可加快反应速度。从整个发酵过程来看，提高温度可促使产物提前生成，但酶本身极易因过热而失活，温度愈高失活愈快，表现为细胞过早衰老，基质有可能还没有被消耗完就过早结束发酵，导致发酵产量不高。另外，温度对某些微生物具有调节作用，例如，采用温度敏感型菌株发酵谷氨酸时，提高发酵温度可使生长型细胞向代谢型细胞转变，并促进细胞膜的渗透性，有利于谷氨酸的合成。

③ 温度还可以改变培养液的物理性质，从而间接影响微生物细胞的生长。例如，温度通过影响培养液中的溶解氧浓度、氧传递速率、基质的分解速率等而影响发酵。

（2）温度控制原则　发酵过程中应控制温度于发酵的最适温度，所谓发酵的最适温度是指该温度最适合于微生物的生长或发酵产物的生成。最适温度是一种相对的概念，不同微生物的发酵最适温度有可能不同，即使同一种微生物在不同发酵阶段的发酵最适温度也有可能不同，或有可能在不同培养条件下的发酵最适温度不同。为了使微生物的生长速度最快和代谢产物的产率最高，在发酵过程中必须根据微生物菌种的特性及其在不同阶段对温度的需求而选择不同的温度，即在菌体的生长阶段，控制发酵温度在菌体最适生长温度范围内，以利于菌体生长；在产物形成阶段，控制发酵温度在产物最适生成温度内，以利于产物的生成。一般情况下，谷氨酸生产菌的最适生长温度是32～34℃，最适谷氨酸合成温度是36～37℃，由于两个阶段最适温度不同，故生产上采用多级温度控制的方法，即在不同发酵阶段控制不同的发酵温度，既要保证菌体的适度生长，又要保证谷氨酸的大量合成。

有时，发酵温度的选择还必须综合考虑其他发酵条件。例如，发酵温度与培养基成分、浓度有一定关系，当使用较易利用的培养基或培养基的浓度较稀时，应适当降低发酵温度，以免营养物质过早被耗尽而导致微生物细胞过早自溶。若溶解氧不足时，应适当降低发酵温度，这是由于在较低温度下，氧的溶解度相应要大一些，同时微生物的生长速度也比较小，从而弥补了因通气不足而造成的代谢异常。

3. pH 控制原理

(1) pH 变化原因及其对发酵的影响　发酵环境的 pH 变化是微生物代谢反应的综合结果，取决于培养基的组成、微生物的代谢特性和培养条件。培养基中碱性物质的消耗和酸性物质的生成可引起 pH 下降，而酸性物质的消耗和碱性物质的生成可引起 pH 上升，另外，其他发酵条件的改变、菌体自溶以及杂菌污染也会引起发酵液 pH 的变化。例如，在正常情况下，谷氨酸发酵中培养基的碳源不断被氧化为有机酸，氮源不断被消耗，以及谷氨酸不断地积累，发酵液的 pH 有不断下降的趋势。

微生物都有其生长和生物合成最适和耐受 pH。一般微生物能在 3 ~4 个 pH 单位的范围内生长，如细菌一般适宜在 pH6.5 ~7.5 的范围内生长，在 pH5.0 以下或 pH8.5 以上一般不能生长；酵母能在 pH3.5 ~7.5 的范围内生长，最适 pH 为4 ~5；霉菌生长的 pH 范围较宽，一般为 pH3.0 ~8.5，最适 pH 为 5 ~7。微生物生长和代谢都是酶反应的结果，但所起作用的酶种类不同，故代谢产物的合成也有其最适 pH 范围。如果发酵环境的 pH 不合适，则微生物的生长和代谢就会受到影响。

pH 对发酵的影响主要体现在如下几点：

① pH 影响酶的活力。细胞内的 H^+ 或 OH^- 能够影响酶蛋白的电荷状况和解离度，改变酶的结构和功能，引起酶活性的改变。发酵液中的 H^+ 或 OH^- 首先作用在胞外的弱酸（或弱碱）上，使之形成容易透过细胞膜的分子状态的弱酸（或弱碱），它们进入细胞后，再解离产生 H^+ 或 OH^-，从而影响酶的结构和活力，因此，发酵液中的 H^+ 或 OH^- 是通过间接作用来影响酶的活力的。在适宜的 pH 下，微生物细胞中的酶才能发挥最大的活力，否则，某些酶的活力将受到抑制，从而影响到微生物的生长繁殖和新陈代谢。

② pH 影响到细胞膜所带的电荷，改变了细胞膜的通透性，从而影响微生物对营养物质的吸收和代谢产物的排出。许多生化反应都与细胞膜的通透性有密切关系，故 pH 对微生物的生理作用影响极大。

③ pH 影响培养基某些组分和中间代谢产物的解离。培养基某些组分和中间代谢产物的解离与发酵环境的 pH 关系密切，pH 的变化可影响这些物质的解离，

进而影响微生物对它们的吸收利用，对产物合成将产生显著的影响。

④ pH 的变化往往引起菌体代谢途径的改变，使最终代谢产物的合成量发生改变。例如，谷氨酸生产菌在中性和微碱性条件下积累谷氨酸，在酸性条件下形成谷氨酰胺。

（2）pH 控制原则　在发酵过程中，各种生物化学反应都在不断地改变发酵液的 pH，使 pH 不断波动。当外界 pH 变化较大时，微生物的 pH 自身调节能力就显得十分微弱。为了达到获取发酵产物的目的，必须根据发酵过程中 pH 变化规律，人为地调节发酵液 pH，使微生物能在最适 pH 范围内生长、繁殖和代谢。由于发酵是多酶复合反应体系，各种酶的最适 pH 是不同的，导致微生物生长和产物合成阶段的最适 pH 往往不一样，应根据不同发酵阶段的最适 pH 分别进行控制。

调节和控制发酵液 pH 的方法应根据具体情况加以选择。例如，首先考虑培养基各种生理酸性物质和生理碱性物质的适当配比，甚至可加入磷酸盐等缓冲溶液，使培养基具有一定的缓冲能力。但是，这种缓冲能力毕竟有限，通常在发酵过程中直接补加酸性溶液或碱性溶液来调节 pH，尤其是直接补加生理酸性物质或生理碱性物质，不但可以调节 pH，而且可以补充营养物质。例如，谷氨酸发酵生产中需要大量的氮源物质，通常采用补加尿素或液氨来达到调节 pH 和补充氮源的目的。

调节 pH 时，应尽量避免发酵液的 pH 波动过大造成对菌体的不良影响。补加法调节 pH 有间歇添加和连续流加两种方式。连续流加可使发酵液 pH 相对稳定；若采用间歇添加法调节 pH，应遵循少量多次添加的原则，即每次添加量较少，添加间隔时间较短，而添加次数较多，这样发酵液的 pH 波动范围较窄。为了避免发酵液局部过酸或过碱，通常借助机械或空气搅拌使补进的酸性溶液或碱性溶液尽快与发酵液混匀。

4．泡沫控制原理

（1）泡沫形成原因及其对发酵的危害　在好氧发酵中，不断通入大量的无菌空气，同时进行剧烈搅拌，且微生物细胞生长代谢和呼吸不断排出气体（如氨气、CO_2等），以及发酵液中含有蛋白质、糖和脂肪等容易稳定泡沫的物质存在，将会产生一定量的泡沫。其中，发酵液的理化性质对泡沫的形成起决定性作用。当气体在纯水中鼓泡，生成的气泡只能维持瞬间，其稳定性等于零，而发酵液中的玉米浆、皂苷、糖蜜等所含的蛋白质以及菌体本身具有稳定泡沫的作用。多数起泡剂就是表面活性物质，它们具有一些亲水基团和疏水基团。分子带极性的一端向着水溶液，非极性一端向着空气，并力图在表面做定向排列，增加了泡沫的机械强度。起泡剂分子一般是长链形的，其烃链越长，链间的分子引力越大，膜的机械强度就越大。蛋白质分子中除了分子引力外，在羧基和氨基之间还有引力，故形成的液膜比较牢固，泡沫比较稳定。

泡沫形成有一定规律。泡沫的多少既与通风量、搅拌的剧烈程度有关，又与培养基所用原材料的性质有关。通常情况下，泡沫随着通气量和搅拌速度的增加而增加，搅拌引起泡沫的作用比通气明显。发酵培养基中的蛋白质原料，如蛋白胨、玉米浆、黄豆粉、酵母粉等是主要的发泡物质，其含量越多，越容易起泡。葡萄糖的发泡能力较低，培养基中糖类含量多时，发酵液的黏度增大，可使泡沫持久稳定；若葡萄糖液带来的糊精含量较高，也容易起泡。

培养基的灭菌操作和其他发酵条件也会影响到泡沫的产生。例如，培养基的组分在灭菌过程中发生变化，使发泡物质增多或减少，或使培养基黏度增大或减小，可直接影响到发酵过程中泡沫的形成。同时，发酵条件如温度、pH 对泡沫的形成以及稳定性也有一定的影响。

菌体本身具有稳定泡沫的作用，发酵液的菌体浓度越大，发酵液越容易起泡且泡沫持久稳定。如果发酵污染杂菌或噬菌体，或发酵控制不当，菌体自溶严重，泡沫将会特别多。

总之，在正常的发酵过程中，随着发酵进行到一定时间，菌体浓度增多，通气量增多，搅拌加速，代谢气体逸出量增多，代谢产物的积累以及补料使发酵液的黏度增大，泡沫也将增多。

对于通气发酵过程来说，产生一定数量的泡沫是正常现象，但持久稳定的泡沫过多，将给发酵带来许多负面影响。过多泡沫产生，若消除不及时，将造成大量逃液，导致产物的损失和周围环境的污染。若泡沫从搅拌的轴封渗出，将增加发酵染菌的机会。泡沫增多使发酵罐的装填系数减少。持久稳定的泡沫影响通气搅拌的正常进行，使溶氧效果降低，同时代谢气体不容易排出，影响菌体的正常呼吸作用，程度严重时可导致菌体自溶，将会形成更多的泡沫。泡沫液位上升后，将使部分菌体粘附在发酵液面的罐壁上，不能及时回到发酵液中，使发酵液中菌体量减少，影响发酵的产率。为了消除泡沫，通常加入消泡剂，过多的消泡剂将给产物提取带来困难。

（2）泡沫控制原则　根据泡沫形成的原因与规律，可从生产菌种本身的特性、培养基的组成与配比、灭菌条件以及发酵条件等方面着手，预防泡沫的过多形成。当泡沫大量产生时，必须予以消除。发酵工业上消除泡沫的常用方法有机械消泡和化学消泡两种。

机械消泡是一种物理作用消除泡沫的方法，借助机械的强烈振动或压力的变化促使泡沫破碎。机械消泡的形式有很多种，最简单的一种形式是在发酵罐内将泡沫消除，即在搅拌轴的上部安装耙式消泡器，当耙式消泡器随着搅拌轴转动时，可将泡沫打碎。为了提高机械消泡的效率，工程技术人员致力于各种高效消泡装置的研制，使多种罐外机械消泡装置应用于生产，所谓罐外机械消泡，即是将泡沫引出发酵罐外，通过喷嘴的加速作用或利用离心力消除泡沫后，液体再返回罐内。这些罐外机械消泡装置有旋转叶片消泡装置、旋转圆板消泡装置、旋转框消泡装置、喷雾器、旋风分离器、旋击分离器等。

化学消泡是使用化学消泡剂消除泡沫的方法。化学消泡剂通常是一种表面活性剂，其表面张力比发酵液的发泡物质低，当消泡剂接触气泡的膜面时，可降低气泡膜面局部的表面张力，由于力的平衡受到破坏，气泡便会破裂。当泡沫的表面存在着极性的表面活性物质而形成双电层时，加入带相反电荷的强极性消泡剂，可以与起泡剂争夺液膜上的空间，并可降低气泡膜面的机械强度，从而使泡沫破裂。当泡沫的液膜具有较大的表面黏度时，加入某些分子内聚力较弱的物质，可降低膜的表面黏度，促使液膜的液体流失而使泡沫破裂。发酵过程中泡沫形成的原因很多，故化学消泡的机理也具有多种，应根据泡沫的特性选用化学消泡剂进行消泡，良好的化学消泡剂同时具备降低液膜的机械强度和表面黏度两种性能。

化学消泡是发酵工业上应用最广的一种消泡方法，其优点是消泡作用迅速可靠，但消泡剂用量过多会增加生产成本，且有可能影响菌体的生长及代谢，对产物的提取、精制不利。因此，生产实践中通常联合采用高效的机械消泡装置与化学消泡剂进行消泡，尽可能减少化学消泡剂用量，以达到消除泡沫目的为度。

5. 补料控制原理

（1）补料的作用　在分批发酵中，为了提高单罐发酵产量，通常需要适当提高菌体浓度，意味着在菌体生长阶段消耗的营养物质会增多，用于合成代谢产物的剩余营养物质量是否足够显得十分关键。若剩余的营养物质不足，菌体会过早衰老、自溶，发酵产量会降低；若剩余的营养物质仍较丰富，可推迟生产菌的自溶期，并延长产物合成期，使产量大幅度提高。

但是，根据米氏方程，当营养基质的初始浓度增加到一定程度时，可能发生某一种基质对菌体产生抑制作用，使延滞期延长，比生长速率减小，导致菌体浓度和发酵产量下降。例如，当谷氨酸发酵的葡萄糖初始浓度超过200g/L时，菌体生长受抑制严重，对发酵的不良影响较为显著。因此，为了获得较高的单罐发酵产量，应控制基础培养基的基质浓度于适当水平，可以避免限制性底物的抑制作用，然后通过补料方式来提高发酵罐中基质的投入量，从而提高产量。

另外，基础培养基的基质浓度过高，发酵早期培养基的黏度就会较大，泡沫也会过早、过多地形成，不利于氧的传递以致溶解氧下降，给发酵带来不利。采用发酵过程中补料的方法可以较好地解决这个矛盾，达到提高单罐发酵产量的目的。

（2）补料控制原则　一般情况下，当限制性底物在发酵过程中处于贫乏时，即需及时补加。补料控制是否恰当，关键在于掌握适当的补料时间、补料速率和补料配比。

生产实践中，生产菌的形态、发酵液中残糖浓度、溶氧浓度、尾气中的氧和

CO_2含量、摄氧率、呼吸商等的变化都可以作为补料时间的判断依据。对于部分生长耦联型的谷氨酸发酵，正常的补料主要是补加碳源和氮源，补料的起始时间通常掌握在残留底物处于较低浓度时，而碳源的起始补加时间最好掌握在微生物细胞进入谷氨酸合成期以后。如果在微生物生长时期就开始进行补加碳源，由于工业淀粉制备的葡萄糖液含有一定量生物素，容易引起生物素缺陷型菌株的过度生长，会推迟细胞由生长型向生产型转化的时间，发酵不易控制，对谷氨酸合成不利。

补料速率可通过控制料液流量来控制。为了避免底物浓度波动造成不良影响，补料时应注意控制料液流量，使残留底物浓度相对稳定。若补料速率控制不当，残留底物浓度波动较大，或残留底物浓度一直维持过高，对微生物生长及代谢均有影响。尤其是发酵后期，如果残留底物浓度控制较高，发酵结束时的残留底物浓度容易失控，对发酵收率和产物提取都不利。正常情况时，底物消耗速率具有一定规律，可通过大量实践摸索这一规律，根据底物消耗规律、该批发酵中已发生的底物消耗速率以及残留底物浓度，可以估算即将发生的底物消耗速率，从而确定补料速率。

微生物的生长、代谢总是要求培养基的营养成分有一个合理的配比。通过补料，可以改变产物合成期的培养基营养成分配比，使之适宜产物合成。控制补料配比包括两方面：一方面是所补料液的配比，另一方面是所补料液的流量。一般情况下，根据发酵的辅助设备以及工艺状况，尽可能要求所补料液的浓度较高，以便在有限的发酵容积内能够补加更多底物，从而提高单罐产量。例如，许多谷氨酸发酵工厂采用高浓度（一般为450~600g/L）的葡萄糖液进行补加。补加多种料液时，每一种料液的浓度以及流量都要严格控制，才能使培养基营养成分配比合理。

五、谷氨酸发酵指标

衡量谷氨酸发酵水平高低的标准是单位容积发酵罐在单位时间内的谷氨酸产量及其生产成本，这一标准受许多因素影响，包括菌种及其扩培、淀粉制备葡萄糖、培养基灭菌操作、发酵罐灭菌操作、发酵控制操作、发酵设备以及辅助设施等。其中，发酵工序的工艺指标主要有：产酸水平、转化率、发酵周期以及放罐体积等，这些指标直接影响到谷氨酸产量以及部分生产成本，需对它们进行综合评价。

1. 产酸水平

产酸水平是指单位体积发酵液所产的谷氨酸量，通常用g/L或g/100mL来表示。在放罐体积相等的情况下，产酸水平越高，其单罐产量越大。提高单罐产量高，有利于降低发酵生产中电、蒸汽、水及劳资等方面的单耗。单罐产量可计算如下：

$$单罐的谷氨酸产量 = 产酸水平 \times 放罐体积$$

2．放罐体积

放罐体积是指发酵结束以后移交给提取工序的发酵液体积，通常以 m^3 或 L 来表示。在产酸水平相等的情况下，放罐体积越大，单罐产量越大。放罐体积可用下式来计算：

$$\text{放罐体积}=\text{基质体积}+\text{灭菌蒸汽冷凝水体积}+\text{种子液体积}+\text{补加物料的体积}-\text{排气带走水分的体积}$$

3．发酵转化率

发酵转化率是指谷氨酸产量与葡萄糖投入总量的百分比值。转化率越高，意味着谷氨酸生产所消耗的葡萄糖量越小，有利于降低淀粉原料的消耗。转化率计算式如下：

$$\text{糖酸转化率}=\frac{\text{谷氨酸产量}}{\text{葡萄糖的投入总量}}\times 100\%$$

$$=\frac{\text{产酸水平}\times\text{放罐体积}}{\text{种子用糖量}+\text{发酵培养基用糖量}+\text{补加糖量}}\times 100\%$$

以工业淀粉为谷氨酸发酵材料时，由发酵转化率和糖化率可以计算出谷氨酸生产中的淀粉单耗，即：

$$\text{谷氨酸生产的工业淀粉单耗}=\frac{1}{\text{发酵转化率}\times\text{糖化率}}\div\text{工业淀粉的含量}$$

4．发酵周期

发酵周期是指发酵开始至结束整个过程的时间，用 h 来表示。发酵周期是一个发酵操作周期的主要部分，直接影响到发酵罐的周转率，从而影响到发酵产量。一个操作周期可用下式来表示：

一个操作周期＝培养基灭菌、降温的时间＋发酵罐空消的时间＋接种的时间＋发酵周期＋放罐时间＋其他辅助时间（如洗罐、拆检阀门等时间）

由发酵周期可计算出一个操作周期，从而可计算出 1 个发酵罐在一个月或一年内生产的罐数，例如：

$$1\text{ 个发酵罐在 30d 内的发酵批数}=\frac{24\times 30}{\text{一个操作周期}}$$

任务1　溶解氧的控制

1．溶解氧电极的使用与维护

（1）工作原理　谷氨酸生产菌是好氧微生物，其氧化酶系存在于细胞内原生质中，只能利用溶解于液体中的氧，故菌体生长、繁殖以及代谢受到溶解氧浓度的直接影响。当前，在线检测发酵液中溶解氧主要采用溶解氧电极的检测器。常用的溶氧电极有电流电极和极谱电极，二者都是用膜将电化学电池与发酵液隔开，而膜仅对 O_2 有渗透性，其他可能干扰检测的化学成分则不能通过。典型的极谱电极的构造如图 4－6 所示。

电流电极的电化学池由金属阴极（Ag或Pt）和金属阳极（Pb或Sn）组成，两者都浸在电解质溶液中，常用的电解质是乙酸铅、乙酸钠和乙酸混合液。由于电流电极采用碱性较强的金属（如锌、铅、镉等）作阴极，使两极所产生的电压足以在阴极表面自发降低氧，因而不需要在电极上降低氧的外部电源。例如，银－铅电流电极的电化学反应为：

阴极：$O_2 + 2H_2O + 4e \rightarrow 4OH^-$

阳极：$Pb \rightarrow Pb^{2+} + 2e$

总反应式：$O_2 + 2Pb + 2H_2O \rightarrow 2H_2O + 2Pb(OH)_2$

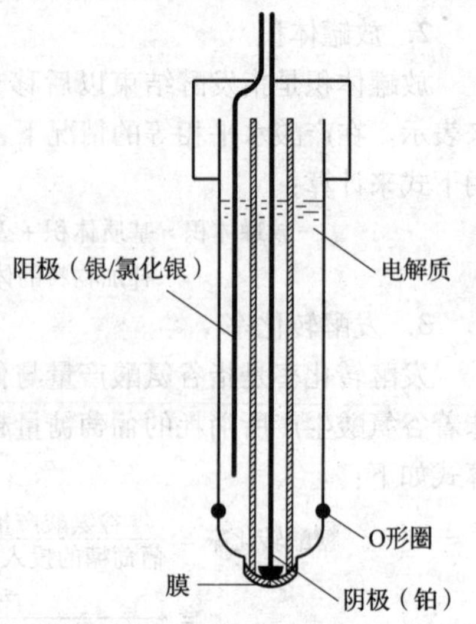

图4－6　极谱电极的构造图

极谱电极与电流电极不同，它由阴极（Au或Pt）和金属阳极（Ag或AgCl）组成，电解质可用KCl溶液，需在阴极和阳极之间外加一个负偏压，这样氧可在阴极被还原，反应如下：

阴极：$O_2 + 2H_2O + 2e \rightarrow H_2O_2 + 2OH^-$

$H_2O_2 + 2e \rightarrow 2OH^-$

阳极：$Ag + Cl^- \rightarrow AgCl + e$

总反应式：$4Ag + O_2 + 2H_2O + 4Cl^- \rightarrow 4AgCl + 4OH^-$

O_2通过渗透膜从发酵液扩散到检测器的电化学电池，在阴极被还原时会产生可检测的电流或电压，这与O_2到达阴极速率成正比例。如果忽略传感器内所有动态效应，O_2到达阴极的速率与氧气跨膜扩散速率成正比，如果膜内表面的氧浓度可以有效地降为零，则扩散速率仅与液体中的溶解氧浓度成正比，从而使电极测得的电信号与液体中的溶解氧浓度正比。溶解氧电极实际上检测的是氧平衡分压，而不是直接检测溶解氧浓度，但可以根据气体中氧平衡分压与发酵液的实际溶解氧浓度之间的Henry定律关系，推导出发酵液中溶解氧的真实浓度。

（2）安装、灭菌与校准　溶解氧电极需在灭菌前插入且密封到发酵罐中，安装位置应使发酵液能够浸没电极，且处于具有较高液体流速的区域。如果电极位于液体流动的死角，微生物会在膜表面生长，从而影响电极检测的准确度。

溶解氧电极应能够耐受高温灭菌，安装后，可通过空罐灭菌或实罐灭菌来实现对溶氧电极的灭菌。灭菌过程中，需要将电极的导线进行短接，这有助于从电极内除氧（也称为“去极化”），否则要想得到正确读数需要几个小时的稳定期。

在向发酵罐接种前，需要对溶解氧电极进行校准。通常采用线形校准，包括零点和斜率的调节。

零点是在向发酵罐中充入大量的 N_2 后进行设定，最好在灭菌后立即进行，因为灭菌过程中已除去大量可溶性气体。但是，大多数溶解氧电极在零点氧（不含氧）时的输出值接近于零电位，因此无须进行零点校准。如果在极低的溶解氧张力下设定时，需将电极的一根导线断开，将电流设置为零。

发酵行业通常采用空气饱和度（%）来表示电极法检测的溶解氧浓度，以灭菌后的培养基在一定温度、罐压、通气搅拌的条件下被空气100%饱和为满刻度。因此，满刻度校准应该在培养基灭菌后、接种前，在操作温度下，以及大量通气与充分搅拌时进行，此时将信号输出调节至100%，即可完成校准。

溶解氧电极经校准后，即可进行在线检测，直至发酵结束。在发酵过程中，不能对电极进行重新设置和校准，否则会改变原来的标定值。

（3）维护

① 应定期清洗溶解氧电极，一般每次发酵结束或使用1~2周后清洗1次，防止膜片上有污染物而影响检测的准确度。清洗时应注意不要损坏膜片。

② 电解质在灭菌、使用等过程中会有损失，需定期更换；如果发现电极泄露，就必须及时更换电解质。

③ 当测量范围调整不过来时，就需要对溶解氧电极进行再生。电极再生包括更换内部电解质、更换膜片、清洗电极等。一般使用1年左右再生1次。

2. 谷氨酸发酵的溶解氧控制

在谷氨酸发酵的操作条件下，发酵液中氧的饱和溶解度通常在0.32~0.40mmol O_2/L，这样的溶解度一般只是菌体20s左右的需氧量。因此，发酵过程必须不断通入无菌空气和搅拌，才能满足生产菌在不同发酵阶段对氧的需求。生产实践中，溶解氧控制一般通过调节通气量、调节搅拌转速及调节罐压来完成。

（1）调节通气量　发酵及其配套设备一旦经过设计、加工、安装后，在实际运行中，许多影响供氧效果的因素基本固定不变，调节通气量就成为溶解氧控制的主要手段。如图4-7所示，通过调节发酵罐的进气阀门以及排气阀门的开度可完成调节通气量的操作，从而满足微生物在不同发酵阶段的需氧量。

生产实践中，通气量的描述有两种：一种是直接以空气流量大小来表示，其单位为 m^3/h 或 m^3/min；另一种是用通气强度（又称通气比）大小来表示，即每立方米发酵液中每分钟通入的空气体积，单位是 m^3/（m^3·min）。测量通气量的空气流量计通常有转子流量计、电磁流量计等，转子流量计简便价廉，得到广泛的应用，但一般按20℃、103.32kPa状态下的空气来刻度，实际使用中应加以校正；电磁流量计是属于质量流量型的流量计，测量较为准确。

通过生产实践，可摸索出谷氨酸发酵过程中溶解氧的变化规律，以便指导通气量的控制。以项目1中的谷氨酸发酵培养基进行发酵，相对溶解氧与通气比的变化曲线如图4-8所示。发酵前期，随着菌体生长，溶解氧逐步降低，需逐步

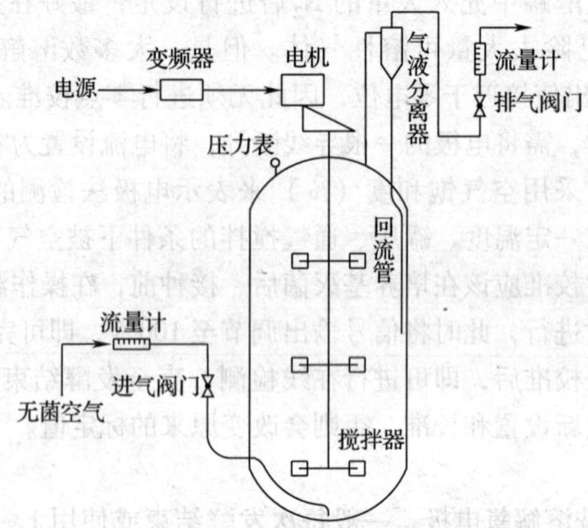

图 4－7　调节通气量和调节搅拌转速的示意图

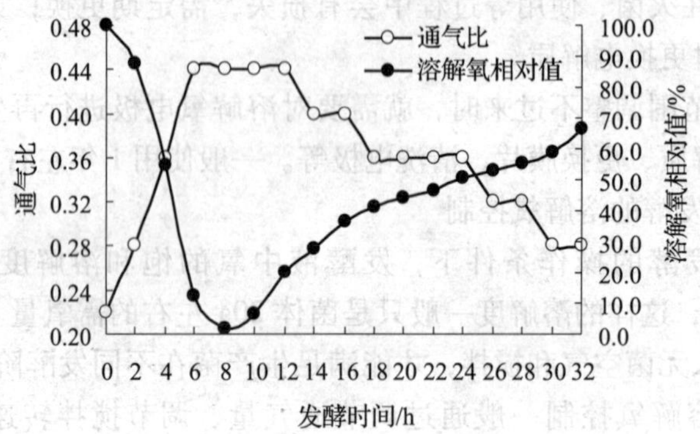

图 4－8　通气比与溶解氧相对值的变化曲线

（注：图中通气比以发酵初始体积为计算基准）

提高通气量，以满足菌体生长的需氧量。在菌体对数生长的后期，菌体数已趋于最高值，部分细胞开始由生长型向生产型转化，此时需氧量达到最高，溶解氧电极的显示值趋于零，因而需将通气量调节至整个过程的最高值。在细胞转化期，菌体活力旺盛，呼吸强度很大，且持续几个小时，这个阶段的通气量需维持在最高值。发酵中期，细胞已完全转化，转化较早的细胞逐渐出现活力衰减，需氧量因此逐渐减小，溶解氧电极的显示值逐渐上升，通气量也应逐渐减小。发酵后期，活力衰减的细胞越来越多，需氧量继续减小，通气量仍需逐步减小，此时期既要满足谷氨酸合成的需氧量，又要避免因溶氧过高而加速菌体衰老。因此，整个过程的通气量控制采用了多级控制模式，逐步增大通气量、维持较高通气量、逐步减小通气量等调节是可循的规律，但是，各批次的调节点、调节度等方面不一定相同，需根据溶解氧测量值的变化而灵活控制，才能获得良好的发酵指标。

除了溶解氧相对值以外，其他因素变化还可以作为通气量的控制依据。例如，谷氨酸发酵中OD值和耗糖速率均有一定变化规律，两者的变化规律对通气量控制都有指导意义。谷氨酸发酵前期主要是菌体生长期，其OD值呈逐渐增大的趋势，由于需氧量与菌体数有正相关的关系，此阶段的通气量可根据OD净增值进行控制。随着OD净增值逐步增大，通气量也应逐步增大，当细胞开始转化（通过显微镜观察）时，OD值虽然未达到最大值，但菌体数已基本达到最大值，此时可将通气量控制为最大值，以满足菌体对溶解氧的需求。在细胞转化期，OD值仍继续增大，主要原因在于细胞体积伸长和膨胀，较难再以此时的OD值变化去指导通气量的控制；但是，菌体耗氧速率与耗糖速率也具有正相关的关系，根据耗糖速率可以确定通气量维持在最大值的时间。菌体细胞完全转化后，OD值和耗糖速率逐渐下降，但影响OD值下降的因素比较复杂，有补加糖液导致菌体浓度稀释的原因，也有菌体活力衰减的原因，且初始阶段的OD值下降幅度不明显，较难以OD值下降幅度作为调节通气量的依据，而是根据耗糖速率的下降情况来逐步降低通气量。

为了帮助学生掌握不同发酵阶段通气量的控制依据及规律，编者将从生产实践中总结出来的控制模式列举如下：图4－9所示为以净增OD值为依据控制发酵前期通气量的规律，图4－10所示为以耗糖速率为依据控制发酵中、后期通气量的规律。但是，各个工厂所用的菌株特性、发酵工艺、发酵罐溶解氧情况、耗氧速率以及OD值检测仪器等存在差异，因而具体控制模式应有所不同，各工厂需在生产实践中对OD值和耗糖速率的变化规律及其与通气量控制的关系进行长期摸索，并总结出适宜使用的控制模式。

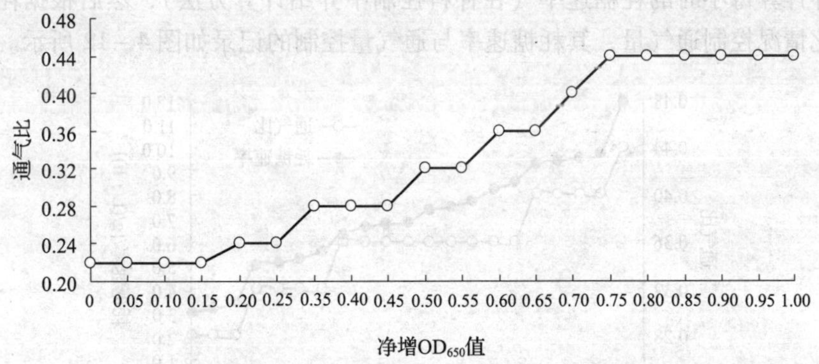

图4－9　以净增OD值为依据控制发酵前期通气量的规律

（注：净增OD值＝取样检测的OD_{650}值－发酵初始OD_{650}值）

在图4－8所示的发酵实例中，为了及时调节通气量，以满足发酵前期菌体生长的需求，一般间隔1h取样检测OD_{650}值，然后根据OD_{650}值变化情况进行控制通气量，其OD_{650}值变化与通气量控制的记录如图4－11所示。

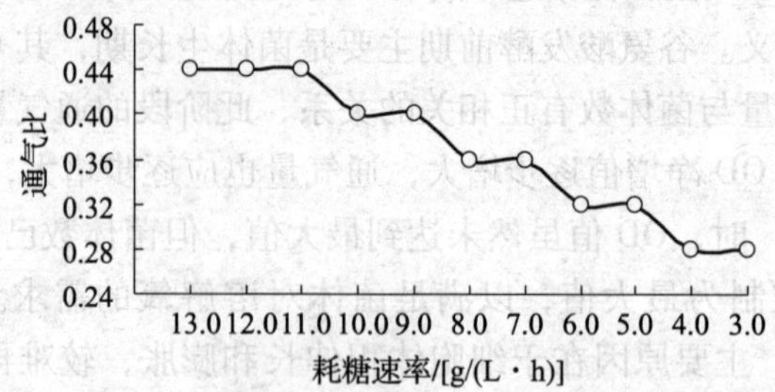

图4-10　以耗糖速率为依据控制发酵中后期通气量的规律

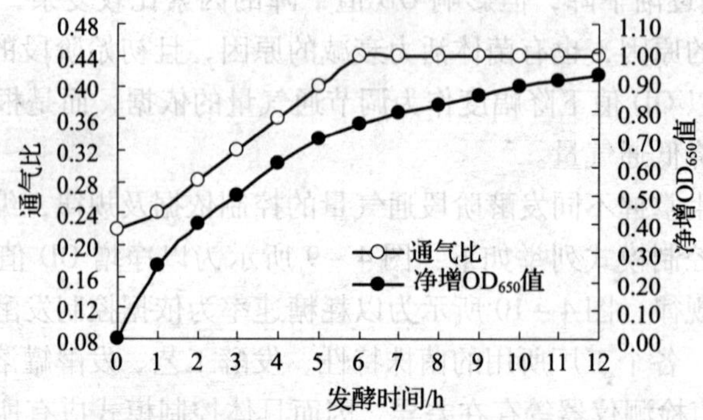

图4-11　实例中净增 OD_{650} 值与前期通气量控制的记录

在图4-8所示的发酵实例中，发酵中后期每隔1h取样检测发酵液的残糖浓度，并计算每小时的耗糖速率（在补料控制中介绍计算方法），然后根据耗糖速率变化情况控制通气量，其耗糖速率与通气量控制的记录如图4-12所示。

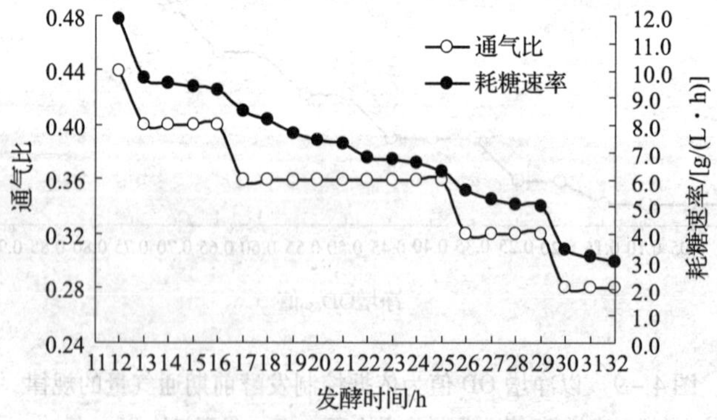

图4-12　实例中耗糖速率与中后期通气量控制的记录

（2）调节搅拌转速　小型发酵罐一般设有变频器，通过调节变频器，可调节搅拌转速，与调节通气量协调完成对溶解氧的控制，两者的协调控制规律需通过试验进行摸索。但是，在谷氨酸发酵生产实践中，通常采用皮带传动装置或齿轮减速机对电机进行减速，使搅拌转速达到设计要求，运行过程中搅拌转速一般不可调节。为了节约电能，在采用皮带传动装置或齿轮减速机的基础上，有些工厂增设了变频器控制电机的转速；在溶解氧需求量较小时，可通过调节变频器降低搅拌转速，以达到控制溶解氧与节约电能的目的。

（3）调节罐压　在小型发酵罐试验中，可采用通入纯氧的方法来改变空气中氧的分压，对提高发酵产率有明显的促进作用。但是，目前制备纯氧的成本较高，大规模发酵生产难以接受，一般采用调节罐压达到调节氧分压的目的。在罐压很低的情况下，适当提高罐压，对提高溶解氧有一定的效果。

罐压的调节可以通过调节总供气压力、进气阀门以及排气阀门来实现。总供气压力通常受配套空压机的供气能力限制，且从节能的角度考虑，不可能大幅度地提高总供气压力。因此，在一定的总供气压力下，调节发酵罐的进气阀门以及排气阀门，可使发酵罐维持一定的罐压，但调节幅度不会太大，特别是在通气量最大值时很难维持较高的罐压。一般情况下，谷氨酸发酵过程中的罐压维持在0.05～0.15MPa（表压）；当排气量较大时，罐压可调节幅度较小；当排气量较小时，罐压可调节幅度较大。

任务2　温度的控制

1．温度电极的使用与维护

目前，发酵温度常用玻璃温度计和PT100铂电阻制作的测温电极予以检测。

采用玻璃温度计时，需先将金属套管插入发酵罐并焊接固定在发酵罐壁上，再在金属套管内装有传热性好且不易挥发的液体介质，然后将玻璃温度计插入金属套管并浸泡于液体介质中，便可测量温度。

PT100铂电阻制作的测温电极是利用金属铂在温度变化时自身电阻值也随之改变的特性来测量温度的，例如，它在0℃时阻值为100Ω，在100℃时的阻值为138.51Ω，在150℃时的阻值为157.33Ω，而显示仪表将会指示出铂电阻的电阻值所对应的温度值。当被测介质中存在温度梯度时，所测得的温度是感温元件所在范围内介质层中的平均温度。只要将测温电极探入发酵罐并通过螺纹连接或焊接固定于罐壁上，即可检测发酵温度。

温度计、温度电极需定期校准，可采用冰水混合浴、沸水浴、专用电阻检测仪器或其他标准温度检测仪器进行校准，对测量不准的温度计、温度电极应及时予以更换。

2．谷氨酸发酵温度的控制

如图4－13所示，发酵工业上一般采用循环冷却水进行调节发酵温度，即冷水由冷水池泵送至发酵罐的热交换设备与发酵液进行热交换，然后回收到热水池，再泵送至冷却塔，经冷却后收集到冷水池，如此循环使用，由于蒸发作用，冷却水循环过程中会减少，需定期向该冷却系统定量补充水。

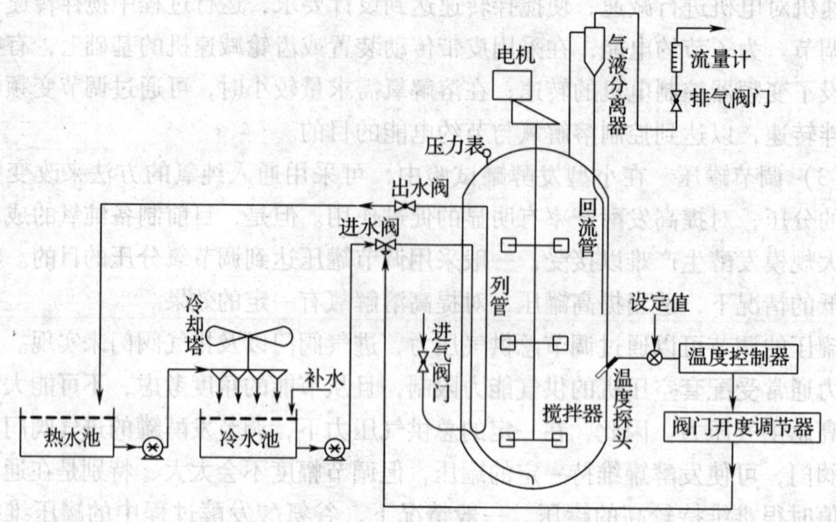

图 4－13　发酵罐采用循环冷却水降温示意图

在谷氨酸发酵前期的菌体生长阶段，应控制温度于最适生长温度范围（32～33℃）。在发酵中、后期，为了促进生产型细胞合成谷氨酸，应将发酵温度控制在最适生成温度范围内（36～37℃）。在菌体生长阶段与生产型细胞合成谷氨酸阶段之间，存在一个过渡时期，即菌体细胞转化期，为了促进生长型细胞的转化，以及促进已转化细胞生成谷氨酸，应将温度控制在最适生长温度与最适生成温度之间（33～36℃），并且宜逐级提高温度。在发酵最后几个小时内，由于菌体活力衰减不同步，仍有一部分菌体活力较强，为了让其在发酵结束前充分发挥作用，可适当将发酵温度提高至37℃以上，甚至可考虑在发酵前1h内，关闭冷却水，让发酵温度自然上升至40℃以上。因此，谷氨酸发酵温度控制是采用了一个多级温度控制模式。

为了帮助学生理解多级温度控制模式，编者通过图 4－14 将生产实践中总结出来的温度控制模式列举如下，图 4－8 所示的生产实例就是按照这个模式进行控制发酵温度的。但是，各个工厂的菌株特性、发酵工艺、发酵周期及菌体活力表现等情况不同，其温度控制模式应有所不同，需根据实际情况摸索各自适宜的控制模式，并在具体生产过程中进行灵活控制。

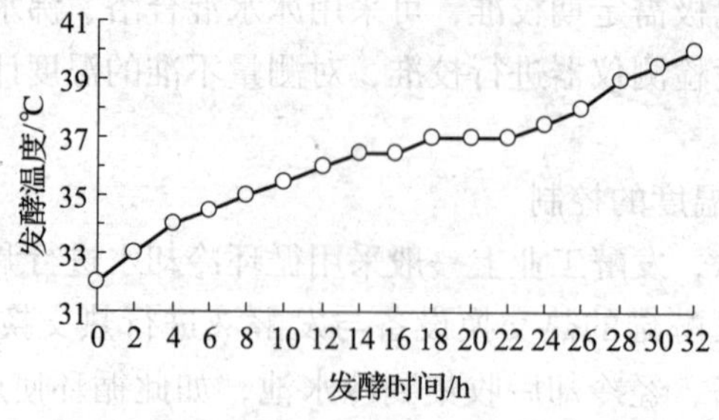

图 4－14　发酵温度多级控制模式

任务3　pH 的控制

1. pH 电极的使用与维护

（1）工作原理　pH 电极是一种产生电压信号的电化学元件，其内阻相当高，产生的电位只能由一种高输入阻抗的直流放大器来获取微量电流，以测量 pH。在线检测发酵 pH 需采用可灭菌的 pH 电极，如图 4－15 所示，pH 电极主要由电极球泡、玻璃支持管、电极帽、内部电极、参比电极、内部电解液、参比电解液、电极外壳、电极导线等组成。

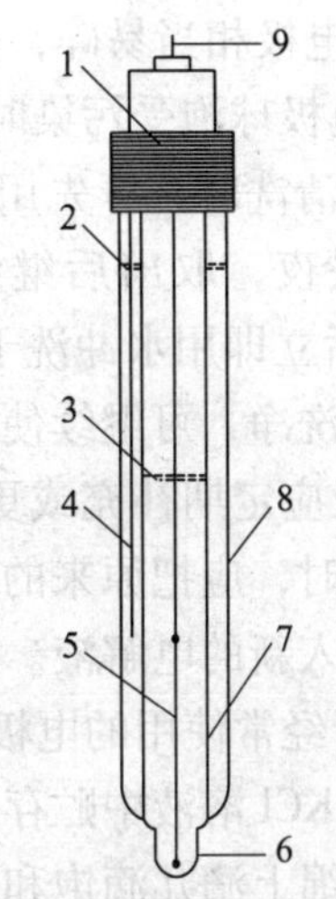

图 4－15　可灭菌 pH 电极的结构示意图

1—电极帽　2—参比电解液
3—内部电解液　4—参比电极
5—内部电极　6—电极球泡
7—玻璃支持管　8—电极壳管
9—电极导线

电极球泡是由 pH 敏感玻璃（如锂玻璃等）熔融吹制而成，膜厚度为 0.2～0.5mm。玻璃支持管支持电极球泡的玻璃管体，由绝缘性优良的铅玻璃制成，其膨胀系数应与电极球泡一致。内部电极为银/氯化银电极，主要作用是引出电极电位。参比电极是银/氯化银电极，其作用是提供与保持一个固定的参比电势。内部电解液是中性磷酸盐和氯化钾的混合溶液，内部电极和参比电极建立零电位的 pH 主要取决于内部电解液的 pH 和氯离子浓度。参比电解液为 3.3mol/L 的氯化钾凝胶电解质。电极壳管是支持电极、盛放参比电解液的壳体。电极导线为低噪音金属屏蔽线，内芯与内部电极连接，屏蔽层与参比电极连接。电极帽是密封电极壳管及固定电极导线的端盖，带有外螺纹和 O 形密封圈，用于将电极安装在发酵罐中。

pH 电极的基础部分是极薄的电极球泡，它可与水发生反应，形成厚度为 50～500mm的水合成凝胶层，存在于玻璃膜的两侧，凝胶层中的 H^+ 是流动的，外界溶液 pH 的变化会导致玻璃膜外表面的电位发生改变，而玻璃膜两侧 H^+ 活度的差会形成 pH 相关的电位。

（2）校准、安装与灭菌　在使用前，需在发酵罐外对 pH 电极进行校准，即先将 pH 电极与发酵过程中使用的 pH 计相连接，然后将电极浸没在一种或多种标准缓冲液中，按常规 pH 计校准步骤进行校准。一般采用两点校准方法，需采用两种标准缓冲液进行校准，先以 pH6.86 或 pH7.00 的标准缓冲液进行定位校准，然后根据发酵过程中 pH 控制范围，选用 pH4.00 或 pH9.18 的缓冲液进行斜率校正。

校准以后，通常先将 pH 电极加上不锈钢保护套，然后插入发酵罐中，并拧紧密封。安装后，通过空罐灭菌或实罐灭菌来实现对 pH 电极的灭菌。

（3）维护

① pH 电极相当易碎，需防止在安装与清洗过程中的机械损坏。

② 当电极球泡受污染时，会出现电极响应延迟或灵敏度下降，需对其进行清洗。一般清洗时，可先用 CCl_4 或皂液擦去表面污染物，再将电极置于蒸馏水中浸泡一昼夜，取出后继续使用。污染严重时，可用 5% HF 溶液浸泡 10～20min，然后立即用水冲洗干净，再将电极置于 10mol/L HCl 溶液中浸泡一昼夜，取出后用水洗净，可继续使用。

③ 电极应定期补充或更换电解液，一般 1 个月或 2 个月补充或更换一次。更换电解液时，应把原来的电解液全部放出，然后用少量新的电解液洗涤电极里面，最后注入新的电解液。

④ 对于经常使用的电极，每次使用结束后，需用去离子水洗干净，然后浸泡在饱和的 KCl 溶液中贮存。如果电极长期不使用，可在电极保护套中塞一块海绵，再在海绵上滴几滴饱和的 KCl 溶液，然后套在电极球泡上进行贮存，贮存过程中要保证电极保护套内湿润，避免电极球泡干燥。

2. 谷氨酸发酵 pH 的控制

在生产实践中，谷氨酸发酵 pH 的控制通常采用流加液氨的方式进行控制，一方面可调节发酵 pH 于适宜范围，另一方面可补充发酵所需氮源。如图 4－16 所示，一般情况下，液氨进入发酵罐的管道与通气管道连接，液氨与无菌空气混合后进入发酵罐。通过调节液氨管道上的阀门，可控制液氨流量，从而可控制发酵 pH。

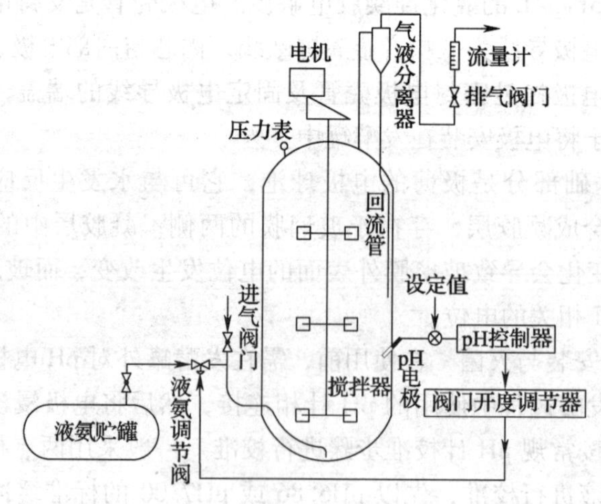

图 4－16　流加液氨控制发酵 pH 的示意图

对于液氨流加量的控制，发酵前期需考虑最适生长 pH 范围与菌体生长的氮源需要，而发酵中、后期需考虑谷氨酸合成的最适 pH 范围与氮源需要。因此，整个发酵过程中 pH 应控制在稍微偏碱性的状态。由于谷氨酸合成阶段的氮源需求量远大于菌体生长阶段，发酵中期控制的 pH 应高于发酵前期，且在时间推移过程中，液氨流加量应逐渐增大，pH 呈逐渐升高趋势；但是，随着发酵进入后期，菌体活力逐渐衰减，对氮源的需求量逐渐减少，此阶段的液氨流加量应逐渐减小，pH 呈逐渐降低趋势。在实际生产中，后续的谷氨酸提取多采用等电点法，为了节省提取工序的用酸量，放罐的发酵液宜稍微偏酸性，因此，临近发酵结束时可控制 pH 为 7.0～6.6。

为了帮助学生理解 pH 控制模式，编者通过图 4－17 将生产实践中总结出来的 pH 控制模式列举如下，图 4－8 所示的生产实例就是按照这个模式进行控制发酵 pH 的。但是，各个工厂的菌株特性、发酵工艺及发酵耗氧速率等具体情况不同，其 pH 控制模式应有所不同，需根据实际情况摸索各自适宜的控制模式，并在具体生产过程中进行灵活控制。

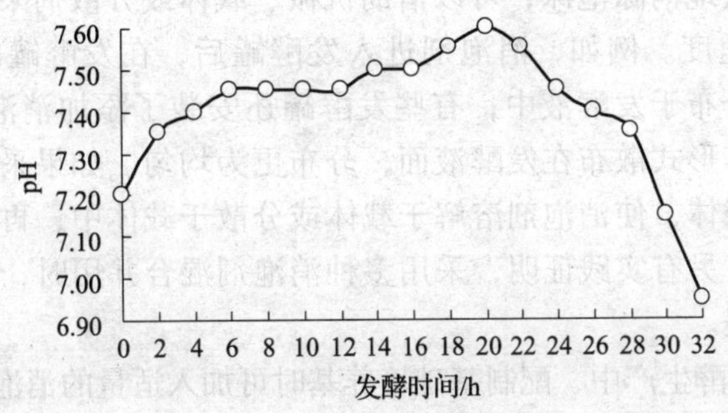

图 4－17　发酵 pH 控制模式

任务 4　泡沫的消除

1. 消泡剂的选择

控制泡沫首要任务是预防泡沫的过多形成，可从控制葡萄糖液质量、选择生产菌种、选择生产原料等方面入手；其次是采用有效方法消除发酵过程中形成的泡沫。目前的谷氨酸发酵生产中，通常采用机械消泡法与化学消泡法相结合进行消除泡沫，必须尽可能选用高效的机械消泡装置和消泡剂。对于一个发酵过程来说，机械消泡装置已定型，化学消泡操作就成为消除泡沫的关键。

根据发酵液性质、发酵工艺要求以及化学消泡机理，发酵选择消泡剂的一般原则如下：

（1）消泡剂必须是表面活性剂，具有较低的表面张力，消泡作用迅速，效率高。

（2）消泡剂具有一定的亲水性，在气－液界面有足够大的散布系数，能够迅速发挥消泡活性。

（3）消泡剂在水中的溶解度极小，能够保持持久的消泡或抑泡性能。

（4）对微生物、人、畜无毒害，不被微生物同化，对发酵无影响，不影响产物的提取和产品的质量。

（5）不干扰溶解氧、pH 等测量仪器的使用，不影响氧的溶解和传递。

（6）具有良好的热稳定性，能够耐受高温灭菌。

（7）消泡剂来源广泛，价格便宜。

发酵工业常用的消泡剂主要有聚醚类、硅酮类、天然油脂类、高级醇类等，谷氨酸发酵的消泡剂通常选用聚醚类和硅酮类。天然油脂类含有生物素，对生物素缺陷型菌株产谷氨酸有一定影响，因而谷氨酸发酵一般不选择天然油脂类作为消泡剂。

2. 消泡剂的使用与消泡操作

消泡剂的消泡效果与消泡剂的种类、性质以及使用方式等有密切关系。为了能够迅速有效地消除泡沫，可以借助机械、载体或分散剂来增强消泡剂在发酵液中的扩散速度。例如，消泡剂进入发酵罐后，在发酵罐的机械搅拌作用下，能够迅速分布于发酵液中；有些发酵罐还安装了添加消泡剂的专用装置，使消泡剂以喷雾形式散布在发酵液面，分布更为均匀。如果采用一些惰性液体作为消泡剂的载体，使消泡剂溶解于载体或分散于载体中，再用于消泡，增效作用较为明显。另有实践证明，采用多种消泡剂混合并用时，消泡效果比单一消泡剂明显增强。

在谷氨酸发酵生产中，配制基础培养基时可加入适量的消泡剂，一般添加量为0.3g/L左右，与培养基一起灭菌，在发酵前期起着一定的抑泡作用。在发酵过程中，是否需要添加消泡剂取决于形成的泡沫量，可从发酵罐顶部视镜进行观察，当涌起的泡沫高度到达视镜位置时，需添加适量消泡剂消除泡沫，每次添加量以能够消除泡沫为宜，尽量少加。

作为发酵过程中添加的消泡剂，通常与水按 1:（2～3）比例混合，经灭菌后，贮存于带搅拌的贮罐内，用无菌空气保压备用。使用消泡剂时，先对贮罐与发酵罐之间的管道进行灭菌，并开启贮罐搅拌，使消泡剂与水混合均匀，然后将消泡剂压入发酵罐顶部的一个小型计量罐内，小型计量罐起着掌握添加量的作用，再由小型计量罐将适量的消泡剂放进发酵罐进行消泡，消泡剂添加系统如图 4－18 所示。如果在消泡剂贮罐与发酵罐之间的管道上安装电磁流量计，可以不需要计量罐；若进一步安装自控装置，便可实现自动添加。

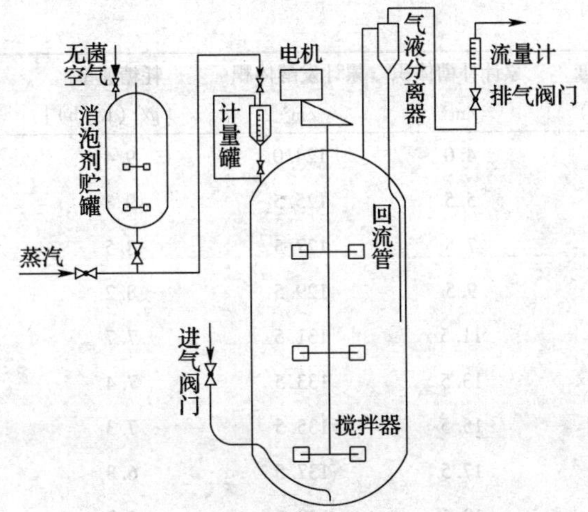

图4－18　消泡剂添加系统示意图

任务5　补料的控制

1. 耗糖速率计算与糖液补加量的控制

在谷氨酸发酵中，由于补加氮源物质是在pH控制过程中完成的，而补加碳源物质的操作就成为补料控制的主要任务。计算发酵过程中的耗糖速率，有助于了解微生物耗糖情况以及掌握耗糖规律，以便指导补加糖液的操作。耗糖速率可计算如下：

$$耗糖速率=\frac{上次补加糖液体积\times糖液浓度}{累计发酵体积}+上次取样的残糖浓度-本次取样的残糖浓度$$

为了帮助学生理解耗糖速率计算以及补加糖液量的控制，下面以图4－8所示实例进行说明，其中的残糖浓度、耗糖情况及补糖情况记录如表4－1所示。

表4－1　　实例的残糖浓度、耗糖情况及补糖情况记录

发酵时间 /h	残糖浓度 /（g/L）	累计补糖体积 /m^3	累计发酵体积 /m^3	耗糖速率 /［g/（L·h）］	备注
0	160.0	0	120.0	—	
2	—	0	120.0	—	
4	—	0	120.0	—	
6	—	0	120.0	—	
8	82.0	0	120.0	—	补加糖液的浓度
10	54.4	0	120.0	—	为480g/L
11	40.9	0	120.0	13.5	
12	29.0	0	120.0	11.9	
13	19.3	0	120.0	9.7	
14	19.6	2.5	122.5	9.5	

续表

发酵时间/h	残糖浓度/(g/L)	累计补糖体积/m^3	累计发酵体积/m^3	耗糖速率/[g/(L·h)]	备注
15	16.0	4.0	124.0	9.4	
16	12.4	5.5	125.5	9.3	
17	11.4	7.5	127.5	8.5	
18	10.6	9.5	129.5	8.2	
19	10.2	11.5	131.5	7.7	
20	10.0	13.5	133.5	7.4	
21	9.8	15.5	135.5	7.3	
22	10.0	17.5	137.5	6.8	
23	10.2	19.5	139.5	6.7	补加糖液的浓度为480g/L
24	10.4	21.5	141.5	6.6	
25	10.8	23.5	143.5	6.3	
26	10.2	25.0	145.0	5.6	
27	9.8	26.5	146.5	5.3	
28	9.6	28.0	148.0	5.1	
29	9.4	29.5	149.5	5.0	
30	9.2	30.5	150.5	3.4	
31	6.0	30.5	150.5	3.2	
32	3.0	30.5	150.5	3.0	

如表4-1所示，发酵15h的残糖浓度是16.0g/L，15~16h补加了1.5m^3的糖液，16h的残糖浓度是12.4g/L，16h的累计发酵体积是125.5m^3，那么发酵15~16h的耗糖速度是：

$$\frac{1.5\times480}{125.5}+16.0-12.4=9.3\ [g/(L\cdot h)]$$

根据实践中总结的耗糖规律，发酵16~17h的耗糖速率一般在8.0~9.0g/(L·h)，为了维持发酵17h的残糖浓度在10~12g/L，通过耗糖速率计算式子进行初步估算，发酵16~17h的糖液补加量应控制为2m^3左右。

2. 补加糖液的操作

补料操作的起始时间、应维持的残糖浓度、结束时间与最后的补加量是补料过程必须考虑的因素，它们与发酵具体表现、补料方式及补料系统配置有关。补料的起始时间一般掌握在残糖浓度为20~30g/L，但是，如果耗糖速度偏大，而补料速度偏慢，可将补料起始时间适当提前。补料过程中，残糖浓度一般维持在10~20g/L，如果耗糖速度偏大，而补料速度偏慢，可将残糖浓度维持在较高水平。补料结束时间与最后的补加量需根据残糖浓度、耗糖速度及发酵结束时间而定，补料结束时，要保证有足够糖分维持至发酵结束，又要使发酵结束时的残糖浓度尽可能低，不至于造成浪费。正常情况下，放罐时的残糖浓度宜控制在4g/L以下。

补料方式有间歇补料操作和连续补料操作两种形式。如果采用间歇补料方式，每次补加适量糖液后，残糖浓度都会升高，间隔一定时间后，由于菌体不断耗糖，残糖浓度再次下降到适宜水平，于是又要进行补加糖液，如此类推，直至发酵结束。如果采用连续补料方式，整个过程中糖液以适当流量连续进入发酵罐，需根据发酵具体表现及时调节流量，以维持残糖浓度在适宜范围内，并需掌握好补料的结束时间以及结束时的残糖浓度。

补料前，先将糖液贮罐与发酵罐之间的相关管道进行灭菌，然后通过无菌空气将糖液压入发酵罐，根据管道上的流量计显示值调节补料阀开度，以控制糖液流量。结束补加操作时，关闭糖液贮罐的底阀，用蒸汽将管道中残留糖液压入发酵罐，最后关闭发酵罐的补料阀。补料系统如图 4－19 所示。

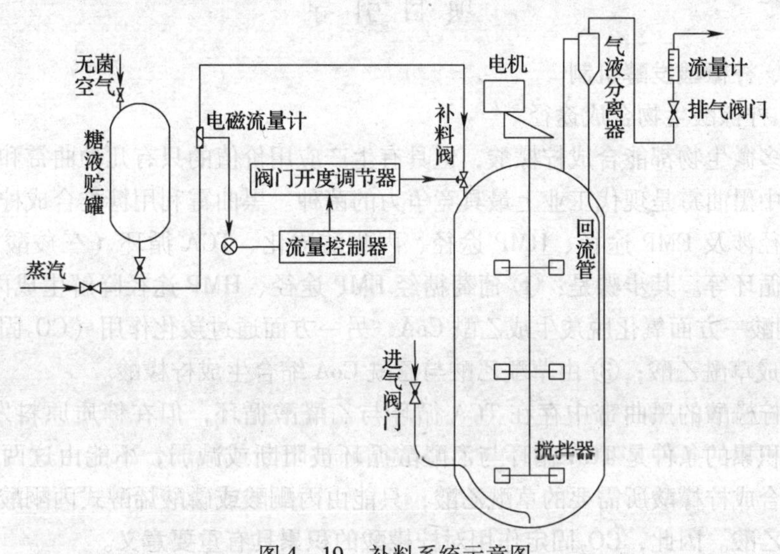

图 4－19　补料系统示意图

任务 6　放罐操作与发酵转化率的计算

1. 放罐操作

发酵放罐时，关闭液氨补加阀、糖液补加阀、消泡剂添加阀、进空气阀、排气阀以及冷却水管路上的阀门等，停止搅拌，开启发酵罐顶部的空气加压阀，使发酵阀压力上升至 0.15MPa 左右，然后打开发酵罐底部的放料阀，通过无菌空气将成熟发酵液压到提取工序的贮罐，即可完成放料操作。

2. 发酵转化率的计算

在图 4－8 所示的实例中，发酵周期为 32h，放罐体积为 150.5m^3，发酵液中谷氨酸浓度为 139.5g/L，谷氨酸产量可计算为：

$$139.5\times150.5\times1000=20995\ (kg)$$

由于补加了浓度为 480g/L 的糖液 30.5m^3，二级种子罐的投糖量为 600kg，发酵基础培养基的投糖量为 19800kg，总投糖量可计算为：

$$480\times30.5\times1000/1000+600+19800=35040\ (kg)$$

因此，发酵转化率可计算为：

$$\frac{20995}{35040}\times100\%=59.92\%$$

项目 4.2　柠檬酸发酵过程控制

柠檬酸发酵都是典型的好氧发酵，其发酵工艺可分为表面发酵工艺、固体发酵工艺和深层发酵工艺。这里主要介绍深层发酵工艺的过程控制。

项 目 引 导

一、柠檬酸发酵机制

1. 柠檬酸生物合成途径

很多微生物都能合成柠檬酸，但具有生产应用价值的只有几种曲霉和几种酵母，其中黑曲霉是现代工业上最具竞争力的菌种。黑曲霉利用糖类合成柠檬酸的生化途径涉及 EMP 途径、HMP 途径、丙酮酸羧化、TCA 循环（三羧酸循环）、乙醛酸循环等。其步骤是：① 葡萄糖经 EMP 途径、HMP 途径降解生成丙酮酸；② 丙酮酸一方面氧化脱羧生成乙酰 CoA，另一方面通过羧化作用（CO_2固定化反应）生成草酰乙酸；③ 由草酰乙酸与乙酰 CoA 缩合生成柠檬酸。

产柠檬酸的黑曲霉中存在 TCA 循环与乙醛酸循环，但在糖质原料发酵时，柠檬酸积累的条件是 TCA 循环与乙醛酸循环被阻断或减弱，不能由这两个途径来提供合成柠檬酸所需要的草酰乙酸，只能由丙酮酸或磷酸烯醇式丙酮酸羧化生成草酰乙酸。因此，CO_2固定作用对柠檬酸的积累具有重要意义。

由葡萄糖生成柠檬酸的理想途径如图 4－20 所示。

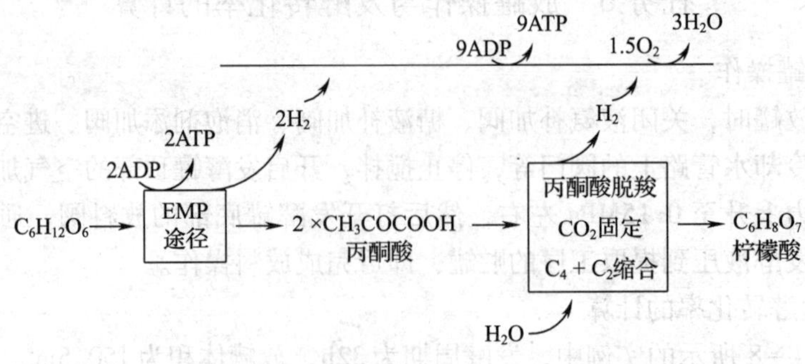

图 4－20　由葡萄糖生成柠檬酸的理想途径

其理论总反应式如下：

$$\underset{\text{葡萄糖}}{C_6H_{12}O_6} + 1.5O_2 + 11ADP \rightarrow \underset{\text{柠檬酸}}{C_6H_8O_7} + 2H_2O + 11ATP$$

由此可见，1mol 葡萄糖理论上可生成 1mol 柠檬酸，因而柠檬酸发酵对糖的理论转化率为：

$$\frac{192}{180} \times 100\% = 106.7\%$$

2. 柠檬酸生物合成的代谢调节机制

(1) 糖酵解与丙酮酸代谢的调节

① 磷酸果糖激酶（PFK）的调节：黑曲霉中磷酸果糖激酶（PFK）是 EMP 途径中的第一个调节酶，也是决定 EMP 途径代谢流最重要的关键酶和柠檬酸合成中的主要调节点。PFK 受正常生理浓度的柠檬酸和 ATP 的抑制，为 AMP、P_i、NH_4^+ 所激活。NH_4^+ 可有效地解除柠檬酸和 ATP 对 PFK 的抑制，即使细胞内的 NH_4^+ 在生理浓度水平时，PFK 也不受柠檬酸所抑制，因而保持了 EMP 途径的畅通，使丙酮酸得到源源不断的供应。

② 丙酮酸脱氢酶的调节：丙酮酸可以经丙酮酸脱氢酶催化脱羧生成乙酰 CoA，也可以由丙酮酸羧化酶催化产生 CO_2 固定化反应而生成草酰乙酸，保持有关于丙酮酸这两个反应的平衡是获得高产柠檬酸的一个重要条件。

③ 丙酮酸羧化酶和磷酸烯醇式丙酮酸羧激酶：黑曲霉中存在丙酮酸羧化酶和磷酸烯醇式丙酮酸羧激酶，但 CO_2 固定反应主要是通过丙酮酸羧化酶催化的。丙酮酸羧化酶是组成型酶，它的生成以及酶活力几乎不受代谢产物的调节，可源源不断地提供草酰乙酸。

(2) 三羧酸循环的调节

① 柠檬酸合成酶的调节：柠檬酸合成酶是 TCA 循环的第一个酶，它对乙酰 CoA 的亲和力取决于草酰乙酸的浓度。在柠檬酸积累情况下，草酰乙酸浓度的增加可提高此酶对乙酰 CoA 的亲和力。根据柠檬酸合成与 CO_2 固定之间的关系为化学计量关系，可以推测出，黑曲霉的柠檬酸合成酶没有调节作用。

② 顺乌头酸水合酶（ACH）的调节：从理论上推测，TCA 循环中 ACH 的活力应该比较弱，以阻断柠檬酸进一步代谢，导致 TCA 循环阻断是积累柠檬酸的必要条件之一。研究表明，顺乌头酸水合酶催化时建立了柠檬酸：顺乌头酸：异柠檬酸 =90∶3∶7 的平衡，顺乌头酸水合酶的作用总是趋向于合成柠檬酸，即柠檬酸分解活力低。一旦柠檬酸浓度升高到某一水平，就抑制异柠檬酸脱氢酶活力，从而进一步促进柠檬酸自身积累，当 pH 降至 2.0 以下，顺乌头酸水合酶和异柠檬酸脱氢酶失活，更有利于柠檬酸积累并排出体外。

③ 异柠檬酸脱氢酶（ICDH）的调节：黑曲霉中的异柠檬酸脱氢酶有三种：一种是依赖于 NAD 的异柠檬酸脱氢酶（NAD - ICDH），活力很低；另两种是依

赖于 NADP 的异柠檬酸脱氢酶（NADP－ICDH），其一在细胞质中，不受柠檬酸抑制，其二在线粒体中，与 TCA 循环有关，它受生理浓度的柠檬酸抑制，所以当柠檬酸积累到一定水平时，就抑制此酶的活力，从而更加促进柠檬酸的积累。

④ α－酮戊二酸脱氢酶的调节：在黑曲霉中，TCA 循环的一个显著特点是 α－酮戊二酸脱氢酶的合成受高葡萄糖和 NH_4^+ 的阻遏。当以葡萄糖为碳源时，在柠檬酸生成期，菌体内部存在 α－酮戊二酸脱氢酶或活力很低。α－酮戊二酸脱氢酶催化的反应是 TCA 循环中唯一的不可逆反应，一旦 α－酮戊二酸脱氢酶丧失，就会引起：TCA 循环中的苹果酸、富马酸、琥珀酸是由草酰乙酸逆 TCA 循环生成，使 TCA 循环成“马蹄形”；生成的 α－酮戊二酸不能进一步反应而得到积累，增强了其对 NADP－ICDH 活力的抑制，从而降低了异柠檬酸的分解，使柠檬酸得以积累。

（3）环境条件的调节

① Mn^{2+} 的调节：研究表明，当黑曲霉生长在缺乏 Mn^{2+} 的培养基中时，黑曲霉菌体的组成代谢的酶和三羧酸循环的脱氢酶活力显著降低，生长期菌丝的蛋白质、核酸和脂肪含量明显减少，柠檬酸得以大量积累。主要原因在于，缺乏 Mn^{2+} 会使蛋白质和 RNA 合成受阻，而使细胞内 NH_4^+ 水平升高，就会解除了柠檬酸和 ATP 对磷酸果糖激酶的抑制，使 EMP 代谢流量增加，丙酮酸和草酰乙酸水平升高，从而使柠檬酸大量积累。如果在碱性条件和 Mn^{2+} 浓度在 25mmol/L 以上时，柠檬酸对异柠檬酸脱氢酶的抑制作用被消除，会导致柠檬酸被分解而不能积累。这就是 Mn^{2+} 的调节效应，因而要严格限制柠檬酸发酵培养基中 Mn^{2+} 浓度在较低水平。

② Fe^{2+} 的调节：在 TCA 循环中，顺乌头酸水合酶可催化柠檬酸的进一步反应，但顺乌头酸水合酶需要 Fe^{2+} 激活。因此，要严格控制柠檬酸发酵培养基中 Fe^{2+} 浓度在较低的水平。

③ 氧的调节：研究表明，黑曲霉中除了具有一条标准呼吸链以外，还有一条侧系呼吸链。$NADH_2$ 通过标准呼吸链氧化产生 ATP，而通过侧系呼吸链则不产生 ATP。在柠檬酸正常发酵时，侧系呼吸链活性较强，使细胞内的 ATP 浓度下降，减轻了 ATP 对磷酸果糖激酶的反馈抑制，保证 EMP 途径的畅通，从而促进柠檬酸的生物合成。但是，侧系呼吸链对氧敏感，只要很短时间中断供氧，就会导致侧系呼吸链的不可逆失活；恢复供氧后，标准呼吸链可复活，此时 $NADH_2$ 只能通过标准呼吸链氧化，因而产生大量对磷酸果糖激酶有抑制作用的 ATP，从而导致产酸急剧下降。

二、柠檬酸发酵工艺流程

柠檬酸发酵方法大致可分为三个阶段来描述：20 世纪 20 年代，用青霉和曲霉表面（浅盘）发酵法成功地投入了工业化生产，标志着发酵法柠檬酸工业的开端；第二阶段从 30 年代开始，仍以表面法为主，但霉菌深层发酵的研究工作已经取得进展；从20世纪50年代至今为第三阶段，由于深层发酵大规模工业化投产成功，推动了世界柠檬酸工业的迅速发展，其间日本开发了固体发酵法，但受原料和工艺的制约，未形成大规模化生产。至今，深层法最具有竞争力和优越性。

柠檬酸深层发酵的基本工艺流程如图4－21所示。配制好的发酵培养基经灭菌、冷却后，送至发酵罐中，经调节pH、温度，接入种子罐培养成熟的种子液，然后通入无菌空气和启动搅拌，即开始柠檬酸发酵。在发酵过程中，需对溶氧、pH、温度、泡沫等要素加以调节控制。发酵结束后，即可进行放罐，将成熟发酵液送至提取工序。

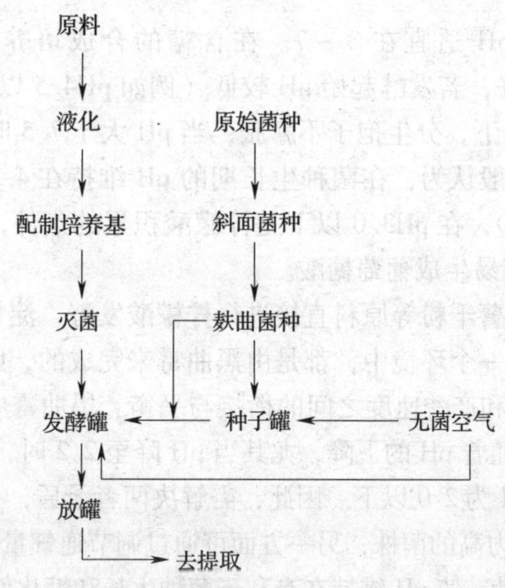

图4－21　柠檬酸深层发酵的基本工艺流程

三、柠檬酸发酵过程控制原理

1．溶解氧控制原理

黑曲霉是好氧微生物，无论是生长、繁殖，还是生物合成柠檬酸均需要氧。在黑曲霉生长、繁殖阶段，所需能量是通过呼吸作用获得，即葡萄糖彻底氧化为CO_2和H_2O，产生大量ATP，此过程需要大量氧。从由葡萄糖生成柠檬酸的理论总反应来看，氧又是生物合成柠檬酸所必需的底物之一。如果缺氧、供氧不足或溶氧不良都会使菌体发生异常变化，出现菌丝变粗，通常是发酵正常菌丝的几倍，甚至发酵液出现黄色荧光色素，产酸迅速下降，甚至停止。当发酵进入产酸期时，只要有几分钟的缺氧时间，就会对发酵造成严重影响。但是，在产酸期内的溶解氧也应加以控制，使产酸速率维持在2～3g/（L·h），不宜过快，以防止菌体过早衰老。

研究表明，柠檬酸的产酸速率几乎与溶氧分压成正比。当溶氧分压下降至

10kPa，产酸速率下降不大；当溶氧分压下降至3.2kPa时，产酸能力基本丧失；如果溶氧分压下降至1.8kPa（即临界溶氧分压以下）时，产酸能力完全丧失。这种低溶氧下产酸能力的丧失，很少能重新恢复，因此，柠檬酸发酵必须供给充足的氧，黑曲霉生长期的溶氧分压不得低于1.8kPa，产酸期溶氧分压不得低于3.2kPa。

2. 温度控制原理

黑曲霉属嗜热微生物，最适生长温度为33~37℃。一般认为，当深层液体发酵的温度低于28℃时，菌体生长和柠檬酸合成都会缓慢。但是，如果温度高于37℃，会导致菌体和杂酸形成过量，呼吸作用加强，影响发酵转化率。

3. pH控制原理

黑曲霉的生长pH适宜在3~7。在含糖的合成培养基中，分生孢子在pH6.8~7.2发芽良好，若发酵起始pH较低（例如pH4.5以下），会强烈抑制它的发育。在pH2.5以下，分生孢子不膨胀，当pH大于7.5时，分生孢子会剧烈膨胀，甚至破裂。一般认为，在菌种生长期的pH维持在4.5，而柠檬酸积累时期需控制pH2.0~3.0，在pH3.0以下是柠檬酸积累的条件，pH3.0以上容易产生草酸，在pH5.0容易生成葡萄糖酸。

如果采用淀粉或薯干粉等原料直接进行柠檬酸发酵，淀粉的糖化和柠檬酸的生成及积累是处于同一个环境中，都是由黑曲霉来完成的，此时需兼顾糖化和产酸，要保证糖化速度和产酸速度之间的衔接与平衡。黑曲霉中的酸性糖化酶的最适pH为4.0~4.6，随着pH的下降，尤其当pH降至2.2时，糖化酶会大量破坏，而柠檬酸产酸最适pH为2.0以下。因此，需解决两者矛盾，一方面可选育在高柠檬酸浓度下糖化酶活力高的菌株，另一方面可通过调节通气量来控制，在发酵16~18h前控制较低通气量，使pH维持在有利于菌种生长和糖化作用的范围。

任务1 溶解氧的控制

在柠檬酸发酵过程中，耗氧速率的变化规律如图4-22所示。由于菌体生长过程中的呼吸作用，消耗大量的氧气，特别当菌体生长接近最大值时，即在旺盛的对数生长期时，其需氧达到最高峰，其后菌体生长减缓，逐渐进入产酸期，氧的消耗立即降低至一个较低的水平，并一直持续到发酵终了。

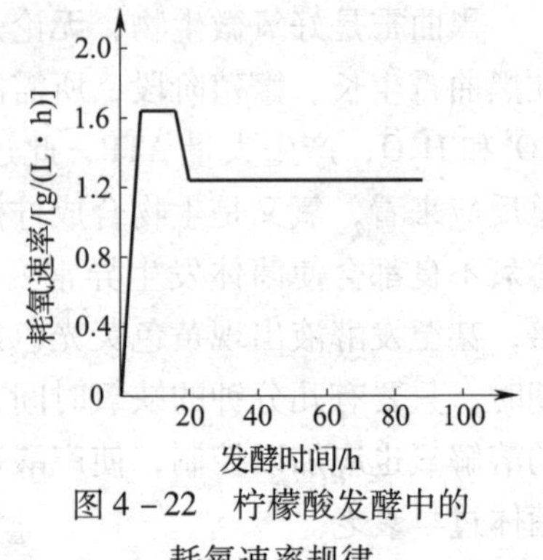

图4-22 柠檬酸发酵中的耗氧速率规律

根据耗氧速率变化规律，可以指导溶解氧的控制。若采用薯干粉为原料，例如，采用项目1中所制备的培养基进行柠檬酸发酵，黑曲霉担负着淀粉糖化的任务。在糖化基本完成之前，必须控制较低风量，使 pH 缓慢降到 2.5，这个过程需要 16～18h。当产酸量加上还原糖量接近起始时发酵总糖量时，则可以认为糖化已经完成，这时可适当加大风量，以满足黑曲霉对氧的进一步需求。在产酸期，溶解氧需满足柠檬酸合成的需要，但不宜控制过高，应使产酸速率维持在 2～3g/（L·h），如果产酸过快，pH 下降也过快，容易造成菌体衰老。同时，产酸期的溶解氧过高，也不利于 CO_2 的固定，且造成动力浪费过多。

目前，我国柠檬酸发酵罐大多采用机械搅拌通气发酵罐，一般情况下，搅拌转速为 120r/min 左右，罐压为 0.05～0.10MPa，通风量为 0.08～0.15m^3/（m^3·h）。对于整个过程而言，通气量不是一个固定值，需根据菌种生长需要、产酸需要、发酵罐溶氧效率、发酵具体表现等方面而灵活控制。

任务 2　温度的控制

我国通常采用淀粉质原料的浓醪发酵，培养基中固形物较多，对菌体起保护作用，一般控制温度为 34～36℃。若采用孢子接种的发酵过程，在孢子和菌丝体形成阶段，可采用 40℃ 高温培养，促进其发育，进入产酸期再降到 35℃ 左右。温度控制的操作与项目 4.1 中谷氨酸发酵过程控制温度的操作相同。

任务 3　pH 的控制

薯干原料生产柠檬酸工艺的一个显著特点是边糖化边发酵，全部过程是在一个环境中由黑曲霉自身来完成的。虽然黑曲霉所产生的糖化酶耐酸性较强，但糖化最适 pH 仍高于产酸最适 pH，也就是糖化作用与合成柠檬酸的最适 pH 不同。菌种生长的最适 pH 为 4.5 左右，糖化的最适 pH 为 4.0～4.6，产酸期的最适 pH 为 2.0～3.0。因此，在发酵初期，主要是菌体的繁殖和原料的糖化，要求在较高 pH 的环境中进行，以使淀粉充分糖化，然后再发酵产酸。

在薯干粉的柠檬酸发酵过程中，初始 pH 一般采用自然 pH（约为 pH5.5），当接入菌种后，随着菌种生长繁殖，消耗了氮源，使培养基的 pH 逐渐下降，再发酵十几小时可以降至 pH2.5～3.0。这时候会有少量柠檬酸产生，但是由于发酵醪液中固形物较多，原料成分复杂，其中金属离子含量较多，缓冲作用大，所以有时发酵至 48h，pH 才会降至 2.0 以下。由于前期的 pH 下降较快，会影响糖化酶的作用，可以在发酵前期开始添加碳酸钙中和部分柠檬酸，以维持 pH 在 2.5～3.0，有利于糖化继续进行，使淀粉原料糖化较彻底。但是，不宜将 pH 回调得过高，如果 pH 回升至 3.0 以上，会产生大量的草酸，因此，发酵 24～48h 的碳酸钙添加量一般为发酵液的 0.5%～1.0% 即可。当淀粉糖化完成时，可将 pH 控制在 2.0～2.5，以保证柠檬酸发酵的正常进行。

项目4.3 发酵染菌的处理

大规模发酵工业生产大多为纯种培养，要求在没有杂菌污染的条件下进行。自从纯种培养以来，发酵产率有了很大提高。但是，发酵生产过程所涉及的操作较多，这些操作都不可避免地与外界接触，给发酵污染杂菌带来很大的可能性。染菌现象一旦发生，应尽快找出染菌的原因，并采取相应的有效措施，及时处理，使染菌造成的经济损失降到最低限度。

项 目 引 导

一、染菌造成的异常现象

所谓发酵染菌是指在发酵过程中，生产菌以外的其他微生物侵入发酵系统，从而导致发酵过程失去真正意义上的纯种培养。发酵生产中的异常现象是指过程中某些物理参数、化学参数或生物参数发生与原有规律不同的改变。这些改变必然影响发酵水平，使生产受到一定损失。发酵的异常现象有很多，包括条件控制不当和染菌所造成的异常现象，其中染菌造成的异常现象往往会在pH变化、温度变化、溶氧变化、排气中的CO_2含量变化、泡沫、发酵液颜色、气味以及菌体形态等方面表现出来。

当发酵大量感染杂菌时，由于菌体浓度增大，表现为OD值比正常情况高；培养基的营养消耗速度比正常速度快；发热量较大，表现为温度上升速度较快；细胞呼吸强度加大，排气中的CO_2含量增多。若杂菌是好氧性微生物，培养液中溶氧下降速度较快；若杂菌是产酸微生物，pH表现为下降趋势。染菌有时还表现为发酵液泡沫增多、颜色改变、有异常气味等。通过显微镜观察，会发现杂菌存在。

当发酵感染噬菌体时，生长菌的生长趋于缓慢，培养基的营养消耗速度降低；耗氧速率减小，溶氧会逐渐上升；发热量减少，温度上升速率降低，降温用水量急剧减少。如果生产菌为产酸菌，pH下降趋势微小，甚至出现pH不下降；细胞呼吸强度微弱，排气中的CO_2含量骤减。噬菌体感染严重时，生产菌停止生长繁殖，细胞迅速破裂，发酵液黏稠，泡沫增多，OD值迅速大幅度下降。通过显微镜观察，会发现细胞碎片。

二、染菌的危害

染菌对发酵产率、提取收得率、产品质量以及废水治理等都有影响，轻者影响产品的收得率和质量，重者会导致“倒罐”，造成严重的经济损失。然而，染菌造成的危害程度，往往与产品种类、污染杂菌的种类和性质、染菌时间、染菌途径、染菌程度等有密切关系。

1. 不同发酵过程的染菌危害

由于各种发酵过程所使用的微生物菌种、培养基以及发酵条件、产物性质不同，染菌所造成的危害程度有可能不同。例如，在青霉素发酵过程中，不管染菌是发生在发酵的前期、中期或后期，由于许多杂菌都能产生青霉素酶，都会使青霉素迅速分解破坏，产物产率严重降低。对于核苷或核苷酸发酵，由于生产菌种是多种营养缺陷型微生物，其培养基要求营养丰富，这种培养基极利于多种微生物生长，一旦受到杂菌的污染，培养基中的营养成分会被迅速消耗，不利于生产菌的生长和代谢产物的生成。对于柠檬酸发酵，产酸期的发酵 pH 控制较低，一般杂菌较难生长，这时的染菌机会较小，因此，柠檬酸发酵主要是预防发酵前期染菌。

2. 不同杂菌污染的危害

不同杂菌对不同发酵过程的危害程度不一样。青霉素发酵污染细短产气杆菌比污染粗大杆菌危害更大，四环素发酵最怕污染双球菌、芽孢杆菌和荚膜杆菌，柠檬酸发酵最怕污染青霉菌，肌苷发酵最怕污染芽孢杆菌，而对谷氨酸发酵影响最大的是污染噬菌体。

3. 不同染菌程度的危害

不同染菌程度对发酵的影响不同，其危害性往往要与染菌时间、杂菌的繁殖速度、发酵周期结合起来评价。如果染菌程度相当严重，尤其是发生在发酵前期或中期，将会对发酵产生严重危害。如果在发酵后期发生轻微染菌现象，可能对发酵造成的危害不大。如果在发酵前、中期感染极少数杂菌，视发酵周期和杂菌的繁殖速度而判断其危害，当杂菌在发酵周期内能形成一定的群体，所造成的危害也极其严重。

4. 不同时间染菌的危害

从染菌发生的时间来看，染菌可分为四个阶段，即种子培养期染菌、发酵前期染菌、发酵中期染菌和发酵后期染菌。不同时期的染菌对发酵所产生的影响各不相同。

① 种子培养期染菌：种子培养时培养基的营养相对丰富，操作不当容易染菌。如果将染菌的种子接入发酵罐，由于杂菌在发酵周期内有足够时间生长繁殖，其危害极其严重，因此，应加强种子培养管理，防止种子染菌的发生。一旦发现种子受污染，应经灭菌弃去，并对种子罐以及附属设备、管道进行仔细检查和彻底灭菌。

② 发酵前期染菌：发酵前期的生产菌主要处于生长繁殖阶段，此时培养基营养丰富，操作不当也容易染菌。如果发酵前期染菌，杂菌与生产菌争夺营养成分，严重干扰生产菌的正常生长繁殖及产物的生成，甚至会抑制生产菌。目前，当发现发酵前期染菌后，一般迅速采取重新灭菌、补充营养、重新接种的处理措施，以免培养基中营养成分被消耗过多而造成损失。

③ 发酵中期染菌：发酵中期染菌会导致培养基中营养物质的大量消耗，并

严重影响生产菌的生长和代谢，影响目的产物的生成。杂菌在培养基中大量繁殖后，糖、氮等营养成分消耗迅速，甚至已积累的目的产物也被消耗，由于菌体增多，致使发酵液黏度增大，泡沫也大量形成。发酵中期营养成分已大量被消耗，而产物已有一定量的积累，若发生染菌，一般难以进行处理，危害性较大。因此，生产上应尽力做到早发现和快处理，发现愈早、处理愈及时，损失愈小。

④ 发酵后期染菌：进入发酵后期，培养基中的糖、氮等营养成分已基本耗尽，且发酵产物也已积累较多，如果只是轻微染菌，一般对发酵的危害不大，但是要注意防止杂菌在产物提取阶段继续繁殖而造成危害。如果发酵后期严重染菌，应及时处理并提前放罐，以免有的杂菌在继续发酵过程中分解目的产物，使产率降低。

三、染菌的检查与判断

1. 杂菌的检查与判断

杂菌检查方法有肉汤培养法、平板培养法、斜面培养法和直接显微镜观察法。采用培养法检查杂菌一般需要 8～16h 才能进行判断，为了缩短时间，有时可以向检查培养基中加入赤霉素、对氨基苯甲酸等生长激素以促进杂菌的生长。

在杂菌检查中，如果采用肉汤培养法，肉汤连续三次发生变色反应（由红色变为黄色）或产生浑浊，可判断为污染杂菌。有时肉汤培养反应不够明显，可结合显微镜检查法，如确认连续三次样品有杂菌，即可判断为污染杂菌。采用平板培养法或斜面培养法，连续三次发现有异常菌落的出现，即可判断为污染杂菌。

显微镜检查法是最为简单、省时、直接的方法，也是最常用的检查方法之一。用革兰氏染色法对样品进行涂片、染色，然后在显微镜下观察微生物的形态特征，根据生产菌与杂菌的特征进行区别，可判断是否染菌。如果发现有与生产菌形态特征不一样的其他微生物存在，就能判断为杂菌。在染菌初期，要从显微镜中发现杂菌是比较困难的，必要时还要进行芽孢染色或鞭毛染色，再行检查。若能从视野中发现杂菌时，说明染菌程度已很严重。

2. 噬菌体的检查与判断

噬菌体检查方法主要有双层平板法、单层平板法、平板交叉划线法和快速检测法。

双层平板法、单层平板法是将待检样品、无噬菌体的指示菌液与融化的固体培养基混合于培养皿中进行培养，而平板交叉划线法是将待检样品与无噬菌体的指示菌液在平板上交叉划线并进行培养，然后观察是否有噬菌斑。采用双层平板法、单层平板法或平板交叉划线法，如果连续三次样品的检查中都发现噬菌斑，即可判断为感染噬菌体。

快速检测法是用比色计、650nm 的滤光片对待检样品进行检测 OD，定为 OD_{650}；然后将待检样品于 3500r/min 离心 20min，取上清液用比色计、420nm 的滤光片检测 OD，测定值为 OD_{420}。如果 OD_{650} 约等于 OD_{420}，认为待检样品正常；如果 OD_{650} 远远小于 OD_{420}，则说明待检样品有可能污染噬菌体。

采用双层平板法、单层平板法或平板交叉划线法，如果连续三次样品的检查中都发现噬菌斑，即可判断为感染噬菌体。如果在快速检测法中发现 OD_{650} 远远小于 OD_{420}，再结合双层平板法、单层平板法或平板交叉划线法中任何一种方法来检查，若发现噬菌斑，即可判断为感染噬菌体。

四、染菌原因分析

如果发酵染菌后，必须找出染菌的原因，以便积极采取必要的措施，防止后来的罐批再度染菌。造成整个发酵过程染菌的原因很多，发酵罐及其附属设备渗漏、空气过滤器失效、种子带菌、设备与培养基灭菌不彻底、技术管理不完善、环境条件差等方面均是造成染菌的普遍原因。下面列举一些染菌原因分析，分别如表4－2、表4－3和表4－4所示。

表4－2　日本工业技术院发酵研究所对抗生素发酵染菌原因分析

染菌原因	染菌百分率/%	染菌原因	染菌百分率/%
外界带入杂菌（取样、补料等）	8.20	种子带菌	0.60
		违反操作规程	1.60
设备穿孔	7.60	蒸汽量不足	0.60
空气过滤系统失效	26.00	管理问题	7.09
接种操作	11.00	原因不明	35.00
停电罐压下跌	1.60		

表4－3　某厂对链霉素发酵染菌的分析

染菌原因	染菌百分率/%	染菌原因	染菌百分率/%
种子带菌或怀疑种子带菌	9.64	接种管穿孔	0.39
接种时罐压跌零	0.19	阀门渗漏	1.45
培养基灭菌不彻底	0.79	搅拌轴密封渗漏	2.09
空气过滤系统失效	19.9	其他设备渗漏	10.13
泡沫冒顶	0.48	发酵罐盖漏	1.54
夹套穿孔	12.0	操作问题	10.15
盘管穿孔	5.89	原因不明	24.91

表4－4　某味精厂谷氨酸发酵染菌的分析

染菌原因	染菌百分率/%	染菌原因	染菌百分率/%
空气过滤系统失效	32.05	补料、取样带菌	4.30
管理和操作不当	11.34	种子带菌	1.72
设备问题	15.46	环境污染及原因不明	35.13

为了缩短原因分析时间，根据生产实践的经验总结，可从以下几方面入手进行染菌原因分析。

（1）从染菌类型分析　若污染的杂菌是耐热芽孢杆菌，很有可能是由于培养基或设备灭菌不彻底、设备存在死角等引起。若污染的杂菌是球菌、无芽孢杆菌等不耐热杂菌，有可能是由于种子带菌、空气过滤系统失效、设备渗漏或操作问题等引起。若污染浅绿色菌落的杂菌，可能是冷却盘管渗漏而引起。若感染噬菌体，可能是种子带菌、培养基灭菌设备渗漏或培养基灭菌不彻底、空气过滤系统失效等原因所造成。

（2）从染菌时间分析　如果是发酵前期染菌，可能是培养基灭菌不彻底，或种子罐带菌，或接种管道灭菌不彻底所造成。如果发酵中、后期染菌，除了检查培养基灭菌是否彻底、种子罐是否带杂菌、接种管道灭菌是否彻底之外，应重点分析冷却盘管是否渗漏、空气过滤系统是否失效、补料系统是否带菌等。

（3）从染菌规模分析　从发酵染菌的规模来看，主要表现为：多数发酵罐染菌和个别发酵罐连续染菌。如果多数发酵罐染菌，杂菌主要来源于公共系统，应重点检查空气系统是否失效、连消系统是否渗漏，同时，也要注意种子罐、接种管道以及补料系统。如果个别发酵罐连续染菌，应重点检查单个发酵罐及其附属设备，例如，发酵罐的冷却盘管、阀门等设备是否渗漏，空气分过滤器是否失效，接种、连续灭菌系统以及补料的分管道是否渗漏等。

五、染菌的预防

防治发酵染菌，防重于治。因此，首要工作是必须采用合理的工艺与设备，严格规范操作，预防染菌。一般情况下，可从下列几方面采取措施。

1. 预防实验室种子不纯

因实验室种子不纯而发生染菌的机率虽然不高，但实验室种子毕竟是发酵成败的关键，故防止实验室种子污染极为重要。实验室种子不纯的原因主要有：保藏的斜面菌种不纯、培养基以及培养所涉及的设备灭菌不彻底、种子移接操作不当等。因此，防止实验室种子带菌要做到：

（1）对无菌室进行严格管理，确保无菌室的洁净度。

（2）采用适当方法保藏菌种，并对菌种定期进行分离纯化。

（3）培养基及有关培养设备灭菌必须彻底。

（4）种子移接过程严格执行无菌操作，确保种子不受污染。

（5）加强种子培养物的无杂菌检查，一旦发现种子培养物污染杂菌，绝对不能接入下一级培养基中。

2. 消除设备的隐患

发酵过程涉及的设备很多，所有要求灭菌的设备都是与培养基直接或间接接触的设备，在设计、安装、维护等方面均有严格的要求，必须做到无渗漏、无

“死角”。

(1) 灭菌设备　生产车间的种子培养基、发酵培养基以及所有补加料液的灭菌设备在设计、安装上必须合理，不存在灭菌“死角”，确保灭菌温度与灭菌时间能达到灭菌要求。应定期对这些设备进行维护，确保设备无渗漏。例如，生产实践中常有因培养基连续灭菌系统的冷却装置（如换热器、冷却管段）与实罐灭菌设备的冷却装置（如夹套、盘管）的渗漏而导致发酵染菌，应加强对这些设备装置的定期检查，经过水压检测无渗漏才能使用。

(2) 空气过滤系统　空气除菌系统失效是发酵染菌的主要原因之一。要防止空气除菌系统带菌，就必须从空气系统的净化流程、空气过滤设备的设计、过滤介质的选用和填装、过滤介质的灭菌和管理等方面进行完善，使除菌效率达到要求。

第一，设计合理的空气预处理工艺，尽可能提高采风的空气洁净度，尽可能除去压缩空气中夹带的水和油汽，降低空气的相对湿度，保持过滤介质处于干燥状态工作。

第二，选择适当的过滤介质，如果采用棉花、普通玻璃纤维等作为过滤介质，须按要求填装，防止出现翻动现象而造成空气短路。如果采用折叠式滤芯，应注意灭菌温度，防止高温灭菌造成折叠微孔膜的支撑架变形、脱离等现象发生。

第三，过滤器需定期灭菌，过滤介质需定期更换。

第四，制备的纯净空气需定期进行无菌检查。

(3) 培养设备　种子罐、发酵罐等培养设备须设计、安装合理，易于清洗和灭菌。罐内的部件及其支撑件位置，如扶梯、联轴器、挡板、冷却管及其支撑件、空气分布管及其支撑件、温度计套管焊接处等，容易积垢而形成灭菌死角，需定期清除这些部位的积垢。轴封、人孔、法兰等密封部位必须紧密，发酵罐的冷却装置（如夹套、列管、盘管）确保无渗漏，需定期对发酵罐体以及冷却装置进行水压检查，做到及时维护，以免发酵过程中出现渗漏引起染菌。

(4) 管道与管件　所有与培养基接触的管路都有可能是染菌的途径。因此，管路设计、安装时必须注意消除管路灭菌的死角。经验证明，与培养基接触的管道与管件的连接最好采用焊接、法兰连接，这些连接方式在防止染菌方面要比螺纹连接好。管道输送无菌物料前，必须对管道进行彻底灭菌，定期用蒸汽对管道进行压力检查，并定期拆检阀门，防止管道、阀门渗漏。

3. 生产操作必须严格、规范

由于操作者技术掌握不好或无菌观念不强，在灭菌、移种、补料等操作过程容易造成染菌。培养基、设备、管路的灭菌必须按照灭菌要求的温度、时间进行控制，灭菌过程中应该打开排汽的阀门，必须按要求打开通达蒸汽，灭菌结束后必须及时利用蒸汽、无菌空气或物料进行保压，以免外界空气进入发生污染。接种操作必须在无菌条件下进行，例如，实验室种子接入种子罐时，须在火焰保护下操作；同时，实验室种子接入种子罐或种子罐的种子接入发酵罐时，都要注意防止种子罐或发酵罐的罐压跌至零压。发酵过程中，罐压必须保持正压，所有补料操作须按照操作规程严格执行，谨防补料操作带入杂菌；注意及时控制泡沫，尽可能避免逃液发生；每次操作罐体上的阀门以后，必须紧密关闭。要做到操作规范，除了加强无菌概念和工作责任心的教育外，还要定期进行岗位技术培训，不断提高岗位操作技能。

4. 加强环境卫生管理

生产操作环境卫生状况差会直接或间接引起发酵染菌，尤其是对于一些设备密闭性较差的工厂，或者是一些不是在密闭设备中进行的操作，如实验室种子接入种子罐的操作，其影响程度会更加直接。

对于一些利用细菌或放线菌进行的发酵生产，受到噬菌体威胁较大，而空气是传播噬菌体的媒介，因此，在这类型发酵中环境因素显得十分重要。在自然环境中，溶源性菌株是广泛存在的，当溶源性细胞诱发成温和噬菌体，再经过变异就可能成为烈性噬菌体。造成噬菌体污染，必须具备三个条件：一有噬菌体；二有活菌体；三有使噬菌体与活菌体接触的机会和适宜条件。因此，自然界中有寄主细胞存在的地方，一般都存有它们的噬菌体，发酵车间、提取车间及其周围更有机会积累噬菌体。生产上，人们往往不加注意地把活菌体排放到环境中去，使生产环境中的噬菌体有了寄主而不断增殖，造成噬菌体密度增高而形成污染源。

加强环境卫生管理而采取的措施通常有：

（1）严格控制活菌体随意排放。

（2）彻底搞好全厂的环境卫生，并定期进行环境消毒。彻底搞好全厂性卫生是防止发酵染菌的最根本措施，使用药物消毒只是作为辅助性措施。

（3）每天坚持对环境进行杂菌、噬菌体的检测，及时了解杂菌、噬菌体的分布情况，以针对性地对环境进行消毒。

任务1　原罐进行灭菌处理

针对不同时期的染菌，原罐灭菌处理后将采取不同措施，可分为三种：其一，弃去培养物；其二，放罐至提取工序进行提取产物；其三，继续发酵。

一旦发现种子罐污染杂菌，绝对不能接入下一级种子罐或发酵罐，应对该种子罐进行实罐灭菌，灭菌后弃去培养物，然后再对种子罐及其附属设备进行仔细检查。

如果发酵中、后期严重污染杂菌，杂菌对目的产物分解很明显，应立即终止发酵，并对发酵罐进行实罐灭菌，杀死活菌体后，放罐至提取工序。如果染菌程度较轻，培养基中营养成分的残留浓度不高，杂菌分解目的产物不是十分明显，可以停止补加营养物质，继续进行发酵，待残留营养物质被消耗完后，进行实罐灭菌，然后放罐。放罐前升温灭菌是为了防止杂菌蔓延，污染所接触的管道、设备。当然，对于无法挽救而又没有提取价值的发酵液，只能加热后弃去。

若发酵前期污染杂菌或噬菌体，此时培养基中营养成分含量仍然很高，而目的代谢产物含量极低，应及时终止发酵，经处理后再继续发酵。若发酵中期污染杂菌或噬菌体，此时已积累了一定量目的代谢产物，但培养基中仍含有较高浓度的营养物质，也可选择灭菌处理后继续发酵的挽救措施。如果这两种情况都选择原罐灭菌处理方式，必须确认染菌不是由发酵罐本身设备问题所引起的，否则在处理后的继续发酵中会再次染菌。

需继续发酵的原罐灭菌处理步骤一般如下：

（1）停止发酵过程中的通气，保持搅拌，在罐内换热装置通入蒸汽，对培养基进行间接加热，使初步温度升至60～70℃，以便杀灭活菌体。

（2）为了给后续发酵准备足够的空间，初步升温后，需将适量培养基从放料管排出。培养基排出量需根据后续发酵的接种量、补料量而定，如果是发酵前期染菌，补料量一般不大，排出的培养基可少一些。

（3）根据各种营养物质的消耗情况，估算各种营养物质的补加量，使补料后的后续培养基中各种营养物质搭配适当，能够满足后续发酵的需要。例如，在谷氨酸发酵4h染菌的处理中，可补充适量葡萄糖液，使后续发酵的初糖浓度接近正常发酵水平，而无机盐、生物素的补加量应分别为正常用量的30%左右和50%左右。染菌时间越迟，所需补料量越大，例如，在谷氨酸发酵12h染菌的处理中，除了补加大量葡萄糖液，还需按正常用量的100%比例来补加无机盐和生物素。为了有足够的后续发酵空间，所补物料最好采用较高浓度，例如，补加的糖液采用高浓度葡萄糖。应根据发酵设备配置情况选择补料途径，可通过种子罐配备物料并进行补加，也可通过发酵罐的补料系统进行补加。

（4）补料后，按发酵培养基的实罐灭菌操作进行灭菌，升温至121℃保温10min即可，随后采用冷却水进行降温，当温度降至发酵适宜温度，可接入第二批种子液，然后继续发酵。

任务2　换罐进行灭菌处理

对于灭菌处理后仍需继续发酵的染菌批次，如果染菌原因暂时不确定，或怀疑染菌原因与原发酵罐有关，需采用换罐灭菌的处理措施。换罐灭菌处理在操作上较繁琐，但可以避开原罐引起染菌的隐患，使后续发酵的成功率很高。其操作步骤一般如下：

（1）先在原发酵罐中进行间接加热，升温至70℃左右，杀灭活菌体，然后通过放料连通管道，用无菌空气将发酵液压入另一个已经灭菌的空罐，即可完成换罐操作。换罐后，需对原罐进行彻底检查。

（2）为了给后续发酵准备足够的空间，换罐后，可考虑将适量培养基从放料管排出。

(3) 与原罐灭菌处理一样，需估算各种营养物质的补加量，然后将所需补加物料加入罐内。

(4) 按发酵培养基的实罐灭菌操作进行灭菌，将培养升温至121℃并保温10min，随后冷却至发酵适宜温度，接入第二批种子液，可继续发酵。

任务3 放罐进行灭菌处理

对于残留底物浓度很高、目的代谢产物极低的染菌批次，除了上述处理方法以外，可考虑采用放罐灭菌处理的措施。这种方法在培养基配制操作上较为繁琐，但一般不会扰乱正常的上罐次序，处理后的成功率也很高。其操作步骤一般如下：

(1) 先在原发酵罐中进行间接加热，升温至70℃左右，杀灭活菌体，以防放罐对环境及有关管道造成污染。

(2) 通过专设管道，将加热后的发酵液分成三小批放到培养基配制罐中，即可完成放罐操作。放罐后，需对原罐进行彻底检查。

(3) 估算加热后发酵液中各种营养物质的残留浓度，按照正常培养基配制方法，分别对三小批发酵液补加各种营养物质，以及进行定容，使成为三批新的发酵培养基。

(4) 按照正常的连续灭菌方法，对新配制的三批培养基进行连续灭菌，分别进入三个发酵罐中，经冷却至适宜温度，分别接入种子液，然后重新进行发酵。

归 纳 知 识

一、微生物发酵类型

1. 按微生物对氧的需求分类

根据微生物对氧的需求，可将微生物发酵分为好氧发酵、厌氧发酵、兼性厌氧发酵等三类。

(1) 好氧发酵　好氧发酵又称好气发酵，在菌体生长和产物生物合成时需要充分的氧气。这类发酵有谷氨酸发酵、柠檬酸发酵、抗生素发酵等。

(2) 厌氧发酵　厌氧发酵又称嫌气发酵，在发酵过程中不需供应氧气，如丙酸发酵、丁酸发酵、乳酸发酵等。

(3) 兼性厌氧发酵　生产酒精的酵母菌是一种兼性厌氧微生物，在缺氧条件下进行酒精发酵，积累酒精；而在大量通气条件下则进行好氧发酵，可产生大量酵母细胞。

2. 按发酵所用培养基状态分类

根据发酵所用培养基状态，可将微生物发酵分为固体发酵和液体发酵。

（1）固体发酵　固体发酵是指没有或几乎没有自由水存在下，在有一定湿度的不溶性固态基质中，一种或多种微生物的一个生物反应过程。固体发酵有着悠久的历史，发展至今，固体发酵主要有薄层固体发酵和厚层固体发酵两种，主要用于我国传统发酵生产，如白酒、酱油等。固体发酵原料处理过程较简单，可直接采用农副产品为原料，设备简单，操作容易，发酵副产物通常可综合利用，不需废水处理，无废弃物问题，用于食品发酵可产生液体发酵难以形成的特殊风味。但是，固体发酵设备的设计还不完善，各项发酵参数不易准确检测，微生物生长速度慢，发酵周期长，发酵过程中杂菌污染不易控制，所需厂房面积大，生产效率比液体发酵低。

（2）液体发酵　液体发酵是微生物利用液体培养基进行生物反应的过程，可分为浅盘发酵和深层发酵两种形式，深层发酵是当今世界发酵工业中使用的主要形式。液体状态可为多数微生物提供最适生长环境，深层发酵过程中传热和传质容易，发酵参数容易检测和控制，易实现自动化控制，微生物生长速度快，发酵周期短，厂房面积较小，生产效率高，产品质量稳定，便于扩大生产规模。但是，深层发酵还存在消耗能源多、设备投资大、有废弃物排放等缺点，仍需不断改进。

3. 按投料方式分类

根据投料方式的不同，可将微生物发酵分为分批发酵、补料分批发酵和连续发酵。

（1）分批发酵　分批发酵是指在一个密闭系统内投入有限数量的营养物质后，接入少量的微生物菌种进行发酵，在特定的条件下只完成一个发酵周期的发酵方法。分批发酵过程中，除了空气进入和尾气排出，与外部没有物料交换。

（2）补料分批发酵　补料分批发酵是在分批发酵过程中，间歇或连续地补加新鲜培养基的发酵方法。补料分批发酵是介于分批发酵与连续发酵之间的一种过渡方式，能使发酵过程中的底物保持在较低的浓度，避免阻遏效应和积累有害代谢物。目前，此法已在工业上普遍用于氨基酸、抗生素、维生素、酶制剂、有机酸等的发酵生产。

（3）连续发酵　连续发酵是以一定的速度向培养系统内添加新鲜的培养基，同时以相同的速度流出培养液，从而使培养系统内培养液的量维持恒定，使微生物细胞能在近似恒定状态下进行发酵的方法。连续发酵的最大特点是微生物细胞的生长速度、产物的代谢均处于恒定状态，可以达到稳定、高速发酵的目的。

4. 按发酵动力学模型分类

根据菌体生长与碳源消耗及产物合成之间的关系不同，可以将微生物发酵分为生长耦联型发酵、部分生长耦联型发酵和非生长耦联型发酵。

（1）生长耦联型发酵　如图4－23（1）所示，生长耦联型发酵又称为第Ⅰ型发酵，其特点是细胞生长、底物利用和产物形成的变化趋势是同步的，其变化速率的最大值出现的时间相差不大，表现出产物与底物利用有关。在这一类型中，目的产物有两种情况：菌体本身或代谢产物。例如酵母、苏云金芽孢杆菌等的培养，其终产物就是菌体本身，菌体量的增加与底物利用平行，并且两者之间存在定量关系。在一定的培养条件下，菌体的产量与消耗的碳源之比称为“产量常数”。对于单细胞微生物，菌体增长与时间的关系多为对数关系。又如，在乙醇、乳酸、山梨糖、葡萄糖酸、α－酮戊二酸等发酵中，其终产物是代谢产物，这些代谢产物的生成与细胞的生长是同步的，代谢是主要能源分解的直接结果，与底物消耗有定量关系。

（2）部分生长耦联型发酵　如图4－23（2）所示，部分生长耦联型发酵又称第Ⅱ型发酵，其特点是代谢产物的生成与底物消耗存在部分耦联，产物是能量代谢的间接结果。在发酵的第一时期（细胞生长期），细胞迅速增长，基本无产物形成；而在发酵第二时期（产物生成期），产物高速形成，细胞生长可能出现第二个高峰，在这两个阶段底物利用都很快。这一类型的发酵产物是菌体的主流代谢产物，根据产物形成可分为两类：其一，产物的形成是经过连锁反应的过程，如丙酮－丁醇、丙酸等发酵；其二，产物的形成不经过中间产物的积累，如延胡索酸、谷氨酸、柠檬酸等发酵。

（3）非生长耦联型发酵　如图4－23（3）所示，非生长耦联型发酵又称为第Ⅲ型发酵，其特点是代谢产物的生成与细胞的生长无直接联系，产物是次级代谢产物。当细胞处于生长阶段时，并无产物积累，而当细胞生长停止后，产物却大量生成。属于此类型的有抗生素、维生素、酶、多糖等次级代谢产物的发酵。

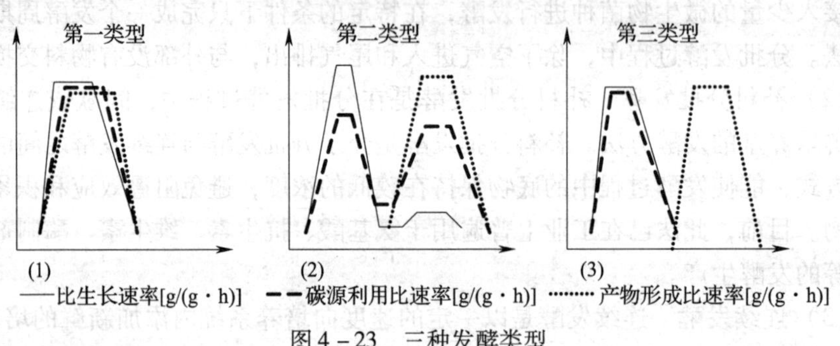

图4－23　三种发酵类型

二、影响发酵的其他因素及其控制

除了前面项目中以及本项目的项目引导中所述的营养基质种类及浓度、菌种及接种量、溶氧、温度、pH、泡沫等因素对发酵有影响，菌体浓度、CO_2等因素也会对发酵构成影响。

1. 菌体浓度对发酵的影响及其控制

菌体浓度增长速度与微生物的比生长速率关系密切，比生长速率大的菌体，其菌体浓度增长也迅速。微生物的生长速率取决于自身的遗传特性，一般来说，细菌、酵母、霉菌和原生动物的倍增时间分别为45min、90min、3h 和 6h 左右。同时，生长速率还受营养物质和环境条件的影响，如培养基的营养成分、基质浓度、培养温度、培养 pH 等因素。

无论发酵产物是菌体或酶，还是代谢产物，菌体浓度是发酵产物的产率的重要影响因素。

在适当的比生长速率时，发酵产物的产率与菌体浓度有下列关系：

$$R_P = Q_P \cdot X \tag{4-2}$$

式中　R_P——发酵产物的产率

Q_P——比生产速率

X——菌体浓度

在营养基质和环境条件充分得到满足时，菌体浓度愈大，其发酵产物的产量愈大。例如，对于生长耦联型的面包酵母发酵生产，培养期间维持最大的比生长速率可以获得最大量的菌体生产；对于氨基酸等初级代谢产物的生长部分耦联型发酵以及抗生素等次级代谢产物的生长非耦联型发酵，在发酵条件可控的情况下，菌体浓度较高时发酵产物的产量也往往较高。

但是，菌体浓度过高时，发酵液的摄氧率（OUR）按比例增大（OUR = $Qo_2 \cdot X$），发酵液的黏度增大引起流体性质改变，使氧的传递速率（OTR）明显降低，若氧的传递速率小于摄氧率，溶解氧就不能满足菌体的生长和代谢，成为发酵的限制性因素，严重影响发酵产物的产量。例如，在青霉素发酵生产中，能量的产生、菌体的生长与维持、青霉素的生物合成对氧的需求较大，当菌体浓度过高导致溶解氧不足时，青霉素的生物合成将受到不可逆的损害，其比生产速率急剧下降。同时，菌体浓度过高，营养基质消耗过快，发酵液中溶解氧不足，有可能改变菌体的代谢途径，副产物将过多地积累。

显然，控制适当的菌体浓度是发酵成败的关键。通常把这个适当的菌体浓度称为临界菌体浓度，是由菌体的遗传特性和发酵罐的溶氧特性所决定的。同样的生产菌株在不同发酵罐中进行发酵生产，发酵罐的溶氧性能愈高，其临界菌体浓度愈大。生产中，主要采用调节培养基中营养物质的配比以及浓度来控制菌体浓度，调节方法包括调节基础培养基和中间补料控制。另外，也可以在培养过程添加一些抑制剂来控制菌体浓度，例如，在生物素缺陷型菌株利用糖蜜为原料生产谷氨酸时，由于糖蜜所含生物素十分丰富，菌体浓度增长迅速，当菌体得到适度增殖后，须及时添加适量的青霉素或表面活性剂抑制细胞的增殖，以控制发酵液中的菌体浓度。

2. CO_2对发酵的影响及其控制

CO_2是微生物的代谢产物，也是合成反应所需的基质。CO_2对发酵有一定影响，可作为细胞代谢和微生物发酵的指标，有人把细胞量和尾气CO_2相关联，通过碳元素平衡来估算细胞的生长速率和细胞量。

CO_2对微生物生长有直接影响作用，当微生物代谢产生的CO_2浓度高于0.91mol/L时，糖类的代谢和微生物的呼吸速率将下降。例如，酒精发酵液中溶解的CO_2浓度为1.6×10^{-2}mol/L时，会严重抑制酵母菌的生长。当微生物生长受到抑制时，也会阻碍基质的利用和ATP的生成，从而进一步影响产物合成。另有研究表明，在供氧充足的条件下，细胞的呼吸强度和细胞的最大需氧量相等时，如果发酵液中CO_2分压达到5kPa以上，组氨酸的产率将降低；而CO_2分压达到13kPa时，精氨酸发酵产率急剧下降。

CO_2会影响微生物的菌体形态。以产黄青霉菌为例，当发酵液中CO_2分压为1kPa时，菌体主要呈丝状；当CO_2分压为2～3kPa时，菌体主要呈膨胀、粗短状；当CO_2分压为8kPa时，菌体形态则出现球状或酵母状，致使青霉素合成受阻。

CO_2和HCO_3^-都会影响细胞膜的结构，它们分别作用于细胞膜的不同位点。溶解于发酵液中的CO_2主要作用于细胞膜的脂肪酸核心部位，而HCO_3^-则影响磷脂、亲水头部带电荷表面及细胞膜表面上的蛋白质。当细胞膜的脂质相中CO_2浓度达到临界值时，使细胞膜的流动性及表面电荷密度发生变化，这将导致许多基质的膜运输受阻，影响了细胞膜的运输效率，使细胞处于“麻醉”状态，从而使细胞生长受抑制，以及形态发生改变。

CO_2在发酵液中的浓度变化受到许多因素的影响，如菌体的呼吸强度、发酵液流变学特性、通气搅拌程度和外界压力大小等。另外，发酵设备规模大小对CO_2浓度也有很大影响，由于大型发酵罐的静压一般可达100kPa以上，又处于正压发酵，故发酵罐底部压强一般可达150kPa，由于罐底压力较大，产生的CO_2往往不易排出，容易在罐底形成碳酸，进而影响菌体呼吸和产物的合成。

CO_2浓度的控制应根据它对发酵的影响而定。如果CO_2对产物合成有抑制作用，则应设法降低其浓度；若有促进作用，则应提高其浓度。通气量和搅拌转速的大小不但能调节发酵液中的溶解氧，还能调节CO_2的溶解度。在发酵罐中不断通入空气，既可保持溶解氧在临界点以上，又可使产生的CO_2随尾气排出，使发酵液中CO_2浓度低于能产生抑制作用的浓度。增大通气量有利于降低CO_2在发酵液中的浓度，反之则会增加CO_2浓度。调节罐压也可以控制CO_2浓度，增大罐压有利于增加溶解氧，也可增加CO_2的溶解度。对于CO_2形成的碳酸，还可用碱来中和，但不能用$CaCO_3$。

三、氧的传递及其影响因素

1. 氧的传递

在需氧发酵中，氧气从气泡传递至细胞内，需要克服一系列阻力，这些阻力的相对大小取决于发酵液的流体力学特性、温度、细胞的活性和浓度、界面特性等诸多因素。在传递过程中，传递阻力又可分为供氧方面的阻力和耗氧方面的阻力。供氧方面的阻力是指空气中的氧气从气泡里通过气膜、气液界面和液膜扩散到液体主流中所克服的阻力，其中从气液界面通过液膜的传递阻力为主要阻力；耗氧方面的阻力是指氧分子自液体主流通过液膜、菌丝丛、细胞膜扩散到细胞内所克服的阻力，其中细胞或细胞团表面的传递阻力和细胞膜的传递阻力为主要阻力。

发酵液中氧的传递是一个相当复杂的过程，关于这方面的传质理论有渗透理论、表面更新理论、双膜理论等，其中双膜理论是最早提出的至今还在应用的假说。氧首先由气相扩散到气液两相的接触界面，再进入液相，界面的一侧是气膜，另一侧是液膜，氧由气相扩散到液相必须穿过这两层膜。

氧从空气扩散到气液界面这一段的推动力是空气中氧的分压与界面处氧分压之差，即（$p-p_i$），氧穿过界面溶于液体，继续扩散到液体中的推动力是界面处氧的浓度之差，即（c_i-c_L）。与两个推动力相对应的阻力是气膜阻力 $1/k_G$ 和液膜阻力 $1/k_L$。当气液传递过程处于稳态时，通过气膜和液膜的传递速率相等，即：

$$n_{O_2}=\frac{推动力}{阻力}=\frac{p-p_i}{1/k_G}=\frac{p-p^*}{1/K_G}=\frac{c_i-c_L}{1/k_L}=\frac{c^*-c_L}{1/K_L} \tag{4-3}$$

式中　n_{O_2}——单位接触界面的氧传递速率，mol O_2/（$m^3 \cdot s$）

p——气相中氧分压，MPa

p_i——气、液界面处氧分压，MPa

p^*——与液相中氧浓度 c_L 相平衡的气相氧分压，MPa

c_i——气、液界面处氧浓度，mol/m^3

c_L——液相中氧浓度，mol/m^3

c^*——与气相中氧分压 p 平衡的液相氧浓度，mol/m^3

k_G——气膜传质系数，mol/（$m^2 \cdot s \cdot MPa$）

k_L——液膜传质系数，mol/（$m^2 \cdot s \cdot mol/m^3$）或 m/s

K_G——以氧分压差为总推动力的总传质系数，mol/（$m^2 \cdot s \cdot MPa$）

K_L——以氧浓度差为总推动力的总传质系数，m/s

通常情况下，不可能测定界面处的氧分压和氧浓度，并不单独使用 k_G 或 k_L，而用总传质系数和总推动力。

根据亨利定律，与溶解浓度达到平衡的气体分压与该气体被溶解分子分数成正比，即：

$$p=hc^*;\ p^*=hc_L;\ p_i=hc_i \tag{4-4}$$

式中　h——亨利常数，它表示气体溶解于液体的易难程度

由式（4-3）和式（4-4）可得：

$$\frac{1}{K_G}=\frac{1}{k_G}+\frac{H}{k_L} \tag{4-5}$$

$$\frac{1}{K_L}=\frac{1}{k_L}+\frac{1}{H \cdot k_G} \tag{4-6}$$

对于氧气这样的难溶气体，H 值很大，式（4-6）右边第二项 $1/Hk_G$ 可以略去，则 $1/K_L = 1/k_L$，说明这一过程液膜阻力是主要因素。

但是，式（4-3）计算的结果只能是单位接触界面的氧传递速率，实际上很难测定传质界面面积，为了方便应用，传质系数引入内界面（以 a 表示，单位为 m^2/m^3）这一项，即 K_La 为以氧浓度差为总推动力的体积传质系数，K_Ga 为以氧压力差为总推动力的体积传质系数，K_La 和 K_Ga 又称为体积溶氧系数。那么，溶氧速率方程为：

$$N = K_La(c^* - c_L) = K_Ga(p - p^*) = K_La\frac{1}{H}(p - p^*) \tag{4-7}$$

式中 N——单位体积液体氧的传递速率，mol/（$m^3 \cdot s$）

a——比表面积，m^2/m^3

K_La——以浓度差为推动力的体积溶氧系数，s^{-1}

K_Ga——以分压差为推动力的体积溶氧系数，mol/（$m^3 \cdot s \cdot MPa$）

为了满足微生物生长、繁殖和代谢对氧的需求，供氧和耗氧至少要达到平衡，平衡时可用式（4-8）表示：

$$N = K_La(c^* - c_L) = Q_{O_2} \cdot X \tag{4-8}$$

移项后得：

$$K_La = \frac{Q_{O_2} \cdot X}{c^* - c_L} \tag{4-9}$$

在发酵过程中，培养液内某瞬间溶氧浓度变化可用式（4-10）表示：

$$\frac{dc_L}{dt} = K_La(c^* - c_L) - Q_{O_2} \cdot X \tag{4-10}$$

在稳定状态下，$\frac{dc_L}{dt} = 0$。

2. 影响氧传递的主要因素

根据气液传质方程式［式（4-7）］，可以看出影响氧传递速率的因素有溶氧系数 K_La 值和推动力（$c^* - c_L$）。对于一个发酵罐来说，影响 K_La 的因素有搅拌、空气线速度、空气分布器的形式、发酵液的黏度等；而影响（$c^* - c_L$）的因素有发酵液的深度、氧分压、发酵液性质等。为了获得良好的溶氧效率，必须充分了解各因素的影响程度，并加以调节。

（1）搅拌的影响

① 搅拌器的型式：在常压和25℃时，空气中的氧气在纯水中的溶解度仅为0.25mmol/L，在发酵液中，由于各种溶解的营养物、无机盐和微生物的代谢物存在，溶氧浓度会明显降低。在不通气的情况下，发酵液中的溶解氧大约经过14s 后就会被耗尽。为了保证需氧发酵的溶氧供应，须在发酵过程中不断通入无菌空气和搅拌。

好气性发酵罐一般为机械搅拌通气发酵罐。通气即是通入无菌空气，以满足好氧或兼性好氧微生物的生长繁殖和代谢的需要。而搅拌的作用则是把气泡打碎，强化流体的湍流程度，使空气与发酵液充分混合，气、液、固三相更好地接触，增加了溶氧速率，使微生物悬浮混合均匀，促进代谢产物的传质速率。

搅拌的作用有：其一，搅拌能把大的空气泡打碎成微小气泡，增加了氧与液体的接触面积，而且小气泡的上升速度要比大气泡慢，因此相应地增长了氧与液体的接触时间；其二，搅拌使液体做涡流运动，使气泡不是直线上升而是做螺旋运动上升，延长了气泡的运动路线，即增加了气液的接触时间；其三，搅拌使发酵液呈湍流运动，从而减少了气泡周围液膜的厚度，减少液膜的阻力，因此增大了 $K_{L}a$ 值；其四，搅拌使菌体分散，避免结团，有利于固液传递中的接触面积的增加，使推动力均一，同时也减少菌体表面液膜的厚度，有利于氧的传递。

搅拌器按液流形式可分为轴向式和径向式两种。目前，机械搅拌通风发酵罐一般采用圆盘涡轮式搅拌器，属于径向式。涡轮式搅拌器的特点是直径小，转速快，搅拌效率高，主要产生径向液流。由于发酵罐内安装了挡板或具有全挡板作用的冷却排管，可将径向流改变为轴向流。

当液体被搅拌器径向甩出去后，遇到径向或冷却排管的阻碍，分别形成向上、向下两个垂直方向的液流，上档搅拌器向上的液流到达液面后，转向轴心，遇到相反方向的液流后又转向下；下档搅拌器向下的液流达到罐底，转向轴心，遇到相反方向的液流后又转向上；而上档搅拌器向下的液流与下档搅拌器向上的液流相遇后，转向轴心，遇到相反方向的液流后又分别向上、向下流动。因此，在搅拌器的上下两面形成两个液流循环（见图4－24）。液流循环延长了气液的接触时间，有利于氧的溶解。

若发酵罐搅拌不带挡板且无冷却排管，轴心位置的液面下陷，形成一个很深的凹陷旋涡（图4－25）。此时液体轴向流动不明显，靠近罐壁的液体径向流速很低，搅拌功率也下降，气液混合不均匀，不利于氧的溶解。实际生产中，当发酵罐冷却排管的排列位置以及组数恰当，起到全挡板作用，可不设置挡板。如果冷却排管不能满足全挡板条件，液面仍会出现深度不同的凹陷旋涡。

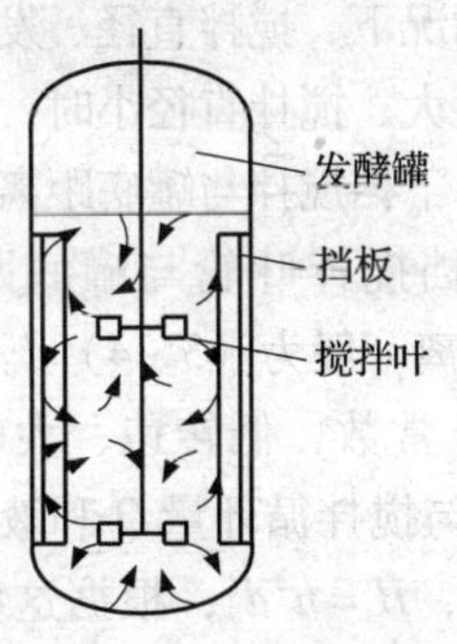

图4－24　有挡板的液体流型

图4－25　无挡板的液体流型

圆盘涡轮式搅拌器的叶片有弯叶、直叶、箭叶和半圆叶多种形式（图4－26），目前多数发酵罐采用六弯叶圆盘涡轮式搅拌器。在高速旋转时，各种形式的涡轮式搅拌器叶片转动方向后方不同程度地存在压力较小的尾部涡流，通入发酵罐的气体总是被吸入尾部涡流而汇聚成涡流气穴，不利于气泡破碎，导致氧传递效率低。曾有研究，比较了这几种圆盘涡轮搅拌器叶片的溶氧效果，发现箭叶涡轮搅拌器效果最差，而半圆叶涡轮搅拌器效果最好。

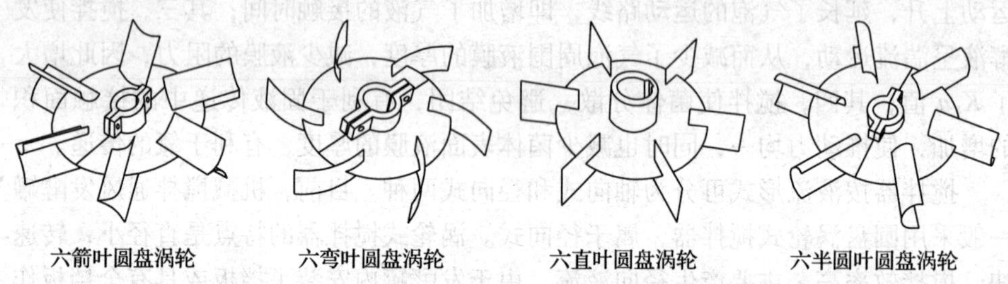

图4－26　几种形式的圆盘涡轮搅拌器

② 搅拌叶轮组数与相对位置：搅拌叶轮组数对溶氧效果影响也较大。若搅拌叶轮组数不够，将出现搅拌不到的“死区”；若搅拌叶轮组数过多，有可能导致搅拌叶轮与搅拌叶轮之间的距离过小，从而使向上与向下的流体互相干扰。通常搅拌叶轮组数的确定结合发酵罐的高径比（H/D）、搅拌直径、发酵液黏度等因素综合考虑。在发酵液黏度较大，发酵罐的高径比较大，而搅拌直径较小的情况下，搅拌叶轮组数应较多。目前，工业发酵中机械搅拌通风发酵罐的搅拌叶轮组数多为2或3组。

搅拌叶轮的相对位置对搅拌效果影响很大。搅拌叶轮的相对位置包括下档搅拌叶轮与罐底的距离、搅拌叶轮之间的距离。从发酵罐的液体流型可以看出，当两档搅拌叶轮之间的距离过大，将存在搅拌不到的“死区”；若距离过小，向上与向下的流体互相干扰，同样会出现液体轴向流动不明显、搅拌功率下降的现象，混合效果也很差。当下档搅拌与罐底距离太大，下档搅拌叶轮下面的液体不易被提升，若这部分液体循环不好，将导致局部缺氧。一般情况下，搅拌直径、发酵液黏度是确定搅拌叶轮相对位置的重要因素。当发酵液黏度大、搅拌直径小时，下档搅拌与罐底距离、搅拌叶轮之间距离宜小些；条件相反，下档搅拌与罐底距离、搅拌叶轮之间距离应较大。在氨基酸的实际生产中，下档搅拌叶轮与罐底距离一般为（0.8～1）d（搅拌直径），两档搅拌叶轮之间的距离一般为（3～4）d。

③ 搅拌转速与叶径：当功率一定时，n^3d^5 = 常数，低转速、大叶径，或高转速、小叶径都能达到同样的功率。搅拌的功率与搅拌循环量 Q 和液体动压头 H 的关系为：$P \propto Q \cdot H$，而在湍流状态下，$Q = nd^3$，$H = n^2d^2$，根据这些关系式可知，搅拌转速 n 和叶径 d 对溶氧影响的情况不一样。增大 d 可明显增加循环量 Q，增加 n 可明显提高液体动压头 H 而加强湍流程度。两者都必须兼顾，既要求

有一定的液体动压头，以提高溶氧水平，又要有一定的搅拌循环量，使混合均匀，避免局部缺氧。

（2）空气线速度的影响　机械搅拌通风发酵罐的溶氧系数 K_La 是随空气量增多而增大的。当增加通风量时，空气流速相应增加，从而增大了溶氧；但是，在转速不变时，空气线速度过大会发生“过载”现象，即搅拌叶不能打散空气，气流形成大气泡并在轴的周围逸出，使搅拌效率和溶氧速率都大大降低。空气“过载”流速与搅拌器形式、搅拌器组数、搅拌转速等有关，一般来说，平桨式、少组数、低转速的搅拌器的空气“过载”流速较低。研究表明，发酵罐中实际空气流速的上限为2.0m/min，因此，生产中要根据实际情况来选择空气的线速度，适当提高空气线速度时应避免空气“过载”现象。

（3）空气分布管的影响　空气分布管的型式、喷口直径及管口与罐底距离的相对位置对氧溶解速率有较大影响。在发酵罐中采用的空气分布装置有单管、多孔环管、单管配多孔风帽及多孔分支环管等几种。当通风量小时（0.02～0.5mL/s），气泡的直径与空气喷口直径的1/3次方成正比，就是说，喷口直径越小，气泡的直径越小，溶氧系数就越大。但是，一般氨基酸发酵工业的通风量都远超过这个范围，这时气泡直径与喷口直径无关，而与通风量有关，即在通风量大时，可采用单管或单孔环形管，其溶氧效果不受影响。生产实践中，多孔环形管、多孔风帽的小孔极易被堵塞，导致通风偏向、出风不均匀等现象，严重影响溶氧效果。一些工厂采用单孔环形管，环形管以及出风口的截面积比罐外的通风管的截面积稍大，有利于降低出风口的空气速度，取得较好的溶氧效果。

空气管口与罐底距离由发酵罐型式、管口朝向等决定。管口有垂直向上、向下两种，根据经验数据，当管口垂直向上时，管口与罐底距离尽可能小，以保证管口与下档搅拌器距离为（0.7～0.9）d；当管口垂直向下时，要根据 d/D 的值而定，当 $d/D>0.3\sim0.4$ 时，管口距罐底为（0.15～0.30）d，当 $d/D=0.25\sim0.3$ 时，管口距罐底为（0.30～0.50）d。

（4）氧分压的影响　从氧传质方程式可以看出增加推动力（c^*-c_L）或（$p-p^*$），可使氧的溶解度增加。增加空气中氧的分压，可使氧的溶解度增大。增加空气压力，即增大罐压，或用含氧较多的空气或纯氧都能增加氧的分压。一般微生物在5个大气压以下的压力不会受到损害，因此适当提高空气压力（即提高罐压），对提高通风效果是有好处的。但是，过分增加罐中空气压力是不值得提倡的，因为罐压增大，空气压缩设备的动力也需增大，导致动力消耗增大。另外，罐压增大导致 CO_2 的溶解度也会增大，对菌体生长有不利的影响。好氧性发酵工业生产中，罐压一般为0.05～0.10MPa，且发酵不同阶段的罐压也不一样。

（5）发酵罐高径比的影响　在空气流量和单位发酵液体积消耗功率不变时，通风效率是随罐的高径比（H/D）的增大而增加。根据经验数据：当罐的高径比（H/D）从1增加到2时，K_La 可增加40%左右；当罐的高径比（H/D）从2

增加到3时，K_La增加20%。但H/D太大，罐内液柱过高，液柱压差大，气泡体积缩小，造成气液界面面积小，对溶氧效果反而不利，同时使供气压力升高，能耗增加。目前，机械搅拌通风发酵罐的高径比通常选取2～3。

（6）发酵罐体积的影响　一般来说，大体积的发酵罐对氧的利用率高，而小体积的发酵罐对氧的利用率低。在几何形状相似的条件下，大体积的发酵罐的氧利用率可达10%左右，在实际应用中生产指标的稳定性较好；而体积小的发酵罐的氧利用率只有3%～5%，实际生产中的稳定性较差。根据生产规模和设备平衡计算结果，发酵罐选型时尽可能选取成熟的、体积较大的罐型，例如谷氨酸发酵生产中，具有一定生产规模的工厂一般选择体积为300～400m^3的发酵罐，有的甚至选择了750～1000m^3的发酵罐。

（7）发酵液物理性质的影响　培养基的黏度、表面张力、离子浓度等物理性质对气泡的大小、气泡的稳定性、液体的湍动性以及界面或液膜阻力有很大的影响，从而影响到氧的传递速率。特别是在发酵过程中，大量繁殖的菌体和大量积累的代谢产物会引起发酵液的浓度、黏度增大，大量产生的泡沫包围菌体和搅拌器，影响微生物的呼吸和气液的混合，此时氧的传递系数K_La值就会降低。因此，培养基在选择和配制时尽可能考虑这些因素，并加以控制；发酵过程中使用适量的消泡剂进行消除泡沫，改善气液体混合效果，提高氧的传递速率。

拓展知识4.1　啤酒发酵控制

一、啤酒发酵机理

向冷却后的麦汁中接种酵母，即开始进入啤酒发酵过程。在整个发酵过程中，酵母先后经历有氧呼吸、无氧呼吸两个阶段。在有氧条件下，酵母逐渐恢复活性，以麦汁中可发酵性糖为碳源，以氨基酸为主要氮源进行呼吸作用，从中获得生长繁殖所需要的能量和营养。在有氧呼吸阶段，麦汁中的糖类被分解为CO_2和水，并释放出大量的能量，作为酵母生长繁殖的能量来源。当发酵液中的溶解氧被消耗完后，酵母就开始进行无氧发酵。在无氧发酵过程中，麦汁中的可发酵性糖被酵母发酵生成乙醇和CO_2。啤酒发酵过程正是巧妙地利用了酵母在有氧和无氧两种情况下的不同特性而进行的，最终得到一定量的酵母菌体和乙醇、CO_2以及少量的代谢副产物，如高级醇、酯类、连二酮类、醛类、酸类等，这些发酵产物影响到啤酒的风味、泡沫性能、色泽、非生物稳定性等理化指标，并构成了啤酒的典型性。

1．糖类物质的变化

在麦芽浸出物中，糖类物质约占90%，其中：葡萄糖和果糖约为10%，蔗糖约为5%，麦芽糖为45%～50%，麦芽三糖为10%～15%，寡糖为20%～25%。除此，浸出物还含有少量的戊糖、戊聚糖、β－葡聚糖、异麦芽糖等。酵母细胞一般可以利用单糖、双糖和寡糖，但不能利用多糖、淀粉、纤维素等高分子聚合物。啤酒酵母对各种可发酵性糖利用的顺序为：葡萄糖>果糖>蔗糖>麦芽糖>麦芽三糖。

葡萄糖和果糖分子较小，能直接透过细胞壁进入细胞被利用。蔗糖必须经过细胞壁分泌的转化酶的作用，水解成葡萄糖和果糖，才能渗透到细胞内。麦芽糖和麦芽三糖要与细胞壁分泌的麦芽糖渗透酶、麦芽三糖渗透酶结合才能进入酵母体内，再通过细胞壁分泌的水解酶水解，然后进入代谢途径。

麦芽糖渗透酶、麦芽三糖渗透酶属于诱导酶，受葡萄糖的抑制。当麦汁中的葡萄糖浓度高于0.2%～0.5%时，葡萄糖会抑制酵母麦芽糖渗透酶和麦芽三糖渗透酶的分泌，阻止对麦芽糖和麦芽三糖的利用，只有当葡萄糖的浓度低于0.2%时才能解除这种抑制作用。

麦汁中的各种可发酵性糖的代谢都是先经过糖酵解（EMP）途径生成丙酮酸，再进行有氧三羧酸循环（TCA循环）或无氧发酵。酵母在有氧呼吸时，无氧发酵作用会受到抑制，乙醇生成量大为下降。但是，在有氧条件下，当葡萄糖浓度超过50g/L时，会产生较为明显的Crabtree效应，即酵母在生长的同时也会产生乙醇，造成酵母得率下降。因此，酵母菌的糖代谢途径受到糖和氧浓度的影响，使呼吸和发酵作用彼此相互调节。

在啤酒发酵过程中，约有96%的可发酵性糖转化成乙醇和CO_2，1.5%～2.5%的可发酵性糖用于合成新细胞的碳骨架，2.0%～2.5%的可发酵性糖转化成其他发酵副产物，如甘油、琥珀酸、高级醇、乙醛、双乙酰、乙酸、乙酸乙酯等。这些物质含量虽小，但对啤酒风味和口感影响很大。

2. 含氮物质的变化

麦汁中含有氨基酸、肽类、蛋白质、嘌呤、嘧啶及其他多种含氮物质。在发酵初期，啤酒酵母必须利用麦汁中的含氮物质来合成自身的蛋白质、核酸和其他含氮物质，以满足自身生长繁殖的需要。但是，正常的啤酒酵母的胞外蛋白酶活力微弱，很难利用麦汁中的大分子含氮物质，主要依靠麦汁中的氨基酸作为酵母繁殖所需的氮源。

在发酵开始，天冬酰胺、天冬氨酸、丝氨酸、苏氨酸、赖氨酸、精氨酸、谷氨酸、谷酰胺8种氨基酸被迅速吸收，而其他氨基酸只被缓慢吸收或不吸收。只有这8种氨基酸浓度下降幅度达50%以上时，酵母才分泌相关输送酶，将其他氨基酸输送到细胞内进行利用。由于酵母对氨基酸的利用具有一定的顺序性，所以酵母在发酵初期必须自身合成一系列氨基酸，即利用可发酵性糖生成酮酸，酮酸再接受其他氨基酸脱下的氨基形成各种氨基酸。酵母在发酵初期并不积累酮酸，因为酮酸的合成受细胞合成的反馈抑制。在发酵中后期，特别是当麦汁中缺乏氨基酸时，酵母细胞合成速度减慢，解除了对酮酸的反馈抑制，酮酸的生成量加大，大量酮酸无法转化为氨基酸，而被转化成高级醇。因此，麦汁中含氮物质的种类及含量对酵母生长繁殖和代谢副产物高级醇、双乙酰等的形成都有很大影响。

啤酒发酵过程中，麦汁中含氮物质下降1/3左右，主要是部分氨基酸和低分子肽类物质被酵母同化而用于合成酵母细胞，另外有部分蛋白质由于pH和温度的下降而沉淀，少量蛋白质吸附在酵母菌体表面。发酵后期，酵母细胞向发酵液分泌多余的氨基酸，使酵母衰老和死亡，死细胞中的蛋白酶被活化后，分解细胞蛋白质形成多肽物质，由于细胞壁被适度水解，使多肽物质进入发酵液，产生浑浊现象。

3．发酵副产物的形成与分解

（1）高级醇类　高级醇类是啤酒发酵代谢副产物之一，也是啤酒的主要香味和口味物质之一，适量的高级醇能使酒体丰富，口味协调，给人以醇厚的感觉，但如果含量过高，会导致饮后上头并使啤酒有异味。高级醇主要是在主发酵期间形成，形成的代谢途径有两个：埃尔利希途径和合成代谢途径。其中，埃尔利希途径占25%，合成代谢途径占75%。

埃尔利希途径：以α-酮戊二酸为媒介，在转氨酶作用下获得氨基酸上的氨基，生成谷氨酸；而原氨基酸脱去氨基后生成新的α-酮酸，经脱羧、还原反应后生成比原来氨基酸少一个碳的高级醇。

合成代谢途径：在氨基酸的合成途径中，碳水化合物经一系列反应生成α-酮酸，在酮酸脱羧酶作用下脱羧，再经进一步地还原，可形成相应的高级醇。

在高级醇形成过程中，埃尔利希途径占25%，合成代谢途径占75%，啤酒中大部分高级醇都是由糖代谢生成氨基酸的过程中产生的。啤酒中的高级醇以异戊醇含量最高，占50%以上，它和α-苯乙醇、乙酸乙酯、乙酸异戊酯及乙酸苯乙酯构成了啤酒香味的主要成分。

影响高级醇形成的主要因素有：

①麦汁成分：麦汁浓度越高，高级醇生成量越多。如果麦汁中α-氨基酸含量过高，会引起氨基酸的转氨、脱羧、还原成高级醇的反应，使高级醇生成量增加。当α-氨基酸含量过低时，酵母就通过糖代谢途径合成自身必需的氨基酸，若蛋白质合成不足或氨不足时，就会由α-酮酸生成高级醇。

②酵母菌种：一般来说，强凝聚性酵母的高级醇生成量较低，而发酵度高的酵母生成高级醇较多。高级醇是酵母增殖、合成细胞蛋白质时的副产物，酵母增殖倍数越大，形成的高级醇就越多。

③发酵条件：发酵温度和pH越高，越有利于高级醇的生成，因为发酵前期是酵母的繁殖阶段，提高温度必然能促进酵母的繁殖，高级醇的生成量也会相应提高。如果提高酵母的接种量，使繁殖的酵母数量相对减少，可降低高级醇的生成量。如果提高麦汁的溶氧水平，也会导致生成较多的高级醇。

（2）连二酮类　连二酮类是指双乙酰和2，3-戊二酮的总称。连二酮类物质的口味阈值很低，特别是双乙酰对啤酒风味影响最大，具有馊饭味，在啤酒的口味阈值为0.1～0.2mg/L，淡色啤酒双乙酰含量达0.15mg/L以上时就有不愉快的刺激味。因此，双乙酰含量是衡量啤酒是否成熟的限制性指标。

连二酮类物质合成的起始物质是丙酮酸和α－酮基丁酸，它们是酵母细胞在合成氨基酸过程中的中间产物，与活性乙醛作用可分别生成α－乙酰乳酸和α－乙酰羟基丁酸。α－乙酰乳酸在细胞外经氧化脱羧可转化为双乙酰，该反应是非酶作用，反应较慢。α－乙酰羟基丁酸经氧化脱羧可生成2，3－戊二酮。

在酵母细胞外形成的连二酮必须被酵母细胞吸收，在细胞内通过双乙酰还原酶的作用被还原为乙偶姻，进一步还原为2，3－丁二醇，才能消除双乙酰带来的不愉快气味。

降低双乙酰含量、加速啤酒成熟的主要措施有：

① 酵母选育：选育形成α－乙酰乳酸高峰值低的酵母菌株，以减少双乙酰前体物质的积累。

② 提高麦汁中的α－氨基氮的水平：提高麦汁中α－氨基氮含量，也就相应地提高了麦汁中缬氨酸的含量，可抑制乙酰羟基丁酸合成酶，可以减少α－乙酰乳酸的合成和积累，从而降低α－乙酰乳酸分解为双乙酰的支路代谢。

③ 调整主发酵的条件：双乙酰的前体物质主要是在酵母繁殖过程中产生的，如果加大酵母接种量，降低酵母的增殖率，可以减少α－乙酰乳酸的形成。当主发酵外观发酵度达65%左右时，酵母的一些挥发性风味物质已基本形成，可通过提高主发酵后期双乙酰的还原温度（12～13℃，甚至更高一些），并推迟升压时间（外观发酵度达70%以上），保持双乙酰还原阶段悬浮液中一定酵母密度，有利于加速双乙酰的还原。

（3）酯类　啤酒中的酯类主要在主发酵期间生成的，酵母先形成酰基辅酶A，酰基辅酶A与醇类物质在酯酶的作用下生成相应的酯。挥发性酯类物质是啤酒香味的主要来源，适量的乙酸乙酯、乙酸异戊酯和乙酸苯乙酯能给啤酒增加酯香味和酒香味，过量则对啤酒的风味不利。在啤酒贮存期间，由于酯化反应，会使啤酒中酯含量升高。

影响酯类形成的主要因素有：

① 酵母菌种：不同酵母的酯酶活性差别很大，产酯量也不同，如汉逊酵母、球拟酵母、毕赤酵母等均能产生大量的乙酸乙酯。另外，产酯量与接种量有关，酵母接种量越大，酯的生成量就越低。

② 麦汁浓度：麦汁中的α－氨基氮对酯的生成有促进作用。麦汁浓度越高，越有利于酯的形成，如果采用15°P以上的麦汁进行发酵，生成的酯类物质的量即使在稀释后也能感到啤酒有明显的酯香味。

③ 发酵条件：大多数酵母生成酯类的最适温度为20～25℃，发酵温度高，有利于酯的形成。提高麦汁的含氧量能使酵母生长迅速，酰基辅酶A的消耗较多，能减少酯类物质的生成。主发酵采用加压发酵，会使酒液中CO_2含量增加，酵母的繁殖受到抑制，有利于酯的形成。

（4）醛类　啤酒中已经检出的醛类有50多种，如甲醛、乙醛、丙醛、异丁醛、正丁醛、异戊醛、糠醛等，这些醛类来自麦汁煮沸时的美拉德反应，或者是由醇类还原生成。其中，乙醛是啤酒发酵过程中产生的主要醛类，它对啤酒风味的影响最大。当啤酒中的乙醛含量超过口味阈值时，会产生不愉快的粗糙口味感；若啤酒中乙醛含量过高，还会有一种辛辣的腐烂青草味。

乙醛是由丙酮酸脱羧而生成，随发酵的不断进行，在发酵前期大量生成的乙醛会逐渐被乙醇脱氢酶还原为乙醇。提高麦汁 pH、增加麦汁通风量和增加酵母接种量，均有利于乙醛的形成；带压发酵能促进乙醛的生成，而且发酵后期乙醛含量几乎不降低；而提高主发酵温度，由于酵母快速增殖消耗较多丙酮酸，乙醛生成量会减少。

（5）酸类　啤酒中的酸类物质是啤酒的呈味物质，适量的酸能赋予啤酒爽口的感觉，而过量的酸会造成啤酒口感粗糙、不柔和。酸类的形成主要有两个途径：其一是酵母利用麦汁中的氨基酸转化而来，氨基酸在酶的作用下脱去氨基后形成有机酸，啤酒中大部分有机酸是通过这个途径产生的；其二是酵母在有氧呼吸阶段通过糖代谢过程形成有机酸。

发酵条件的控制对啤酒中的总酸含量影响很大：发酵温度越高，产酸越多；增大发酵过程中的通风量，会使产酸量提高；增加酵母接种量会减少产酸量；发酵液中的离子浓度高，则产酸多。

4. 其他变化

（1）苦味物质变化　在啤酒发酵过程中，麦汁的含氧量越高，酵母的繁殖越旺盛，酵母表面以及泡盖中吸附的苦味物质就越多。有 30% ~40% 的苦味物质在发酵过程中损失。

（2）色度的变化　随发酵液 pH 下降，溶于麦汁中的色素物质被凝固析出，单宁与蛋白质的复合物以及酒花树脂等吸附于泡盖、冷凝固物或酵母细胞表面，使啤酒的色度有所下降。

（3）CO_2的变化　啤酒酵母在整个代谢过程中，将不断产生 CO_2，一部分以吸附、溶解和化合状态存在于酒液当中，另一部分 CO_2被回收或逸出罐外，最终成品啤酒的 CO_2质量分数为 0.5% 左右。

二、啤酒发酵的工艺控制

根据酵母发酵类型，可把啤酒发酵分为上面啤酒发酵和下面啤酒发酵。两者在工艺上有很大的差异：下面发酵过程可明显地划分为主发酵和后发酵两个阶段，发酵温度较低，罐压较低，周期较长，酵母回收比较容易；上面发酵过程大都只有主发酵一个阶段，发酵温度较高，罐压较高，周期相对较短，酵母回收比较困难。现在世界上大多数啤酒厂都采用下面发酵方法。

1. 传统发酵工艺的控制

传统啤酒发酵过程包括定型麦汁添加酵母、酵母槽增殖、主发酵、后发酵和贮酒等阶段。一般情况下，主发酵在密闭或敞口的发酵槽（池）中进行，后发酵在密闭的卧式发酵罐内进行。

（1）酵母槽增殖　将6~8℃的冷麦汁泵入酵母添加槽，然后添加0.5%~0.6%的酵母泥（代数在6~8代以内），通入无菌空气，使酵母泥均匀分散，进行酵母繁殖。当麦汁表面已形成一层白色泡沫时，表明酵母繁殖已达要求，即可入发酵池。

（2）主发酵　主发酵是啤酒发酵的主要阶段，进入主发酵池的麦汁已被酵母耗尽溶解氧，此时开始进行厌氧发酵，大部分可发酵性糖在此过程中转化为乙醇、CO_2以及一些主要代谢产物。主发酵可分为起泡期、高泡期、落泡期和泡盖形成期。

① 起泡期：入发酵池4~5h后，在发酵液表面逐渐形成菜花状的白色泡沫，并从池边向中间蔓延，此时不需进行人工降温，发酵液每天升温0.5~0.8℃，以及每天耗糖0.3~0.5°Bx，维持2~3d，pH下降至4.7~4.9。

② 高泡期：厌氧发酵2~3d后，泡沫呈卷曲状隆起，厚度达25~30cm，由于酒花树脂、蛋白质-单宁复合物不断析出，泡沫逐渐变为棕黄色。高泡期持续2~3d，每天耗糖1.5°Bx左右，由于发酵旺盛，需进行人工降温以维持一定温度，低温发酵控制温度不超过9℃，高温发酵控制温度不超过12℃。此阶段pH下降至4.4~4.6。

③ 落泡期：厌氧发酵5~6d后，酵母的发酵力逐渐减弱，CO_2气泡减少，泡沫回缩，酒液内析出物增多，泡沫色泽由棕黄色变成棕褐色。落泡期维持2d，每天耗糖0.5~0.8°Bx，需进行人工降温，每天控制品温下降0.4~0.9℃，此阶段pH保持稳定或略微回升。

④ 泡盖形成期：发酵7~8d后，大部分酵母沉淀，泡沫回缩，形成一层褐色苦味的泡盖，泡盖由泡沫、酒花树脂、蛋白质-单宁复合物等物质组成，厚度2~4cm。此阶段每天耗糖0.2~0.4°Bx，需进行人工降温，控制每天降温0.5℃，使下酒品温达到4.0~5.5℃。

（3）后发酵和贮酒　麦汁经主发酵后的发酵液称为嫩啤酒，将嫩啤酒从主发酵池打入后发酵罐的操作称为“下酒”。由于嫩啤酒的酒体还不够成熟，CO_2含量不足，酒液中的双乙酰、硫化氢等挥发性物质的含量还远远超过规定的范围，必须经过一定时间的贮存，这个时期就是啤酒的后发酵和贮酒期。

后发酵的主要作用如下：

① 残糖的继续发酵：下酒时的糖度为3.8~4.5°Bx，还有一部分糖类需要继续发酵。后发酵时间一般为7~10d，平均每天耗糖低于0.3°Bx，温度控制在3~4℃，7d后逐步降温至1~2℃，进入低温贮酒期。

② 饱和CO_2：传统的主发酵是在敞口容器中进行的，由于发酵过程中产生的CO_2外逸，溶解于酒液的CO_2只有0.20%~0.28%，而成品啤酒中的CO_2含量

为0.5%左右，因而需在后发酵过程中产生部分CO_2。

③ 促进啤酒的成熟：主发酵过程中生成的双乙酰、硫化氢、乙醛等需在后发酵过程中除去。在后发酵期间，利用CO_2的洗涤作用，可以排除这些物质，促进啤酒成熟。

④ 啤酒的澄清：在进入后发酵的酒液中，由于一些酵母细胞、蛋白质冷凝固物、酒花树脂、蛋白质-多酚复合物等的存在，使酒液的后处理变得困难。贮酒期间，随着酵母的沉淀，它吸附或夹杂其他的杂质逐渐沉淀在容器底部，使酒液变得澄清，有利于啤酒的过滤。

下酒时应尽可能地避免酒液与氧的接触，防止酒的氧化。酵母细胞浓度控制在（5～10）$\times 10^6$个/mL，过低或过高都会影响后发酵的进行。若发酵液的残糖太低，可适量添加10%～20%的起泡酒（发酵度为20%左右），以促进后发酵的进行。贮酒罐可用单批发酵液装满，也可几批发酵液混合分装在几个贮酒罐内，以获得质量均匀的啤酒。

下酒满罐后，一般敞口发酵2～3d，以排除啤酒的生青味，然后即可封罐。罐压缓慢上升后，控制罐压为0.05～0.08MPa，以保证CO_2含量。在后发酵过程中，一般采用室温控制酒温，开始时控制温度为3℃左右，以促进双乙酰的快速还原，而后逐步降温至-1～1℃，以促进CO_2的饱和及酒液的澄清。后发酵时间根据啤酒种类、原麦汁浓度和贮酒温度而异，淡色啤酒的贮酒时间比深色啤酒长，原麦汁浓度的啤酒贮酒时间较长，低温贮酒的时间比高温贮酒长。

2. 立式圆筒体锥底发酵罐发酵的工艺控制

早在20世纪20年代德国的工程师就发明了立式圆筒体锥底密封发酵罐，经过多年的改进，大型的立式圆筒体锥底具有露天放置、容积大、占地少、设备利用率高、投资省、便于自动控制等优点，已被啤酒厂普遍使用。

立式圆筒体锥底发酵罐的生产方式分为一罐法和两罐法。一罐法发酵是指传统的主发酵和后发酵阶段都是在一个发酵罐内完成，在啤酒发酵过程中不用换罐，操作简单，避免了在发酵过程中接触氧气的可能。两罐法发酵又分为两种：一种是主发酵在发酵罐中进行，而后发酵和贮酒阶段在贮酒罐中完成；另一种是主发酵、后发酵在一个发酵罐中进行，而贮酒阶段在贮酒罐中完成。两罐法比一罐法操作复杂，但贮酒阶段的设备利用率较高，啤酒质量也相对较高。

（1）一罐法发酵工艺

① 麦汁进罐与添加酵母：麦汁进罐一般采用分批直接进罐，满罐时间一般控制在24h之内，开始几批麦汁加入少量酵母并小通风，最后一批麦汁进罐时加入全部酵母，并正常通风至麦汁的溶解氧浓度为4～5mg/L。酵母的接种量通常控制在0.6%～0.8%，满罐后酵母细胞数控制在（10～15）$\times 10^6$个/mL。

② 主发酵期：主发酵过程中，刚开始在锥底罐下部的酵母浓度高，酵母起发速度快，因而下部的CO_2浓度高于中上部，导致下部发酵液密度较低，使发酵

液由下向上形成强烈对流。随着发酵液对流速度加快，升温也快，需开启发酵罐上段冷却带控制温度，由于罐内温度上低下高，可加快发酵液的对流。如果发酵温度难以控制，可打开发酵罐的中段冷却带协助冷却。

低温发酵法进料后的品温控制为7℃左右，发酵1d后可排放1次沉淀物，再自然升温至9℃，保持3~4d。高温发酵法进料后的品温控制为11℃左右，酵母增殖36h后，升温至12℃并保持2d。在开始阶段，产生的CO_2和不良的挥发性物质应及时排除，罐压需采用微压（<0.01~0.02MPa）；在外观发酵度为30%左右时，酵母第一次出芽已全部长出，即可封罐升压，维持罐压在0.08~0.09MPa。

③ 双乙酰还原期：双乙酰还原期的确定是以糖度变化为依据的，各个啤酒厂认定转入双乙酰还原期的糖度规定值不同，一般在达到发酵度90%的糖度时开始还原双乙酰。双乙酰还原期温度控制可分为三种：其一是低于主发酵温度2~3℃进行还原，一般需7~10d，酵母不容易自溶和死亡，啤酒口味较好；其二是与主发酵温度相同进行还原，实际上是不分主发酵和后发酵，还原时间短；其三是高于主发酵温度2~4℃进行还原，还原期可缩短2~4d，这种方法是目前的常用方法。采用较高温度还原时，低温发酵工艺的温度控制为12℃，高温发酵工艺的温度控制为14℃，而罐压都维持在0.12MPa。双乙酰还原阶段温度上升缓慢，可通过调节锥底罐底部的冷却带来控制还原温度，减轻发酵液的对流强度，为下一步酵母沉降创造条件。

④ 降温期：随着糖度继续降低，双乙酰还原至0.1mg/L以下时，开始以0.2~0.3℃/h的速度将发酵液的温度降至4℃（有的直接降温至0℃）。在此阶段，以控制锥底罐下部温度为主，以促进酵母及凝固物的沉降，有利于酵母的回收、酒液的澄清和CO_2的饱和，有利于酒质的提高和口味的纯正。在降温期间，降温速度一定要缓慢、均匀，防止结冰。

⑤ 贮酒期：贮酒期包括温度由4℃降至-1~0℃的保温阶段。此阶段，需打开发酵罐的上、中、下层冷却带，保持三段酒液温度平稳，避免温差变化产生酒液对流，而引起已沉淀的酵母、冷凝固物等又重新悬浮并溶解于酒液中，造成过滤困难。

⑥ 酵母的排放与回收：通常在双乙酰还原结束后，发酵液温度降至4℃左右时开始进行排放酵母，而后的发酵期间排放2~3次，对能重新利用的酵母泥一定要及时回收，可回收至酵母专门贮罐，然后添加于下一批发酵的麦汁中。

（2）两罐法发酵工艺　两罐法发酵工艺可分为两类。

其一是典型的两罐法，即酒液中的双乙酰含量降至0.1mg/L以下时，将酒液温度降至4℃左右，进行回收酵母，然后将酒液经过板式换热器使温度急剧降至0~1℃，进入贮酒罐，此时酒液中酵母细胞数应控制在（2~3）$\times 10^7$个/mL。换罐时应严格隔绝酒液与空气的接触，防止双乙酰的反弹。贮酒时间一般为

8～25d。

其二是模拟传统两罐法，即在锥底罐中发酵至主发酵结束，酒液的真正发酵度达到50%～55%时，降低酒液温度至4℃左右，进行回收酵母，使酒液中的酵母细胞数为（1～1.5）$\times 10^7$个/mL，然后将酒液缓慢地转入贮酒罐中。当双乙酰降至0.1mg/L以下时，将罐温迅速降至0～1℃进行贮酒，0℃贮酒一般需要8～25d。

拓展知识4.2 酱油发酵控制

一、酱油发酵的基本原理

将成曲拌入大量盐水，成为浓稠的半流动状态的混合物，俗称为酱醪；如果成曲拌入少量盐水，成为不流动状态的混合物，则称为酱醅。将酱醪或酱醅装入发酵容器内，采用保温或者不保温方式，利用曲中的酶和微生物的发酵作用，将酱醅中的物料分解、转化，形成酱油独有的色、香、味、体成分，此过程就是酱油发酵。

酱油发酵过程中，物料分解与转化如下：

（1）原料植物组织的分解　原料经过蒸煮后，植物组织受物理分解的作用是有限的，如果其中的淀粉和蛋白质没有充分暴露出来，很难被酶解。因而酱油酿造的第一步是利用果胶酶降解果胶物质，使各个细胞分离出来，然后利用纤维素酶、半纤维素酶将构成细胞壁的纤维素及半纤维素降解，使细胞壁被破坏，淀粉酶及蛋白酶才能作用于原料中的淀粉及蛋白质。

（2）淀粉的糖化作用　在发酵过程中，微生物分泌的淀粉酶能将原料中的碳水化合物分解成葡萄糖、麦芽糖、糊精等。酱油色泽形成的主要途径是氨基-羰基反应（即美拉德反应），需要糖化生成的糖类物质参与反应。糖化作用完全，酱油的甜味好，体态浓厚，无盐固形物含量高，有利于提高酱油质量。

（3）蛋白质的分解作用　各种原料所含的蛋白质由许多氨基酸组成，经蛋白酶作用可逐步降解成胨、多肽和氨基酸，有些氨基酸或氨基酸盐是呈味的，就成为酱油的调味成分，如谷氨酸钠呈鲜味，甘氨酸、丙氨酸、色氨酸呈甜味，酪氨酸呈苦味。

（4）脂肪的水解作用　原料豆饼残存的油脂量为3%左右，麸皮含有粗脂肪也在3%左右，这些脂肪通过脂肪酶、解脂酶的水解作用而生成甘油和脂肪酸，其中软脂酸、亚油酸与乙醇结合生成软脂酸乙酯和亚油酸乙酯，是酱油的部分香气成分。

（5）色素的生成　酱油色素的组成复杂，酶褐变和非酶褐变是酱油色素生成的基本途径，色素形成受到许多因素的影响。

（6）酒精的发酵作用　在制曲和发酵过程中，从空气落入的酵母菌可繁殖、生长，其繁殖状况视发酵温度而定。采用高温发酵时，绝大部分酵母菌被杀死，不会发生酒精发酵，因而酱油香气较少、风味较差。如果采用中温或低温发酵，酵母菌可进行酒精发酵，生成的酒精一部分被氧化成有机酸，一部分与有机酸反应生成酯类。

（7）酸类的发酵作用　在制曲和发酵过程中，从空气落入的细菌可繁殖、生长，这些细菌在发酵过程中利用可发酵性糖转化为乳酸、醋酸和琥珀酸等有机酸，适量有机酸的存在可增加酱油的风味。

二、酱油发酵的工艺控制

酱油发酵可分为低盐固态发酵、高盐稀醪发酵和固稀发酵三类。

1. 低盐固态发酵工艺控制

低盐固态发酵工艺流程如图4－27所示。

低盐固态发酵工艺控制如下：

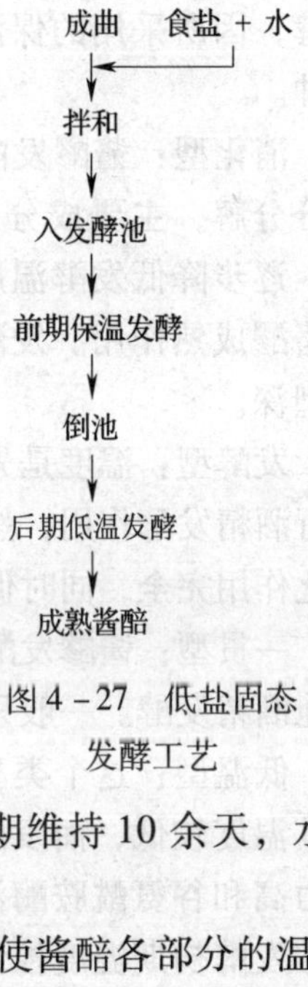

成曲　食盐＋水
→ 拌和
→ 入发酵池
→ 前期保温发酵
→ 倒池
→ 后期低温发酵
→ 成熟酱醅

图4－27　低盐固态发酵工艺

（1）盐水配制　用水将食盐溶解，并调整至规定浓度。用波美计测定盐水浓度，一般要求盐水浓度为11～13°Bé。一般情况下，夏季控制盐水温度为45～50℃，冬季控制盐水温度为50～55℃，使入池后的酱醅品温为42～46℃。盐水温度过高会使成曲酶活力钝化以致失活。配制的盐水量控制在制曲原料总质量的65%左右，使拌和成的酱醅水分50%～53%。

（2）前期保温发酵　发酵前期目的是使原料中蛋白质经蛋白质水解酶的作用水解成为氨基酸，需将发酵温度控制在蛋白质水解酶作用的温度范围。蛋白质最适温度是40～45℃，由于低盐固态发酵的基质浓度较大，蛋白酶的耐热性在较浓基质情况下有所提高，但发酵温度最好还是不要超过50℃。发酵前期维持10余天，水解即可完成。

（3）倒池　经过前期发酵后，需进行倒池。倒池可以使酱醅各部分的温度、盐分、水分以及酶的浓度趋于均匀，同时排除酱醅内部生化反应产生的有害气体、有害挥发性物质，增加酱醅的氧含量，防止厌氧菌生长，促进有益微生物繁殖和色素生成。倒池的次数视具体发酵情况而定，适当的倒池次数有利于提高酱油质量和全氮利用率。发酵周期20d左右时，一般只需在第9～10d倒池一次，而发酵周期在25～30d可倒池两次。

（4）后期低温发酵　进入发酵后期，酱醅温度可控制在40～43℃，某些耐高温的有益微生物在此温度下仍可繁殖，经过10余天的后期发酵，酱油风味可有所改善，酱醅即达成熟。

成熟酱醅的质量标准为：

① 感官指标

外观：赤褐色，有光泽，不发乌，颜色一致；

香气：有浓郁的酱香、酯香气，无不良气味；

滋味：酱汁口味鲜，微甜，味厚，不酸，不苦，不涩；

手感：柔软，松散，不干，不黏，无硬心。

② 理化指标：水分含量为 48% ~ 52%，食盐含量 6% ~ 7%，pH4.8 以上，原料水解率 50% 以上，可溶性无盐固形物 250 ~ 270g/L。

2. 高盐稀醪发酵工艺控制

高盐稀醪发酵法是指面曲中加入较多的盐水，使酱醪呈流动状态进行发酵的方法。根据发酵温度不同，可分为常温发酵和保温发酵。常温发酵的酱醪温度随气温高低自然升降，酱醪成熟缓慢，发酵时间较长。保温发酵又称温酿稀发酵，因所采用的保温温度不同，又可分为消化型、发酵型、一贯型和低温型四种。

消化型：酱醪发酵初期温度较高，一般达到 42 ~ 45℃ 保持 15d，酱醪得以充分分解，主要成分全氮及氨基酸生成速度甚快，此时基本已达到高峰；然后，逐步降低发酵温度，促使耐盐酵母大量繁殖进行旺盛的酒精发酵，同时进行酱醪成熟作用。发酵周期为 3 个月，产品口味浓厚，酱香气较浓，色泽比其他型深。

发酵型：温度是先低后高，酱醪先经过较低温发酵，在缓慢分解作用的同时进行酒精发酵作用，然后逐渐提高温度至 42 ~ 45℃，使蛋白质分解作用和淀粉糖化作用完全，同时促使酱醪成熟。发酵周期也为 3 个月。

一贯型：酱醪发酵温度始终保持于 42℃ 左右，耐盐耐高温的酵母菌也会缓慢地酒精发酵。一般只要 2 个月即可成熟。

低温型：这个类型也可归属于发酵型范畴，是日本近期采用的发酵方法，但其温度较低，而发酵时间较长。日本酱油生产密切结合其成曲中碱性蛋白酶活力高和谷氨酰胺酶活力强的特点，认为冬日制曲酿制的酱油质量好，因而将酱醪发酵初期温度控制得比较低，一般认为 15℃ 维持 30d。这个阶段维持低温的目的，是抑制乳酸菌的生长繁殖，使酱醪 pH 能在较长时间内保持在 pH7.0 左右，使碱性蛋白酶能充分发挥作用，有利于谷氨酸生成和提高蛋白质利用率。发酵 30d 后，发酵温度逐步升高，此时就开始乳酸发酵。当 pH 逐渐下降至 5.3 ~ 5.5，品温到 22 ~ 25℃ 时，由于酵母菌繁殖而开始酒精发酵，温度升高到 30℃ 是酒精发酵最旺盛时期，下池 2 个月后 pH 下降到 pH5.0 以下，此时蛋白质分解大体完成，酒精发酵也基本结束，而酱醪则继续保持在 28 ~ 30℃ 四个月以上，使酱醪成熟作用缓慢进行，并逐步形成酱油的色泽和十分复杂的酱香气。

高盐稀醪发酵工艺流程如图 4 – 28 所示。

高盐稀醪发酵工艺控制如下：

（1）酱醪配制　高盐稀醪发酵法一般以大豆、面粉为主料，两者按7∶3或6∶4的比例进行配比。将成曲破碎后，加入2～2.5倍量的18°Bé（20℃）的盐水，搅拌均匀，即可配成酱醪。

（2）发酵　将酱醪置于发酵罐中，第3天后开始进行抽油淋浇，淋油量约为原料量的10%，其后每隔1个月淋油1次。淋油时由酱醅表面喷淋，不要破坏酱醅的多孔性状。当发酵3～6个月时，大豆已溃烂，醪液中氨基酸态氮约为10g/L，并在1周前后无大变化，意味着酱醪已成熟，可以放出酱油。

放油后，头渣用18°Bé（20℃）的盐水浸泡10d，然后抽取二滤油；二滤渣用加盐后的四滤油及18°Bé（20℃）的盐水浸泡，时间也是10d。放出三滤油后，三滤渣改用80℃热水浸泡一夜，即可放油，抽出的四滤油应立即加盐，使浓度达18°Bé（20℃），供下批浸泡二滤渣使用。

3. 固稀发酵工艺控制

固稀发酵法适用于以脱脂大豆、炒小麦为主要原料，其特点是前期进行保温固态发酵，后期进行常温稀态发酵，发酵周期比高盐稀醪发酵法短，而酱油质量比低盐固态法好。固稀发酵工艺流程如图4－29所示。

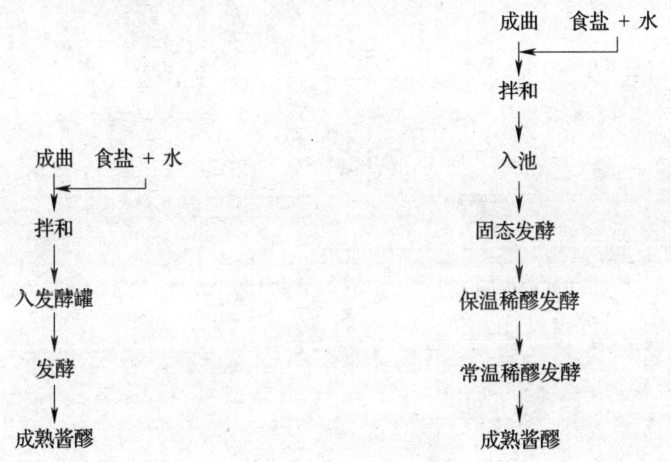

图4－28　高盐稀醪发酵工艺流程　　图4－29　固稀发酵工艺流程

固稀发酵工艺控制如下：

（1）固态发酵　按1∶1的比例，将成曲与13～14°Bé的盐水拌和，入池保温40～42℃发酵14d。

（2）保温稀醪发酵　向固态发酵后的酱醅补加18°Bé的盐水，盐水量是成曲的1.5倍，使酱醅变为稀醪态，用压缩空气搅拌，前3～4d每天搅拌1次，3～4d后改为每2d搅拌1次，每次搅拌几分钟。温度保持在35～37℃，发酵15～20d。

（3）常温稀醪发酵　保温稀醪发酵结束后，将酱醪泵送至常温发酵罐，在28～30℃下发酵30～100d，发酵期间每周用压缩空气搅拌1次，即可成为成熟酱醪。

［思考题］

1. 撰写谷氨酸发酵过程控制的实训报告。
2. 撰写柠檬酸发酵过程控制的实训报告。
3. 撰写发酵染菌处理的实训报告。
4. 影响发酵的因素有哪些？它们对发酵有什么影响？
5. 影响发酵中氧传递的因素有哪些？它们对氧传递有什么影响？
6. 以一个产品的发酵过程为例，简述如何进行发酵过程的控制。
7. 以一个产品的发酵为例，简述如何评价发酵结果。
8. 染菌有何危害？染菌原因通常有哪些？如何预防染菌以及进行染菌处理？

项目5　发酵产物的提取与精制

［能力目标］

1. 能够制定发酵醪菌体分离、沉淀法提取、离子交换提取、蒸发浓缩及结晶、干燥等工艺流程及技术参数；

2. 能够对发酵醪进行菌体分离、沉淀法提取、离子交换提取等操作，以及进行蒸发浓缩、结晶、干燥等操作；

3. 能够分析与处理菌体分离、沉淀法提取、离子交换提取、蒸发浓缩及结晶、干燥等过程中的常见问题。

［知识目标］

1. 了解发酵醪特征、提取与精制的一般流程以及相关生产设施；

2. 熟悉菌体分离、等电点提取、沉淀法提取、离子交换提取、蒸发浓缩、结晶、干燥等过程的控制要素；

3. 理解菌体分离、等电点提取、沉淀法提取、离子交换提取、蒸发浓缩、结晶、干燥等工艺流程、工艺原理及影响因素。

项目5.1　发酵液的菌体分离

发酵产物大致可分为菌体、酶和代谢产物三大类，都存在于发酵基质中。要获得纯净的目标产物，必须经过提取与精制过程。提取与精制是指从发酵醪中分离、纯化目标产物的过程。有的目标产物存在于细胞内，获取目标产物的首要步骤是从发酵醪中将菌体分离出来；而有的目标产物存在于细胞外，菌体分离虽然不是获取目标产物的必要步骤，但有时需要对发酵醪进行预处理并回收菌体，为目标产物的获取创造有利条件。

项 目 引 导

一、发酵产物的类型与发酵醪的特征

1. 发酵产物类型

发酵产物是指利用一定的原辅材料，以及利用微生物的特定性状，通过特定的微生物培养和发酵技术，在生物反应器中所获得的目标产物。这些目标产物可用如下方法进行分类：

(1) 按相对分子质量大小分类　可以分为相对分子质量小于或大于1000 的两类产物。相对分子质量小于 1000 的产物有氨基酸、有机酸、抗生素等，而相

对分子质量大于1000的产物有酶、蛋白质、核酸、多糖、抗体多肽等。

（2）按产物所处的位置分类　可以分为胞内产物和胞外产物。胞内产物存在于细胞体内，如胰岛素、干扰素、胞内酶、重组蛋白质等。胞外产物在细胞内产生，然后又分泌到细胞体外的产物，如抗生素、胞外酶、氨基酸、有机酸、乙醇等。

2. 发酵醪的特征

发酵醪是微生物利用基质中的营养物质进行生长、繁殖和代谢，最终获得的一种浑浊体系，它不同于一般的化学品，具有自身的特点。

（1）发酵醪中产物浓度较低　在绝大多数生化反应液中，溶剂全部是水，其含量一般在80%以上。发酵醪中溶质和悬浮物浓度较低，主要受其物理特性或生产条件影响，具体包括：溶质浓度和细胞浓度较高时，会导致培养液的黏度较高，造成发酵醪传质、传热的效率低；从传质角度考虑，发酵醪中微生物菌体的堆积密度有上限制约，一般而言，微生物细胞的体积分数是其质量分数的3倍；产物的浓度会对微生物细胞的密度产生反馈抑制作用。

（2）发酵醪是多组分混合物　发酵醪不仅包含营养基质中本身固有的各类营养物质（如糖、蛋白质、无机盐、维生素等），还含有微生物代谢途径的中间产物（如氨基酸、有机酸等）、副产物和目标产物；另外，发酵醪中既有可溶性物质，也有不溶性的悬浮粒子（如细胞、细胞碎片、沉淀物等）。总之，其组分复杂，会给发酵产物分离纯化带来困难。

（3）大多数发酵产物的稳定性差　发酵产物中的绝大多数品种都具有稳定性差的特性，会因物理、化学因素的影响或微生物降解而造成产物的失活。例如蛋白质对pH非常敏感，超过一定的pH范围，蛋白质将发生变性而失活；青霉素的β-内酰胺环，在极端pH条件下会受损；具有手性的产物分子可能由于pH、温度的影响或溶液中某些物质的催化而被外消旋，导致大量产物损失。

二、菌体分离的方法

在工业生产中，菌体分离的常用方法有离心分离法、常规过滤法和膜分离法等。

1. 离心分离法

离心分离是利用惯性离心力和物质的沉降系数或浮力密度的不同而进行的一项分离、浓缩或提炼操作。对那些固体颗粒很小或液体黏度很大的发酵醪，采用过滤方法进行分离比较困难，但采用离心分离可以得到满意的结果。离心分离不但可用于悬浮液中固体的分离，而且可用于两种不相溶液体的分离。离心分离可分为离心沉降、离心过滤和超离心三种形式。

（1）离心沉降　离心沉降是利用固-液两相的相对密度差，在离心机无孔转鼓或管子中对悬浮液进行分离的操作。离心沉降是科学研究与生产实践中广泛使用的非均相分离手段，适用于菌体、血球、病毒以及蛋白质等的分离。

离心沉降的基础是固体的沉降，当固体粒子在无限连续流体中沉降时，受到流体对它的浮力和粘滞力的作用，当这两种力达到平衡时，固体粒子将保持匀速运动，其速度遵循 Stoke 公式。由于发酵醪中存在的菌体或固形物体积较小，沉降速度很慢，为了提高沉降效率，可采用离心沉降法，主要依靠高速旋转所产生的离心作用，改善 Stoke 公式中的重力加速度 g，即用离心加速度（$\omega^2 \cdot r$）替代重力加速度 g。离心沉降的分离效果可用离心分离因数（又称为离心力强度）F_r 来进行评价，如式（5－1）所示：

$$F_r = \frac{\omega^2 r}{g} \qquad (5-1)$$

式中　ω——旋转角速度，rad/s

r——离心机的半径，m

分离因数越大，越有利于离心沉降。在实践中，常按分离因数 F_r 的大小对离心机分类，$F_r < 3000$ 的为常速离心机，$F_r = 3000 \sim 50000$ 的为高速离心机，$F_r \geqslant 50000$ 的为超高速离心机。

目前，离心沉降设备很多，主要包括实验室用的瓶式离心机和工业用的无孔转鼓离心机两大类。如图5－1所示，瓶式离心机可分为低速离心机、高速离心机和超速离心机。瓶式离心机的转子常为外摆式或角式，操作一般在室温下进行，也有配备冷却装置的冷冻离心机。无孔转鼓离心机又有管式、碟片式、卧螺式及多室式等几种型式，工业中常用于分离菌体、细胞碎片的是管式离心机和碟片式离心机。

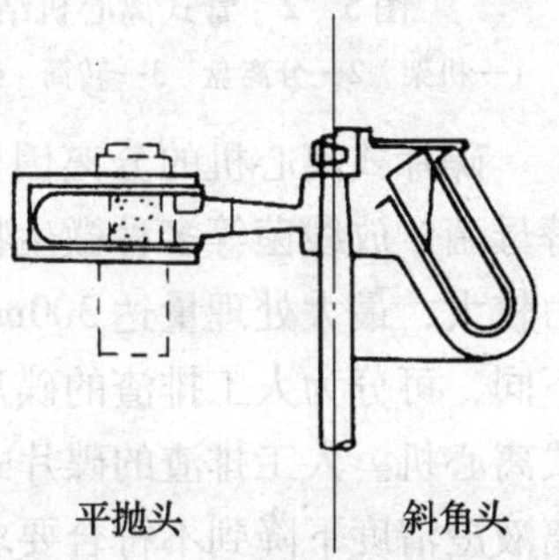

图5－1　瓶式离心机

如图5－2所示，管式离心机的转鼓由顶盖、带空心轴的底盖和管状转筒组成，转鼓直径小，长径比一般为4～8，分离因数为15000～65000，适合于固体粒子粒径为0.01～100μm，固液密度差大于0.01g/cm³，体积浓度小于1%的难分离悬浮液的分离。处理发酵液时，关闭重液出口，只保留中央轻液溢出口，发酵液从管底加入，与转筒同速旋转，上清液在顶部排出，菌体等粒子沉降到筒壁上形成沉渣和黏稠的浆状物，当运转一段时间后，出口液体中固体含量达到规定的最高水平，澄清度不符合要求时，需停机清除沉渣后才能重新使用，因此操作是间歇式的。

碟片式离心机又称为分离板式离心机，是发酵工业中应用最为广泛的一种离心机。如图5－3所示，它有一个密封的转鼓，内设有数十至上百个锥顶角为60°～120°的圆锥形碟片，以增大沉降面积和缩短分离时间。碟片间距离一般为0.5～2.5mm，当碟片间的悬浮液随着碟片高速旋转时，固体颗粒在离心力作用下沉降于碟片的内腹面，并连续向鼓壁沉降，澄清液则被迫反方向移动至转鼓中心的进液管周围，并连续被排出。

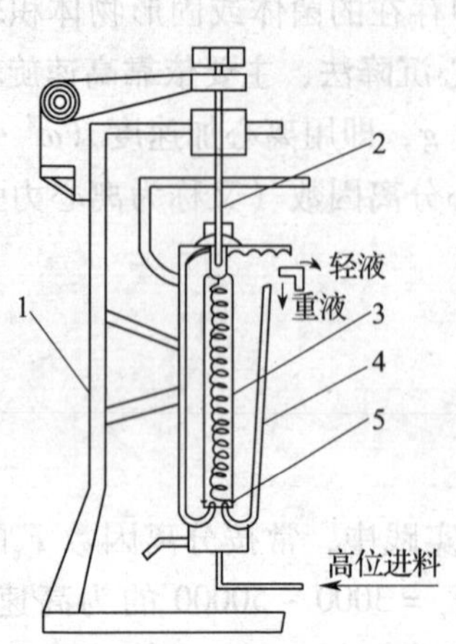

图 5-2　管式离心机结构示意图

1—机架　2—分离盘　3—转筒　4—机壳　5—挡板

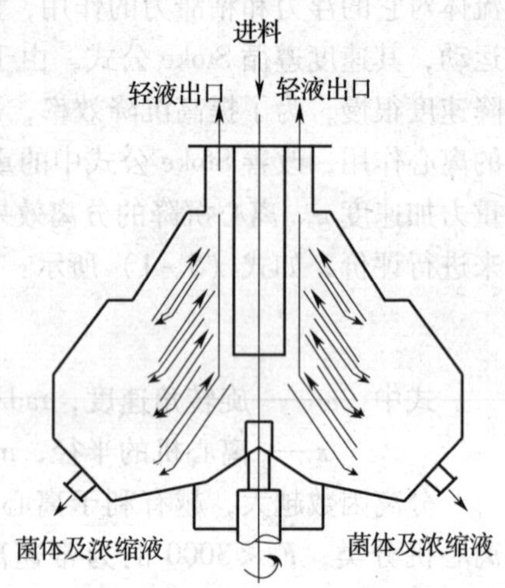

图 5-3　碟式离心机示意图

碟片式离心机的分离因数可达 3000~20000，分离效果较好，适用于细菌、酵母菌、放线菌等多种微生物细胞悬浮液及细胞碎片悬浮液的分离。它的生产能力较大，最大处理量达 $300m^3/h$，一般用于大规模的分离过程。根据卸渣方式的不同，可分为人工排渣的碟片式离心机、喷嘴排渣碟片式离心机和自动排渣碟片式离心机。人工排渣的碟片式离心机是一种间歇式离心机，运转一定时间后，分离液澄清度下降到不符合要求时，应停机排渣后再运行。喷嘴排渣碟片式离心机的转鼓壁上开设若干个喷嘴，运行过程中，喷嘴始终是开启的，连续排出的残渣中含水较多而成浆状。自动排渣碟片式离心机是利用底部活门的启闭排渣孔进行断续自动排渣，位于转鼓底部的环板状活门在液压的作用下可上下移动，当环板状活门向下移动时，开启排渣口开始排渣；当环板状活门向上移动时，排渣口关闭，停止排渣。

（2）离心过滤　所谓离心过滤，就是指利用离心转鼓高速旋转所产生的离心力代替压力差作为过滤推动力的一种过滤分离方法。如图 5-4 所示，过滤离心机的转鼓为一多孔圆筒，圆筒内表面铺有过滤介质（滤布或硅藻土等），以离心力为推动力完成过滤作业，兼有离心与过滤的双重作用，过滤面积和离心力随离心过滤机半径的增大而增大。一般情况下，发酵醪的过滤速度受过滤面积、介质阻力、

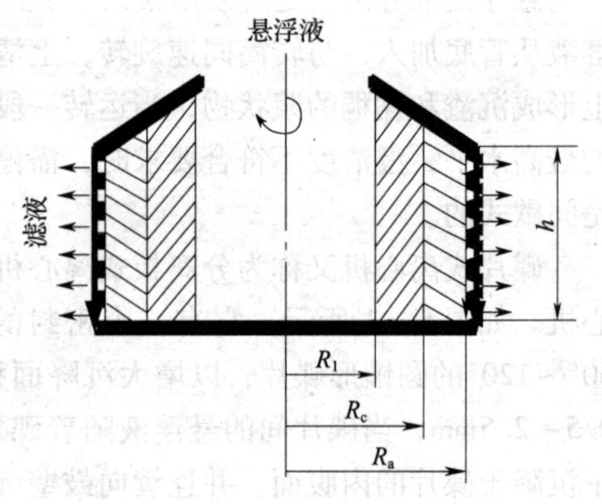

图 5-4　离心过滤工作原理图

滤饼阻力、发酵醪性质等因素的影响，主要取决于发酵醪的性质，即黏度和杂质含量。

操作时，被处理的料液由转鼓口连续进入装有过滤介质的圆筒内，然后被加速到转鼓旋转速度，形成附着在鼓壁上的液环，粒子受到离心力的作用而沉积，过滤介质则可阻止颗粒的通过，形成滤饼。由于悬浮液中固体粒子的沉积，在滤饼表面生成了澄清液层，该澄清液透过滤饼层和过滤介质向外排出。在过滤后期，由于施加在滤饼上的部分载荷的作用，相互接触的固体粒子经接触面传递粒子应力，滤饼开始压缩。因此，离心过滤过程一般分为滤饼形成、滤饼压缩和滤饼压干三个阶段，但是由于物料性质不同，有时可能只经过一个或两个阶段。

离心过滤设备可用于分离固体密度大于或小于液体密度的悬浮液，按卸渣的方式可分为间歇式和连续式两种。间歇式离心机通常在减速的情况下由刮刀卸渣，或停机抽出转鼓或滤布进行卸渣，图5－5所示为分批立式离心过滤机。连续离心机则用如下两种方式卸渣：一种是活塞推渣，即借助活塞的往复运动带动推料盘而进行脉动卸渣；另一种是振动卸渣，即网孔转鼓为锥形，物料由小端进入，转鼓的轴向振动和固体粒子的重力产生指向大端方向的总推动力，该推动力克服了粒子与转鼓间的摩擦力，使粒子从转鼓小端移向大端，达到卸渣的目的。图5－6所示为连续锥形离心过滤机。

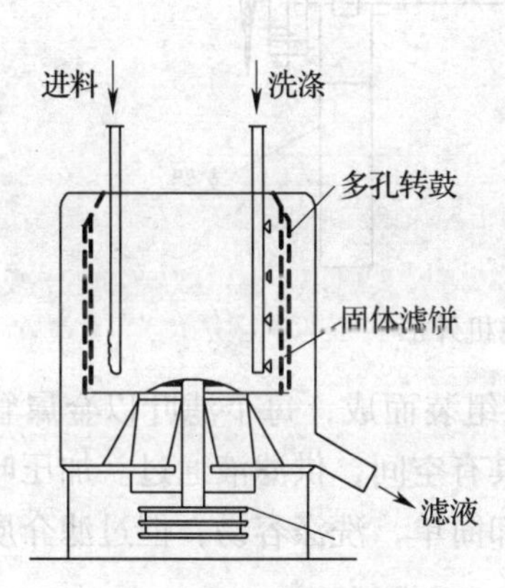

图5－5　立式离心过滤机

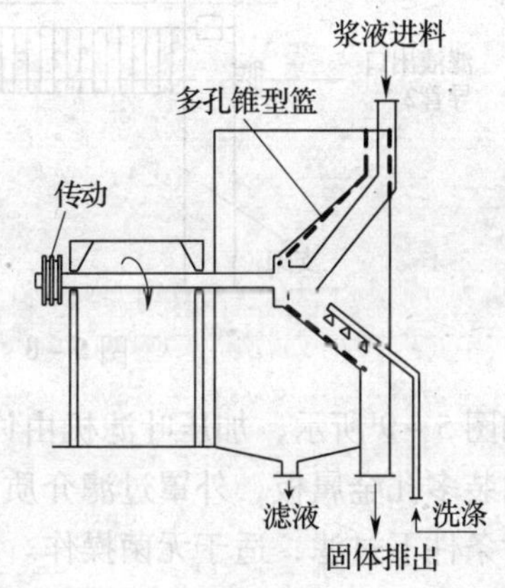

图5－6　连续锥形过滤机

2. 常规过滤法

传统意义上的过滤是指利用多孔性介质截留悬浮液中的固体粒子，进而使固、液分离的方式。菌体、细胞及其碎片等除了采用离心分离外，也可采用常规过滤法进行分离。如图5－7所示，过滤操作是以压力差为推动力，过滤操作中固形物被过滤介质所截留，并在介质表面形成滤饼，滤液透过滤饼的微孔和过滤介质。过滤的阻力主要是过滤介质和介质表面不断堆积的滤饼两个方面，其中滤饼的阻力占主导作用，因此，滤饼的特性对成功的过滤操作是非常重要的。

在生物分离操作中应用最广并有实际意义的过滤设备主要有加压过滤机（如板框过滤机和加压叶滤机）和真空过滤机（如旋转真空过滤机）。

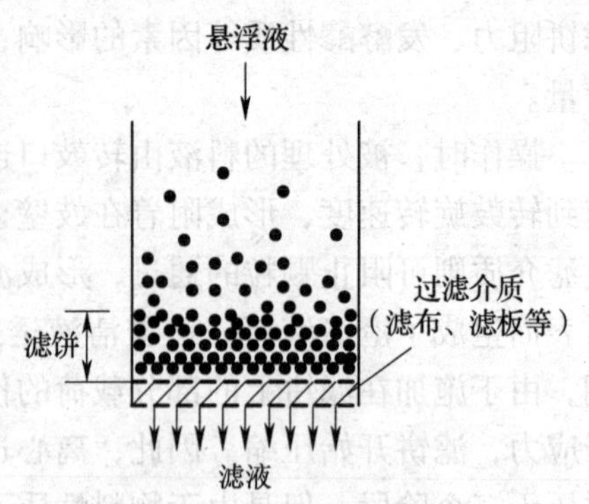

图 5－7　过滤原理示意图

如图 5－8 所示，板框过滤机由板、框和压紧装置及支架等部分组成，具有结构简单、造价较低、动力消耗少、适应不同特性料液能力强等优点，同时也具有设备笨重、占地面积大、非生产的辅助时间长（包括解框、卸饼、洗滤布、重新压紧板框）等缺点。目前，板框过滤机经过改进而发展成为自动板框过滤机，其板框的拆装、滤渣的卸除和滤布的清洗等操作都能自动进行，大大缩短了非生产的辅助时间，并减轻了劳动强度。

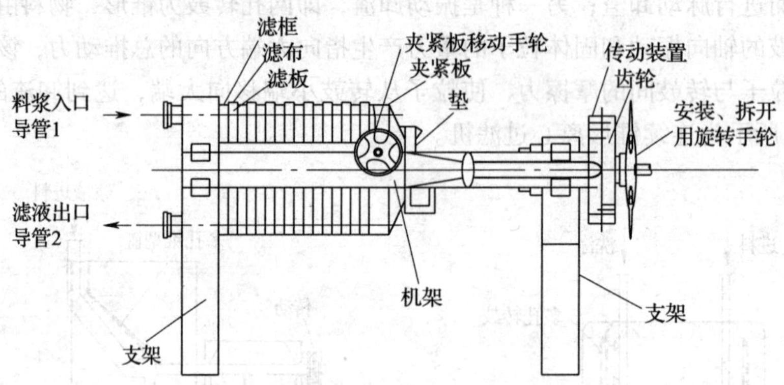

图 5－8　板框压滤机外形

如图 5－9 所示，加压叶滤机由许多滤叶组装而成，每个滤叶以金属管为框架，内装多孔金属板，外罩过滤介质，内部具有空间，供滤液通过。加压叶滤机在密封条件下过滤，适于无菌操作。机体装卸简单，洗涤容易，但过滤介质更换较复杂。

如图 5－10 所示，转鼓真空过滤机有一个绕水平轴转动的转鼓，鼓外是大气压而鼓内是部分真空。转鼓的下部浸没在悬浮液中，并以很低的转速转动。鼓内的真空可使液体通过滤布进入转鼓，滤液经中间的管路和分配阀流出，固体则粘附在滤布表面形成滤饼，当滤饼转出液面后，再经洗涤、脱水和卸

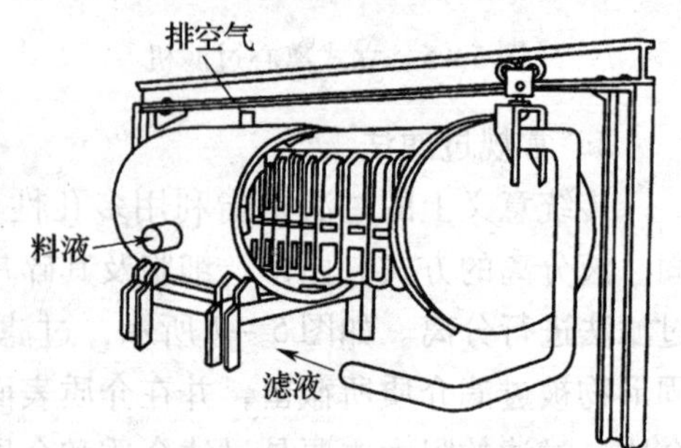

图 5－9　加压叶滤机

料，从转鼓上脱落下来。转鼓真空过滤机的整个工作周期是在转鼓旋转一周内完成的，转鼓旋转一周，则过滤面可以分为过滤、洗涤、吸干和卸渣四个区。因为转鼓的不断旋转，每个滤室相继通过各区，即构成了连续操作的一个工作循环，分配阀控制着连续操作的各工序。转鼓真空过滤机能连续操作，并能实现自动控制，但是压差较小，主要适用于霉菌发酵液的过滤。对于菌体较细或黏稠的发酵液，则需在转鼓面上预设一层极薄的助滤剂。操作时，用一把缓慢向鼓面移动的刮刀将滤饼和助滤剂一起刮去，使过滤面积不断更新，以维持正常的过滤速度。

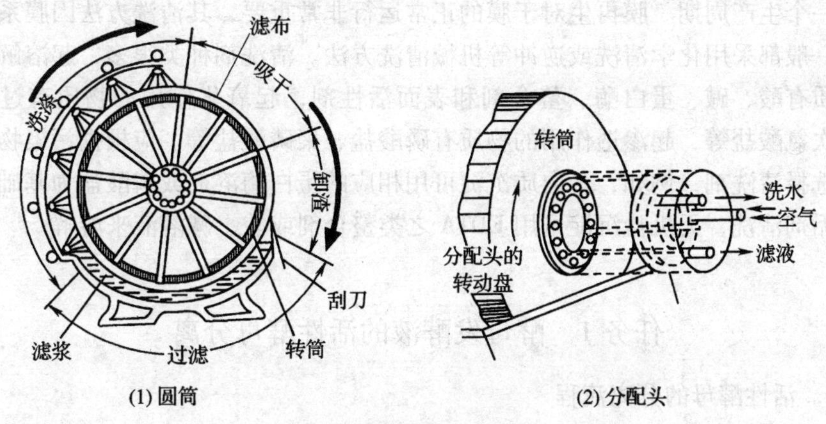

图5-10　外滤面多室式转鼓真空过滤机

3. 膜过滤法

膜分离是利用具有一定选择性透过特性的过滤介质（膜）来进行物质分离的方法。膜分离过程实质是物质被膜透过或截留的过程，近似于筛分过程，依据滤膜孔径的人小而达到不同物理、化学性质和传递属性的物质分离的目的。从20世纪60年代的海水淡化工程开始，已经商业应用的膜技术主要有微滤、超滤、反渗透、电渗析、渗析、气体膜分离和渗透汽化等。

透析（DS）是利用膜两侧的浓度差从溶液中分离出小分子物质的过程。透析膜的孔径一般为5～10nm，由于以浓度差为传质推动力，膜的透过通量很小，不适于大规模生物分离过程，而在实验室中应用较多。超滤（UF）膜的孔径为1～100nm，微滤（MF）膜的孔径为0.1～10nm，纳滤（NF）膜的孔径为1nm左右，反渗透（RO）膜的孔径为1nm以下。采用这些膜对悬浮液进行分离，主要是在膜的两侧造成一个压力差，以压力差作为分离的推动力。超滤膜只阻挡大分子，一般用于分离溶液中所含的微粒和大分子；反渗透膜两侧的压力差大于渗透压，使浓度较高的溶液进一步浓缩，一般应用于从溶液中分离出溶剂。而电渗析（ED）是利用溶液中离子的电荷性质和大小的差别进行分离的膜技术，即在电场中交替装配阴离子膜和阳离子膜，形成一个个隔室，使溶液中的离子有选择地分离或富集。

膜分离发酵液中的菌体、细胞及其碎片时通常采用错流过滤方式。错流过滤也叫切向流过滤、交叉过滤和十字过滤，是一种维持恒压高速过滤的技术。由于错流过滤中料液流动的方向与过滤介质平行，因此能清除过滤介质表面的滞留物，使滤饼不易形成，能够保持较高的过滤速度。

当超滤或微滤膜运行到一定程度时，由于膜两侧浓差极化导致渗透压提高，水通量下降；且膜本身会产生结垢现象，导致膜的物理阻塞，从而降低膜的截留率。此时，需要对膜进行清洗再生，然后进行水通量测试，经测试合格后方能进行下一个生产周期。膜再生对于膜的正常运行非常重要，其清洗方法因膜系统而异，一般都采用化学清洗或逆冲等机械清洗方法。清洗剂种类很多，起溶解作用的物质有酸、碱、蛋白酶、螯合剂和表面活性剂，起氧化作用的物质有过氧化氢、次氯酸盐等，起渗透作用的物质有磷酸盐、聚磷酸盐等。应根据污染物的性质来选择清洗剂，例如，蛋白质沉淀可用相应的蛋白酶溶剂或磷酸盐为基础的碱性去垢剂清洗，无机盐沉淀可用 EDTA 之类螯合剂或酸、碱溶液来溶解。

任务 1　酵母发酵液的活性酵母分离

1. 活性酵母的分离流程

在酵母生产中，培养所得的酵母应在很短时间内从发酵醪中分离出来。一般情况下，发酵醪先经离心机连续分离、清洗，所得的酵母乳再进一步在真空吸滤机上除水，可得含 30% 干固物的商品鲜酵母。其流程如图 5－11 所示。

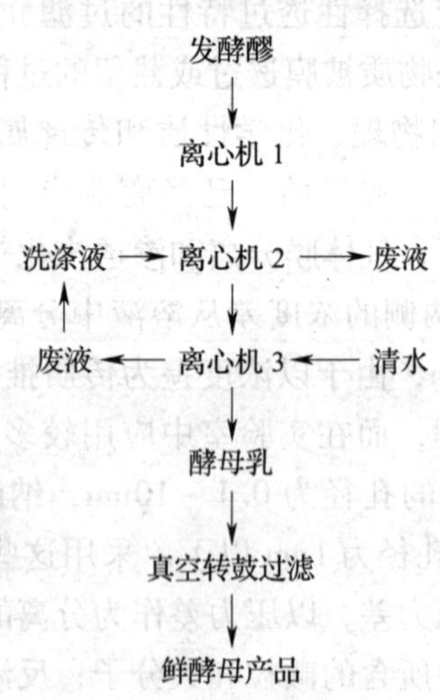

图 5－11　活性酵母的分离流程

2. 操作要点

（1）分离与洗涤　酵母的分离与洗涤通常采用碟式离心机，其浓缩率一般为 5～20 倍。对于喷嘴排渣式分离机，发酵液从顶部加入，澄清液在靠近加料口处的环状缝隙内流出，而酵母乳则在离心机侧面的具有弹簧的喷嘴小孔中连续排出。进料流量有两个极限，最低限等于喷嘴流量，此为无溢流量；最高限为溢泛流量，此时所进入的悬浮液未经分离便从溢流口排出。

分离与洗涤的流程有两种，即间歇分离洗涤与连续分离洗涤。连续分离洗涤一般采用 3 台离心机串联。发酵液经第一级离心机分离后，将所得的酵母乳与第三级离心机分离出来的废液混合，然后进入第二级离心机，分离所得的酵母乳与 2 倍左右体积的清水混合，再进入第三级离心机。由于第三次离心的废液可作为第二次离心的洗液，因而可节省洗涤用水。发酵液中的酵母固形物浓度一般为 30 ~ 50g/L，经离心机分离后，所得酵母乳的酵母固形物浓度可达 151 ~ 210g/L，一般不超过 210g/L，否则在排出液的废液中容易引起酵母细胞的流失。

（2）真空转鼓过滤　经碟式离心机分离洗涤的酵母乳仍具有流动性，冷却至 4℃左右，需进行过滤，使之成为酵母固形物含量为 28% ~ 34% 的酵母块，不再具有流动性，便于储藏、包装和运输；另外，用于制备活性干酵母时，可降低干燥的能耗，缩短干燥时间，有利于成品的质量。

酵母工业常用预敷层真空转鼓过滤机，接触料浆的一侧为大气压，过滤面的背面与真空源相通，真空度一般为 0.0533 ~ 0.08MPa。在正式过滤前，用马铃薯粉形成助滤层，淀粉的粒度为 50 ~ 60μm，每 8h 调换一次助滤层，每生产 1t 鲜酵母需 10 ~ 15kg 淀粉。预涂助滤层后，即可进行过滤，所得酵母块的酵母固形物含量一般为 30% 左右。

任务 2　谷氨酸发酵液的菌体分离

1. 超滤膜分离的流程

对谷氨酸发酵液进行超滤分离菌体的流程如图 5 – 12 所示。

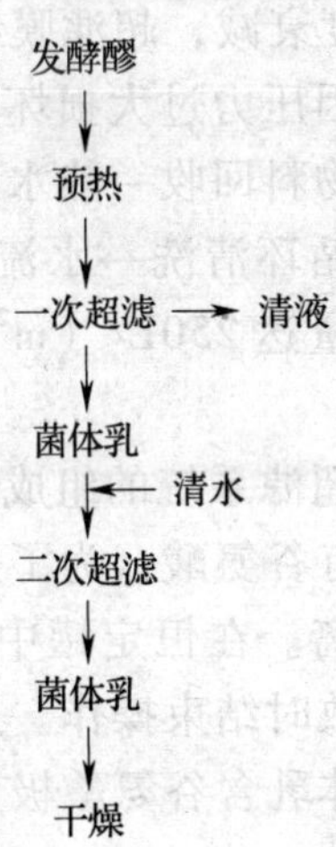

图 5 – 12　超滤分离菌体流程

2．操作要点

（1）发酵液预热　谷氨酸发酵液放罐后，通过薄板换热器，用蒸汽加热至60℃左右，使菌体受热凝集，有利于超滤操作。同时，可以避免活菌在超滤膜上滋长。

（2）一次超滤分离　可选用150～200ku的超滤膜，整个超滤系统如图5－13所示。预热后，将谷氨酸发酵液泵至恒定罐，然后由恒定罐泵送发酵液去超滤处理，先经预过滤器分离较大的固体颗粒，以保护超滤膜，再进入超滤膜组件，进行恒压超滤，一般控制压力为0.25MPa。所得清液进入贮罐，菌体乳循环回到恒定罐。如果设定超滤浓缩倍数为10，当恒定罐菌体乳达到浓缩倍数时，即可结束一次超滤操作。

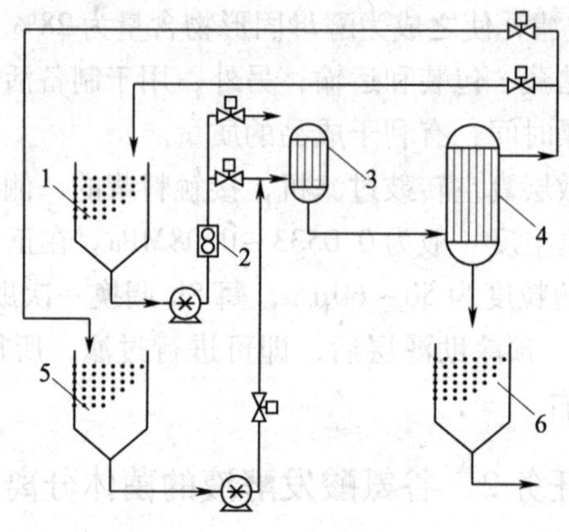

图5－13　一次超滤系统

1—恒定罐　2—流量计　3—预过滤器　4—超滤膜组件　5—清洗液贮罐　6—清液贮罐

当超滤膜的过滤通量大幅度衰减，超滤膜组件中的压力升至0.40MPa左右时，应停止超滤操作，以免因压力过大损坏膜件。此时，需对膜组件进行清洗、再生，其一般程序为：物料回收→热水冲洗→碱液循环清洗→水洗→氧化液循环清洗→水洗→酸液循环清洗→水流量测试。进行水流量测试时，测试压力为0.20MPa，当膜通量达250L/（m^2·h）时，即为再生完全，可投入使用。

（3）二次超滤分离　二次超滤系统的组成、操作同一次超滤系统。由于一次超滤分离所得的菌体乳含有谷氨酸，为了避免谷氨酸的损失，需用水洗涤菌体乳，并进行二次超滤分离。在恒定罐中，加入2～5倍清水，然后进行超滤分离，达设定的浓缩倍数时结束操作。所得清液与一次超滤的清液合并，用于谷氨酸提取。所得菌体乳含谷氨酸极少（低于4g/L），可送至干燥工序。

项目5.2 发酵产物的沉淀法提取

通过加入某种试剂或改变溶液性质，使生化产物以固体形式从溶液中沉降析出的分离方法称为沉淀法。沉淀法由于设备简单、操作方便、成本低、原材料易得，在产物浓度愈高的溶液中越有利沉淀，其收得率愈高，所以广泛应用于发酵工业中代谢产物的提取。但是，沉淀法所得沉淀物可能聚集有多种物质，或含有大量盐类，或包裹着溶剂，所以产品纯度往往比较低。

项 目 引 导

沉淀法主要应用于氨基酸、有机酸、酶制剂、抗生素等的提取。常用的沉淀法有等电点沉淀法、金属盐沉淀法、盐析法、有机溶剂沉淀法、非离子型多聚物沉淀法和聚电解质沉淀法等。下面以谷氨酸、柠檬酸的沉淀法提取为例进行介绍。

一、等电点法

等电点沉淀法是利用两性电解质在电中性时溶解度最低的原理进行分离纯化的过程。在低离子强度下，调节 pH 至等电点，可以使两性电解质所带的净电荷为零，能够大大降低其溶解度，分子间彼此吸引成大分子，容易沉淀下来。不同的两性电解质具有不同的等电点，通过等电点沉淀法可以将其分离开来。抗生素（如土霉素、四环素等）、氨基酸、核苷酸等小分子生物物质，以及蛋白质、酶、核酸等大分子物质都是两性电解质。

例如，谷氨酸分子中含有2个酸性的羧基和1个碱性的氨基，是一个既有酸性基团，又有碱性基团的两性电解质。由于羧基离解力大于氨基，所以谷氨酸是一种酸性氨基酸。谷氨酸溶解于水后，呈离子状态存在，其解离方式取决于溶液的 pH，可以有阳离子（GA^{+}）、两性离子（$GA^{\pm}$）、阴离子（GA^{-}、$GA^{=}$）4 种离子状态存在，电离平衡随溶液 pH 的变化而发生改变，见图5－14。

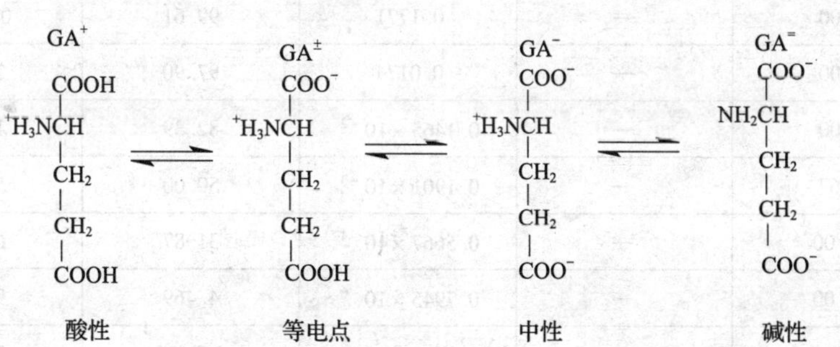

GA^{+}：COOH—$^{+}H_3N$CH—CH_2—CH_2—COOH（酸性） ⇌ $GA^{\pm}$：COO^{-}—$^{+}H_3N$CH—CH_2—CH_2—COOH（等电点） ⇌ GA^{-}：COO^{-}—$^{+}H_3N$CH—CH_2—CH_2—COO^{-}（中性） ⇌ $GA^{=}$：COO^{-}—NH_2CH—CH_2—CH_2—COO^{-}（碱性）

图5－14 溶液 pH 与谷氨酸电离平衡的关系

不同 pH 时谷氨酸的电离情况与离子形式的比例由实验测得，3 个极性基团的表观电离常数分别如下：

$$k_1 = \frac{[H^+][GA^{\pm}]}{[GA^+]} = 10^{-2.19}, \quad pK_1 = 2.19 \quad (\alpha-COOH)$$

$$k_2 = \frac{[H^+][GA^-]}{[GA^{\pm}]} = 10^{-4.25}, \quad pK_2 = 4.25 \quad (\gamma-COOH)$$

$$k_3 = \frac{[H^+][GA^=]}{[GA^-]} = 10^{-9.67}, \quad pK_3 = 9.67 \quad (—NH_3^+)$$

谷氨酸的等电点是：$pI = \frac{pK_1 + pK_2}{2} = \frac{2.19 + 4.25}{2} = 3.22$

在一定的 pH 条件下，谷氨酸的 4 种离子形式按一定比例存在，根据谷氨酸的各级电离常数，可以推导求出各种 pH 下谷氨酸各种离子形式的比例，如表 5－1所示。

表 5－1　不同 pH 时溶液中谷氨酸离子形成的比例　单位:%

pH	GA^+	$GA^{\pm}$	GA^-	$GA^=$
1.00	93.93	6.061	0.2166×10^{-2}	—
2.00	60.63	39.15	0.2202	—
2.19	49.78	49.78	0.4336	—
3.00	12.78	82.56	4.643	—
3.22	7.861	84.24	7.861	0.2789×10^{-5}
4.00	0.9813	63.37	35.63	0.7617×10^{-4}
4.25	0.4336	49.78	49.78	0.1892×10^{-3}
5.00	0.233×10^{-1}	15.10	84.87	0.1814×10^{-2}
6.00	0.2706×10^{-2}	1.747	98.24	0.210×10^{-1}
6.96	0.3299×10^{-3}	0.1942	99.59	0.1942
7.00	—	0.1771	99.61	0.2129
8.00	—	0.0174	97.90	2.093
9.00	—	0.1465×10^{-2}	82.39	17.62
9.67	—	0.1901×10^{-3}	50.00	50.00
10.00	—	0.5667×10^{-4}	31.87	68.14
11.00	—	0.7945×10^{-6}	4.469	96.64
12.00	—	0.8279×10^{-8}	0.4656	99.54
13.00	—	—	0.4676×10^{-1}	99.95

在pH 3.22时，谷氨酸4种离子离解形式占百分比为［GA^+］：［$GA^\pm$］：［GA^-］：［$GA^=$］=7.861%：84.24%：7.861%：2.789×10^{-6}%，大部分谷氨酸以［$GA^\pm$］形式存在，［$GA^=$］几乎没有，［GA^+］与［GA^-］数量相等，此时谷氨酸的氨基和羧基的离解程度相等，总静电荷为零，以偶极离子形式存在。由于谷氨酸分子之间的相互碰撞，通过静电引力的作用，会结合成较大的聚合体而沉淀析出。在等电点时，谷氨酸溶解度最低，而且温度越低，溶解度越低，过量的溶质便会析出越多。工业生产上，常温等电点法提取谷氨酸的一次收率仅60%～70%，而低温等电点法提取谷氨酸的一次收率达80%～85%。如果等电点法和其他方法配合使用，例如等电点法与离子交换法组合成提取工艺，其谷氨酸收率可达95%左右。

二、金属盐沉淀法

利用溶液中某种溶质与某些金属离子反应，生成金属盐沉淀，而与其他组分分离的方法，称为金属盐沉淀法。常用的金属盐沉淀法有钙盐沉淀法、铅盐沉淀法等。

例如，柠檬酸（$C_6H_8O_7$）带有3个羧基，用钙盐或钙碱与溶液中的柠檬酸发生中和反应，可生成四水柠檬酸钙从溶液中沉淀出来，除去残液得到柠檬酸钙固体。所用的中和剂有$CaCO_3$、$Ca(OH)_2$的浆乳，反应方程式如下：

$$2C_6H_8O_7 \cdot H_2O + 3CaCO_3 \longrightarrow Ca_3(C_6H_5O_7)_2 \cdot 4H_2O\downarrow + 3CO_2\uparrow + H_2O$$

$$2C_6H_8O_7 \cdot H_2O + 3Ca(OH)_2 \longrightarrow Ca_3(C_6H_5O_7)_2 \cdot 4H_2O\downarrow + H_2O$$

反应过程中，柠檬酸分子中的3个羧基上的H^+是随反应中Ca^{2+}的增加而逐个被取代，因此，中间产物有柠檬酸一钙、三水柠檬酸氢钙。根据上式反应可以计算出：每中和100kg一水柠檬酸，需要100%的$CaCO_3$ 71.43kg或$Ca(OH)_2$ 52.60kg。由于发酵液中非柠檬酸杂质较多，为避免产生副反应，以不影响收率为前提，生产中控制中和pH在偏酸性范围。

为了进一步获得较高纯度的柠檬酸液，需将柠檬酸钙沉淀物进行酸解，而获取酸解液，即为粗柠檬酸液。所谓酸解，即是利用柠檬酸钙在酸性条件下，其解离常数随H^+浓度的增高而增大的特性，在强酸（硫酸）存在的溶液中产生复分解反应，生成难溶于水的石膏沉淀，而将弱酸（柠檬酸）游离出来，通过分离，即得粗柠檬酸溶液。其反应方程式如下：

$$Ca_3(C_6H_5O_7)_2 \cdot 4H_2O + 3H_2SO_4 + 4H_2O \longrightarrow 2C_6H_8O_7 \cdot H_2O + 3CaSO_4 \cdot 2H_2O\downarrow$$

由反应方程式可以看出，反应产物有硫酸钙沉淀，属于不可逆反应，因而复分解反应可以完全。

任务1　谷氨酸的等电点法提取

1. 发酵液等电点分批提取谷氨酸

（1）工艺流程　发酵液等电点分批提取谷氨酸的工艺流程如图5－15所示。

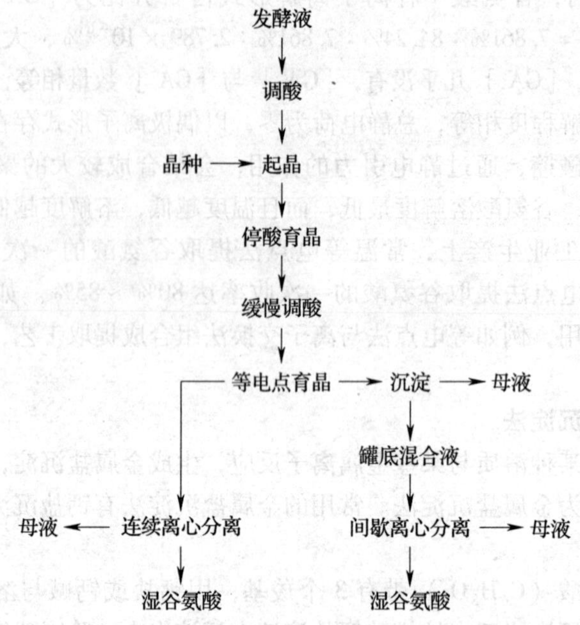

图5-15 发酵液等电点分批提取谷氨酸的流程

（2）操作要点

① 起晶前的调酸：当发酵液放入等电点罐以后，启动搅拌，在等电点罐的盘管或列管中通入冷水，将温度降至28℃左右，然后加入硫酸调节pH。为了缩短提取周期，根据目前发酵液中的谷氨酸含量情况，在pH5.0之前的加酸速度可以加快，在1~2个小时内完成。pH逐渐接近起晶点时，加酸速度应逐渐减慢。在pH降低的过程中，用冷水缓慢降温，一般控制起晶点时的温度为23~25℃。

② 起晶与育晶：根据目前发酵液的谷氨酸含量（80~140g/L），在23~25℃、pH 4.4~4.8时，发酵液中的谷氨酸浓度可达到过饱和状态，会有晶核析出。因此，当pH下降至5.0之后，要注意取样仔细观测（可通过显微镜观察），一旦发现晶核出现，应立即停止加酸，并停止继续降温，投入质量良好的α-型晶种0.1%~0.3%，搅拌育晶2h。

③ 继续调酸与等电点育晶：搅拌育晶2h后，继续缓慢加酸，并逐渐降低温度，一直将pH调节至3.2，耗时4~6h，此时温度可降低至10~13℃。停止加酸后，继续用冷水缓慢降温，直至4℃左右，搅拌育晶8~12h。

④ 沉淀与分离：如果使用间歇卸料的离心机分离，由于劳动强度较大，通常在分离之前要停止搅拌，沉淀4h，排出上清液，然后将等电点罐底部的固液混合液泵入离心机进行分离，可得湿谷氨酸产品。如果使用连续卸料的离心机，在离心机生产能力足够的情况下，通常不需经过沉淀，可直接将料液泵送至离心机进行连续分离。

在工厂供冷量充足的条件下，采用等电点分批提取谷氨酸的工艺，其分离母液一般含谷氨酸为10~20g/L，一次收率一般可达75%~85%（与发酵液中谷氨酸含量有关）。

2. 超滤液等电点连续提取谷氨酸

（1）工艺流程　超滤液等电点连续提取谷氨酸的流程如图5-16所示。

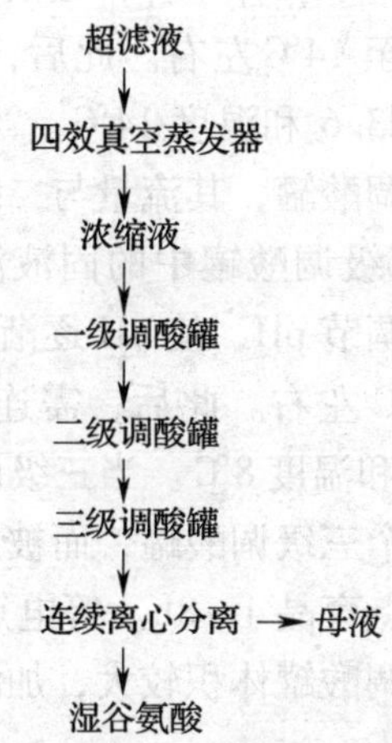

图5-16　超滤液等电点连续提取谷氨酸的流程

（2）操作要点

① 蒸发浓缩：将两次超滤所得清液合并在一起，采用四效（或三效）降膜式真空蒸发器进行蒸发浓缩。通常将清液浓缩2.5~3倍，使浓缩液的谷氨酸浓度为300g/L左右。蒸发器出来的浓缩液降温至40℃左右，存放在贮罐内。使用时，经过换热器与离心分离母液交换热量，温度降低至28~30℃，然后才进入第一级加酸罐。

② 一级调酸罐的操作：在进行等电点连续提取之前，首先将超滤液放入一级调酸罐中，按照分批等电点工艺的操作步骤（如加酸、降温、投晶种、育晶等）进行起晶。然后，继续缓慢加酸，逐渐降低温度，使pH降低至4.0左右，温度降低至20℃左右，便开始以一定流量将浓缩液泵送至一级调酸罐，同时，以同样的流量从底部将一级调酸罐中的固液混合物泵送至二级调酸罐。流加过程中，要连续加酸、不断搅拌和不断降温，使操作条件恒定为pH4.0和温度20℃。

为了保证第一级加酸罐中的晶核数量足够与相对稳定，必须注意控制浓缩液流量。在刚开始流加时，应以较低流量进行流加，每隔若干小时，可适当提高流量，24h以后流量提高至最高值。流量的最高值与浓缩液的含量、一级调酸罐的操作条件（如pH、温度等）、谷氨酸结晶速率以及一级调酸罐体积有关。如果浓缩液中谷氨酸浓度为300g/L左右，当操作条件控制为pH4.0左右和温度20℃左右时，浓缩液流量最高值一般为：

$$v = \frac{V}{(4 \sim 6)h} \tag{5-2}$$

式中　v——浓缩液流量，m^3/h

V——一级调酸罐体积，m^3

③ 二级调酸罐的操作：一级调酸罐中的固液混合物料进入二级调酸罐后，当体积达到一半时，即可加酸调节 pH，使 pH 逐渐降低至 3.6 左右；同时，开始用冷水降温，使温度逐渐降低至 14℃左右。此后，需连续加酸、不断搅拌与不断降温，使操作条件恒定为 pH3.6 和温度 14℃。当二级调酸罐被加满时，从底部将固液混合物料泵送至三级调酸罐，其流量与二级调酸罐的进料流量相等。

④ 三级调酸罐的操作：二级调酸罐中的固液混合物料进入三级调酸罐后，当体积达到一半时，即可加酸调节 pH，使 pH 逐渐降低至 3.2；同时，开始用冷水降温，使温度逐渐降低至 8℃左右。此后，需连续加酸、不断搅拌与不断降温，使操作条件恒定为 pH3.2 和温度 8℃。当三级调酸罐被加满时，将二级调酸罐的固液混合物料泵送至另一个三级调酸罐，而被加满的三级调酸罐继续降温至 4～6℃，并不断搅拌，在等电点育晶 4～8h。等电点育晶时间长短视加满三级调酸罐的耗时长短而定，若三级调酸罐体积较大，加满过程中耗时较长，等电点育晶时间可以短一些。

在连续等电点工艺中，一条生产线通常需要 1 个一级调酸罐、1 个二级调酸罐和若干个三级调酸罐。三级调酸罐数量足够，才能保证 pH 到达等电点后的育晶时间，从而保证提取收率。

⑤ 离心分离：将三级调酸罐中完成等电点育晶的料液泵送至连续卸料离心机中，进行连续分离，分离母液中谷氨酸浓度一般为 10～15g/L，由于采用了浓缩工艺，母液体积一般是发酵液体积的 30%～40%，因此，一次谷氨酸提取收率可达 85%～90%。

任务 2　柠檬酸的金属盐沉淀法提取

1．金属盐沉淀法提取流程

柠檬酸的金属盐沉淀法提取流程如图 5－17 所示。

2．操作要点

① 发酵液的预处理与过滤：发酵结束后，用蒸汽加热发酵液，使温度迅速升至 75～90℃。加热处理目的在于：杀灭柠檬酸产生菌和杂菌，终止发酵，防止柠檬酸被代谢分解；使蛋白质变性絮凝，降低料液黏度，有利于过滤；使菌体中的柠檬酸部分释放出来。

预热后，采用板框压滤机进行过滤，可除去悬浮物。然后，利用草酸钙溶解度（0.0006g/100g H_2O）远远小于硫酸钙溶解度（0.2036g/100g H_2O）的原理，在滤液中加入少量硫酸钙，使其生成草酸钙，再一次对滤液进行复滤，可除去草酸。

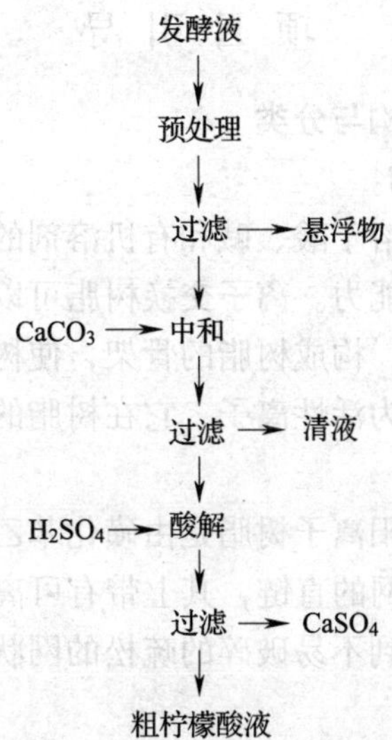

图 5－17　柠檬酸的金属盐沉淀法提取流程

② 中和与过滤：将滤液放入中和罐，启动搅拌，用蒸汽加热，使温度升至 70℃，然后逐步加入 $CaCO_3$ 粉，注意控制添加速度，勿使反应过分剧烈而溢料。当中和达到终点时，将料液温度升至 85℃左右，保温搅拌 15min，使柠檬酸三钙充分析出。然后，采用真空带式过滤机进行抽滤，抽滤过程中，用热水（85～90℃）喷淋滤饼，以洗涤滤饼中残糖，但应尽可能控制洗涤水量，以减小柠檬酸钙的溶损。

③ 酸解与过滤：在酸解罐内加入 2 倍柠檬酸钙质量的稀酸液，开动搅拌，缓慢倒入柠檬酸滤饼，将其调成浓浆状，同时用蒸汽加热，使温度升至 40～50℃。然后，缓慢地加入浓硫酸，当加酸量达预定量的 80%～85% 时，检测料液 pH，并放慢加酸速度，直至酸解终点。将温度升至 85℃左右，搅拌数分钟后，送至真空带滤机进行抽滤，滤饼即为硫酸钙，抽滤过程中用少量热水（85～90℃）洗涤滤饼，所得滤液即为粗柠檬酸液。

项目 5.3　发酵产物的离子交换法提取

离子交换法是依靠离子交换剂的离子置换作用来完成分离操作的一种分离方法。离子交换剂是一类能与其他物质发生离子交换的物质，分为无机离子交换剂（如沸石）和有机离子交换剂。有机离子交换剂是一种合成材料，又称离子交换树脂。采用离子交换法分离各种生物活性代谢物质具有成本低、工艺操作方便、提炼效率较高、设备结构简单以及节约大量的有机溶剂等优点，已广泛应用于抗生素、氨基酸、有机酸等发酵工业。

项 目 引 导

一、离子交换树脂的结构与分类

1. 离子交换树脂的结构

离子交换树脂是一种不溶于酸、碱和有机溶剂的固态高分子材料，它的化学稳定性良好，且有离子交换能力。离子交换树脂可以分成两部分：一部分是不能移动的、多价的高分子基团，构成树脂的骨架，使树脂具有化学稳定的性质；另一部分是可移动的离子，称为活性离子，它在树脂的骨架中进进出出，就发生离子交换现象。

例如，聚苯乙烯磺化型阳离子树脂是由磺化苯乙烯和二乙烯苯聚合而成，如图5－18所示。苯乙烯形成网的直链，其上带有可离解的磺酸基，二乙烯苯把直链交联起来形成网状，既得到不易破碎的疏松的网状结构，又获得了许多可离解基团的特性。

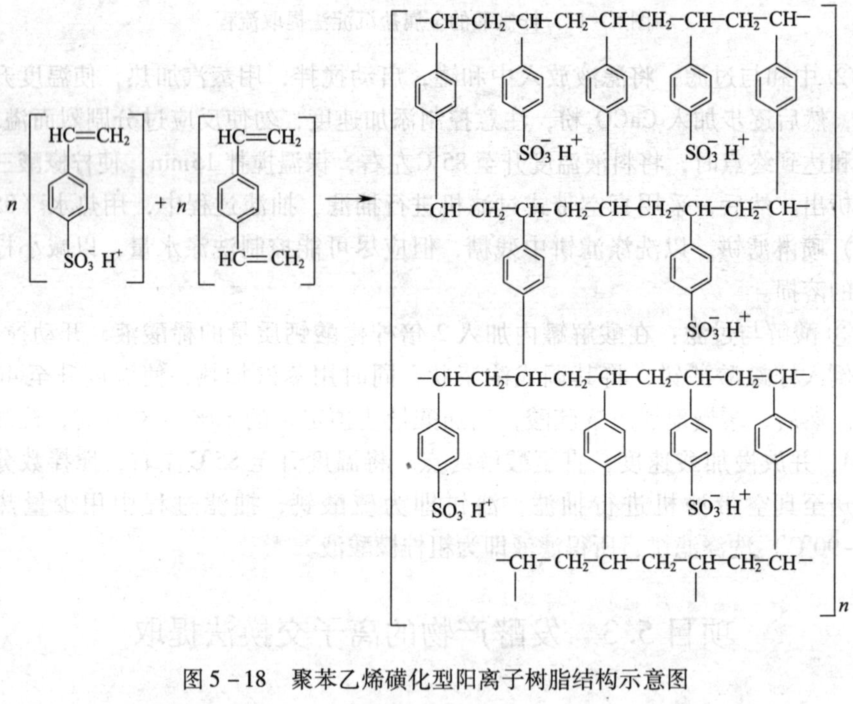

图5－18 聚苯乙烯磺化型阳离子树脂结构示意图

2. 离子交换树脂的分类

离子交换树脂可交换功能团中的活性离子决定树脂的主要性能，因此，树脂可以按照活性离子分类。如果活性离子是阳离子，即这种树脂能和阳离子发生交换，就称为阳离子交换树脂；如果活性离子是阴离子，则称为阴离子交换树脂。阳离子交换树脂的功能团是酸性基团，而阴离子交换树脂的功能团是碱性基团。

功能团的电离程度决定了树脂的酸性或碱性的强弱，因此，通常将树脂分为强酸性、弱酸性阳离子树脂和强碱性、弱碱性阴离子树脂。

（1）强酸性阳离子树脂 这类树脂含有强酸性基团，如磺酸基（$—SO_3H$），能在溶液中离解 H^+ 而呈强酸性。以 R 表示树脂的骨架，反应简式为：

$$R \cdot SO_3H \rightarrow R \cdot SO_3^- + H^+$$

树脂中的 SO_3^- 基团能吸附溶液中的其他阳离子，例如：

$$R \cdot SO_3^- + Na^+ \rightarrow R \cdot SO_3Na$$

强酸性树脂的离解能力很强，在酸性或碱性溶液中都能离解和产生离子交换作用，因此使用时 pH 一般不受限制。以磷酸基 $—PO(OH)_2$ 和次磷酸基 —PHO（OH）作为活性基团的树脂具有中等强度的酸性。

（2）弱酸性阳离子树脂 这类树脂含有弱酸性基团，如羧基（—COOH）、酚羟基（—OH）等，能在水中离解出 H^+ 而呈弱酸性，反应简式为：

$$R \cdot COOH \rightarrow R \cdot COO^- + H^+$$

$R \cdot COO^-$ 能与溶液中的其他阳离子吸附结合，而产生阳离子交换作用。这类树脂由于离解性较弱，溶液 pH 较低时，难以离解和进行离子交换，只有在碱性、中性或微酸性溶液中才能进行离解和离子交换，交换能力随溶液的 pH 增大而提高。对于羧基树脂，应在 $pH>6$ 的溶液中操作，对于酚羟基树脂，应在 $pH>9$ 的溶液中操作。

（3）强碱性阴离子树脂 强碱性阴离子交换树脂含有季胺基（$—NR_3OH$）等强碱性基团，能在水中离解出 OH^- 而呈碱性，反应简式为：

$$R \cdot NR_3OH \rightarrow R \cdot NR_3^+ + OH^-$$

树脂中的离解基团能与溶液中其他阴离子吸附结合，产生阴离子交换作用。这类树脂的离解性很强，使用 pH 不受限制。

（4）弱碱性阴离子树脂 弱碱性阴离子交换树脂含有弱碱性基团，如伯胺基（$—NH_2$）、仲胺基（—NHR）或叔胺基（$—NR_2$），它们在水中能离解出 OH^- 而呈弱碱性，反应简式为：

$$R \cdot NH_2 + H_2O \rightarrow R \cdot NH_3^+ + OH^-$$

树脂中的离解基团能与溶液中其他阴离子吸附结合，产生阴离子交换作用。和弱酸性树脂一样，这类树脂的离解能力较弱，只能在低 pH（如 pH1.0～9.0）下进行离子交换操作。其交换能力随 pH 变化而变化，pH 愈低，交换能力愈强。

另外，如果按照骨架结构不同，离子交换树脂可分为凝胶型和大孔型树脂。凝胶型树脂是以苯乙烯或丙烯酸与交联剂二乙烯苯聚合得到的具有交联网状结构的聚合体，这种聚合体一般是呈透明状态的，在它的高分子骨架中，没有毛细孔，而在吸水润胀后，才在大分子链节间形成很微细的孔隙，通常称为显微孔，适用于吸附交换无机离子等小离子。大孔型树脂是由苯乙烯或丙烯酸与交联剂二乙烯苯的异构体聚合，再经特殊的物理处理，使其形成大网孔，再导入交换基团制成，它内部并存有微细孔和大量的粗孔，比较适合于吸附大分子有机物。

二、离子交换树脂的理化性能和测定方法

离子交换树脂是可以再生、反复使用的一种化学药剂。在应用中，要求树脂不仅要交换容量大和选择性好（即吸附性能好），而且要有良好的可逆性（即容易解吸）。树脂的基本原料（单体）性质、链节结构和功能团的性质决定树脂的性能。在实际应用中，对离子交换树脂有以下要求：

1. 外观与颗粒

离子交换树脂是一种透明或半透明的物质，有白、黄、黑及赤褐色等几种颜色。一般颜色与性能关系不大，在制造时若交联剂多，原料杂质多，颜色就稍深，树脂吸附饱和后的颜色也会变深。如果树脂颜色偏浅，凭树脂颜色变化可明显地看出吸附情况和色带移动情况。

树脂的形状有球状（也称珠状）和无定型粒状之分，以制成球状为宜，因为球状可使液体阻力减小，流量均匀，压头损失小，其耐磨性能也较好，不易被液体磨损而破裂。

树脂的颗粒大小，对树脂的交换能力、树脂层中溶液流动分布均匀程度、溶液通过树脂层的压力以及交换和反冲时树脂的流失等都有很大影响。颗粒过小，会使流体阻力增大，流速慢，反洗时困难大；颗粒过大，会使交换速度降低。因此，颗粒大小一般为20～60目（0.84～0.25mm）。

2. 膨胀度

膨胀度表示干树脂吸收水分后体积增大的性能。由于树脂有网状结构，水分容易浸入使树脂体积膨胀，树脂内部液体是可以移动的，可与树脂颗粒外部的溶液自由交换。在确定树脂装量时应考虑树脂的膨胀性能。

将10～15mL风干树脂放入量筒中，加入试验的溶剂（通常是水），不时摇动，24h后，测定树脂体积，前后体积之比，称为膨胀系数，以$K_{膨胀}$表示。膨胀系数与树脂的交联度、交换量、溶液中的离子浓度等因素有关：交联度越大，膨胀系数越小；交换量越大，吸水性越强，膨胀系数也越大；溶液中的离子浓度越大，交换树脂内部与外围溶液之间的渗透压差别越小，膨胀系数也越小。

3. 密度

树脂的密度有干真密度、湿真密度、视密度等。干密度是干燥状态下树脂合成材料本身的密度，一般为1.6g/cm^{3}左右，但没有实用意义。湿真密度是树脂充分膨胀后，树脂颗粒本身的密度。

$$湿真密度=\frac{树脂湿重}{树脂颗粒所占体积}\ (g/cm^3) \tag{5-3}$$

湿真密度对树脂反洗强度大小，以及混合柱再生前分层好坏有影响。湿真密度一般为1.04~1.3g/cm^{3}左右，阳离子树脂比阴离子树脂大。

湿真密度的测定方法是：取处理成所需型式的湿树脂，在布氏漏斗中抽干。迅速称取2~5g抽干树脂，放入密度瓶中，加水至刻度称重，可以计算湿真密度。

视密度指树脂充分膨胀后的堆积密度。

$$视密度 = \frac{树脂湿重}{树脂层的体积}\ (g/cm^3) \tag{5-4}$$

视密度一般为0.6~0.85g/cm^3，根据此值来估计树脂柱所受的压力，计算树脂柱需装树脂的重量。

4. 交联度

交联度表示离子交换树脂中交联剂的含量，通常以质量比来表示，符号为DVB%。树脂在结构中必须具有一定的交联度，使其不溶于一般的酸、碱及有机溶剂。大多数离子交换树脂是由苯乙烯和二乙烯苯聚合而成的。通常所说的树脂交联度是二乙烯苯在树脂母体总量中所占的质量分数。二乙烯苯含量高，则交联度大，反之交联度小。树脂的交联度可按下式计算：

$$DVB\% = \frac{W_d \cdot P}{W_m} \times 100\% \tag{5-5}$$

式中　W_d——工业二乙烯苯质量，kg

P——工业二乙烯苯纯度，%

W_m——单体相总质量，kg

交联度的大小决定着树脂机械强度以及网状结构的疏密。交联度大，网孔小，结构紧密，树脂机械强度大；交联度小，则树脂网孔大，结构疏松，强度小。同时，交联度的变化，使离子交换树脂对大小不同的各种离子具有选择性通过的能力。此外，由于树脂交联结构的特点，使树脂具有固体不溶性，但能吸水溶胀，使树脂在转型、进行交换和再生时，体积发生胀缩，这是引起树脂老化的原因。一般来说，溶胀性越大的树脂，机械强度也越差。

5. 化学稳定性

树脂应有较好的化学稳定性，不含有低分子质量的杂质，不易被分解破坏。缩聚树脂的化学稳定性一般较差，在强碱性溶液中，缩聚阳离子树脂会被破坏，共聚阳离子树脂对碱抵抗能力较强，但也不应该与浓度大于2mol/L的碱液长期接触。阴离子树脂对碱敏感，处理时，碱液浓度不宜超过1mol/L。强碱树脂稳定性较差，常常可以嗅到分解的胺的气味。羟型阴离子树脂即使在水中也不稳定，因此常以氯型保存。

6. 机械强度

树脂使用和再生多次循环后，仍能保持完整形状和良好的性能，即树脂的耐磨性能，又称为机械强度。树脂必须具有一定的机械强度，以避免或减少在使用过程中破损流失。商品树脂的机械强度一般要求在90%以上，可连续使用数年。机械强度与交联度、膨胀度有关，一般来说，交联度大，膨胀度小，机械强度就高；反之，则膨胀度大，机械强度就差。显然，机械强度的选定也应和树脂其他性能综合考虑。

7. 交换容量

交换容量是表征树脂化学性能的重要数据，它是用单位质量（干树脂）或单位体积（湿树脂）树脂所能交换离子的毫摩尔来表示的。树脂在应用时，希望有较大的交换容量，也即在实际应用中具有较大交换离子的能力。为了能有较大的交换容量，在制造时应使单位质量树脂所含的官能团尽可能多。

（1）交换容量的表示方法　理论交换容量（又称总交换量）是指树脂交换基团中所有可交换离子全部被交换时的交换容量，也就是树脂全部可交换离子的当量数。理论交换容量为离子交换树脂的特性所决定，与操作条件无关。理论交换容量一般采用滴定法测定。

工作交换量是指在一定操作条件下，离子交换树脂所能够利用的交换容量，也可以称实际交换量。它受操作条件，如树脂柱长度、树脂粒度、离子性质及浓度、流速、交换基团等因素影响。因为不是树脂的每个活性基团都进行交换，又因氨基酸发酵液中尚含有一些其他离子，所以工作交换容量总比理论交换容量要低些。

（2）交换量的测定方法　树脂通常是亲水性的，因此常含有很多水分。将树脂在105～110℃干燥至恒重就可以测定其含水量。

如果是阳离子交换树脂，可先将树脂处理成H^+型。称取数克树脂，测其含水量，同时称取若干克树脂，加入一定量的标准NaOH溶液，静置一昼夜（强酸性树脂）或数昼夜（弱酸性树脂）后，测定剩余NaOH的毫摩尔数，就可求得总交换量。

对于阴离子交换树脂则不能用上面相对应的方法，因为羟型阴离子交换树脂在高温下易分解，故含水量测不准，且当用水洗涤时，羟型树脂要吸附CO_2，而使部分树脂成为碳酸型，所以应该用氯型树脂来测定。称取一定量的氯型树脂放入柱中，在动态下通入硫酸钠溶液，以$AgNO_3$溶液滴定流出液中的氯离子含量，用铬酸钾作指示剂。根据洗下来的氯离子量，就可求得总交换量。

若将树脂充填在柱中进行操作，即在固定床中操作，当流出液中有目的产物的离子，且达到所规定的某一浓度时（称为漏出点），操作即停止，进行再生。在漏出点时，树脂所吸附的量称为工作交换容量，在实用上比较重要。

8. 滴定曲线

和无机酸、碱一样，离子交换树脂也有滴定曲线，其测定方法如下：分别在几个大试管中各放入1g树脂（氢型或羟型），其中一个试管中放入50mL

0.1mol/L NaCl 溶液，其他试管中也放入同样体积的溶液，但含有不同量的0.1mol/L NaOH 或 0.1mol/L HCl，静置 1d（强酸或强碱树脂）或 7d（弱酸或弱碱树脂），令其达到平衡。测定平衡时的 pH，以每克干树脂所加入 NaOH 或 HCl 的量（mmol）为横坐标，以平衡 pH 为纵坐标，就得到滴定曲线。如图 5－19 所示 。

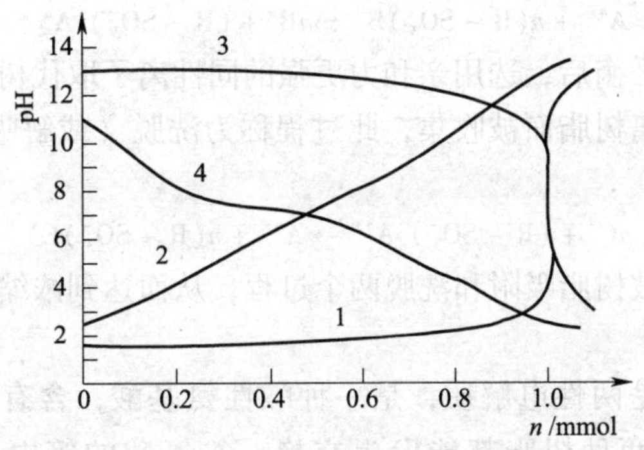

图 5－19　各种离子交换树脂的滴定曲线

1—强酸性树脂 Amberlite IR－120　2—弱酸性树脂 Amberlite IRC－84

3—强碱性树脂 Amberlite IRA－400　4—弱碱性树脂 Amberlite IR－46

n—单位树脂交换容量加入的盐酸或氢氧化钾的量（mmol）

对于强酸性或强碱性树脂，滴定曲线有一段是水平的，到某一点即突然升高或降低，这表明树脂上的功能团已经饱和；而对于弱碱性或弱酸性树脂，则无水平部分，曲线逐步变化。离子交换树脂的滴定曲线与离子强度、种类、树脂功能团的强度有关。由滴定曲线的转折点，可估计其总交换量；而由转折点的数日，可推知功能团的数目。曲线还表示交换容量随 pH 的变化，所以滴定曲线较全面地表征树脂功能团的性质。

三、离子交换法提取工艺原理

1. 可逆交换反应

当树脂浸在水溶液中时，活性离子因热运动，可在树脂周围的一定距离内运动。树脂内部有许多空隙，由于内部和外部溶液的浓度不相等（通常是内部浓度较高），存在着渗透压，外部水分可渗入内部，这样就促使树脂体积膨胀。把树脂骨架看作是一个有弹性的物质，当树脂体积增大时，骨架的弹力也随着增加，当弹力大到和渗透压达到平衡时，树脂体积就不再增大。骨架上的活性离子在水溶液中发生离解，可在较大的范围内自由移动，扩散到溶液中。同时，在溶液中的同类型离子，也能从溶液中扩散到骨架的网格或孔内。当这两种离子浓度差较大时，就产生一种交换的推动力，使它们之间产生交换作用，浓度差越大，交换速度越快。利用这种浓度差的推动力使树脂上的可交换离子发生可逆交换反应，溶液中的离子因此而被吸附在树脂上。

当树脂的可交换离子与溶液的同类型离子的交换反应进行到一定程度时，就建立了离子交换平衡，这时树脂上和溶液中的离子浓度都为定值。一般认为，离子交换过程按化学物质量的关系进行，例如，阳离子交换反应可表示为：

$$A^{n+} + n(R-SO_3^-)B^+ \Leftrightarrow nB^+ + (R-SO_3^-)_nA^{n+}$$

离子交换达到平衡后，选用亲和力更强的同性离子取代树脂上吸附的目的产物，使目的产物脱离树脂而被收集，此过程称为洗脱（或解吸）。例如，阳离子解吸反应可表示为：

$$nC^+ + (R-SO_3^-)_nA^{n+} \rightarrow A^{n+} + n(R-SO_3^-)C^+$$

通过发酵产物被树脂吸附和洗脱两个过程，从而达到浓缩和分离目的产物之目的。

例如，谷氨酸是两性电解质，是一种酸性氨基酸，含有可交换的 $NH_4{}^+$ 和 $COOH^-$，与酸、碱两种树脂都能发生交换。谷氨酸的等电点为 pH 3.22，当 pH > 3.22 时，羧基离解，而带负电荷，它能被阴离子交换树脂交换吸附；当 pH < 3.22 时，谷氨酸在酸性介质中，呈阳离子状态，氨基离解，带正电荷，它能被阳离子交换树脂交换吸附。如果用苯乙烯型强酸性阳离子交换树脂 732# 提取谷氨酸，其化学反应式如下：

（1）吸附

$$RSO_3H + NH_4Cl \rightarrow RSO_3^- NH_4^+ + HCl$$

$$H_2NCHR'COONH_4 \xrightarrow{H^+} H_3{}^+NCHR'COOH + NH_4^+$$

$$RSO_3^- H^+ + H_3{}^+NCHR'COOH \rightarrow RSO_3^- \ H_3{}^+NCHR'COOH + H^+$$

（2）洗脱

$$RSO_3^- \ H_3{}^+NCHR'COOH + NaOH \rightarrow RSO_3Na + H_2NCHR'COOH + H_2O$$

$$RSO_3^- NH_4^+ + NaOH \rightarrow RSO_3Na + NH_4OH$$

（3）再生

$$RSO_3Na + HCl \rightarrow RSO_3H + NaCl$$

2. 离子交换树脂的选择性

在实际应用时，溶液中常常同时存在着很多离子，离子交换树脂能否将所需离子从溶液中吸附出或将杂质离子全部（或大部分）吸附住，需要对离子交换树脂的选择吸附性进行研究。离子交换树脂和离子间的亲和力越大就越容易吸附，当吸附离子后，树脂的膨胀度减小。树脂对不同离子亲和能力的差别，表现为对其选择性系数的大小，离子选择性系数用 K 来表示。$K_{B \cdot A}$（B 离子取代树脂上 A 离子的交换常数）越大，离子交换树脂对 B 离子的选择性越大（相对于 A 离子而言）；反之，$K<1$，树脂对 A 离子的选择性大。

离子交换树脂的吸附顺序如下：

（1）强酸性阳离子交换树脂（RSO_3H）

金属离子 > NH_4^+ > 氨基酸 > 有机色素

$Fe^{3+} > Al^{3+} > Ca^{2+} > Mg^{2+} > K^+ > NH_4^+ > Na^+ > H^+$

（2）弱酸性阳离子交换树脂

$H^+ > Fe^{3+} > Al^{3+} > Ca^{2+} > Mg^{2+} > K^+ > Na^+$

（3）强碱性阴离子交换树脂（$R{\equiv}N^+OH^-$）

$(C_6H_5O_7)^{3-}$（柠檬酸根）$> SO_4^{2-} > C_2O_4^{2-} > I^- > NO_3^- > CrO_4^{2-} > Br^- > SCN^- > Cl^- > HCOO^- > OH^- > F^- > CH_3COO^-$

（4）弱碱性阴离子交换树脂

$OH^- > SO_4^{2-} > CrO_4^{2-} > (C_6H_5O_7)^{3-} > (C_4H_4O_6)^{2-} > NO_3^- > AsO_4^{3-} > PO_4^{3-} > CH_3COO^- > I^- > Br^- > Cl^- > F^-$

3. 离子交换树脂的应用与树脂层的交换带

（1）离子交换树脂的应用　根据离子交换工艺操作，可分为静态交换和动态交换两类应用方式。

静态交换是在一个带有搅拌器的反应罐中进行，交换后利用沉降、过滤或其他方式将饱和树脂分离，然后将其装入解吸罐或柱中进行解吸（再生）。

动态交换是在离子交换柱（$H/D > 3.0$）中进行的全过程的操作。动态交换又可根据树脂的运动方式，分为固定床和流动床两类。固定床和流动床又可分别分为单床法、复床法、混合床法。复床法是阳、阴离子交换柱串联操作，但一根柱中只装一种树脂。混合床法是阳、阴离子交换树脂混合装在同一根柱中操作，再生时利用两种树脂的密度不同而分层再生。

按溶液进入交换柱的方向，可分为正吸附（顺流）、反吸附（逆流），按树脂流动的动力可分为重力流动式和压力流动式。

（2）树脂层中的交换带　以强酸性阳离子交换树脂为例，当粗柠檬酸溶液进入离子交换柱中的树脂层上部时，溶液中阳离子在树脂层中的分布情况如图5－20所示。离子交换树脂可交换基团上的 H^+ 开始被 Fe^{3+}、Ca^{2+} 等取代，随着料液的不断输入和交换，树脂层的上部逐渐形成了饱和层（已交换层），此层中 H^+ 浓度为0，阳离子浓度为饱和浓度 c_s。在饱和层下面，树脂层中金属阳离子浓度逐渐降为0，而 H^+ 浓度逐渐上升为 c_s，这一区域称为交换带。当粗柠檬酸溶液继续进入时，交换带逐渐向下移动，至一定程度时则出现金属阳离子泄漏，此点则称为漏出点。

谷氨酸发酵液流经阳离子交换柱时，被交换吸附物质的分层情况如图5－21所示。

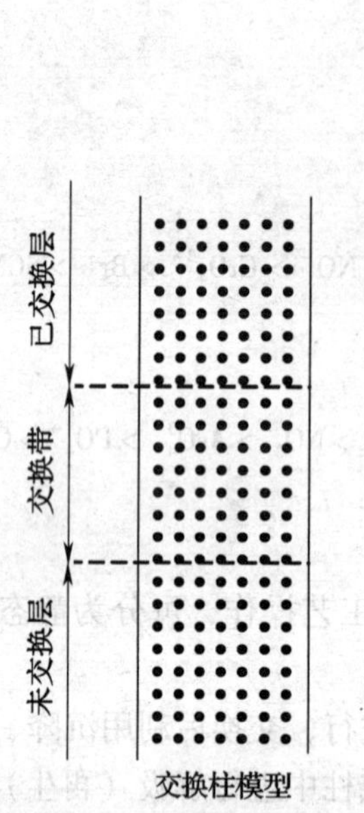

图 5－20　树脂层中离子分布示意图

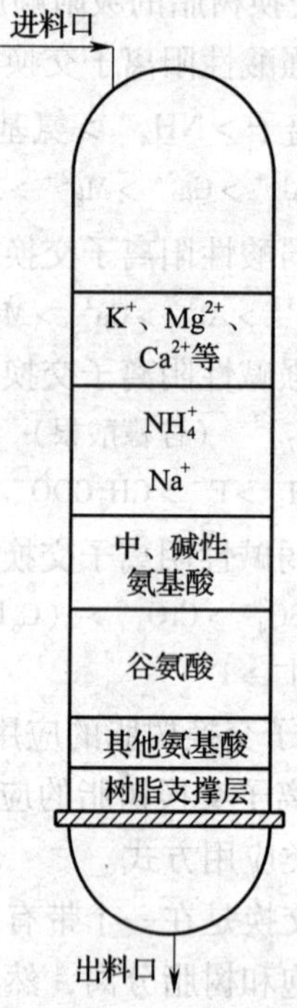

图 5－21　谷氨酸发酵液交换吸附层次

任务 1　离子交换法提取谷氨酸

1. 离子交换法提取谷氨酸的流程

采用 732[#]强酸性阳离子树脂柱从等电点母液中提取谷氨酸，其工艺流程如图 5－22 所示。

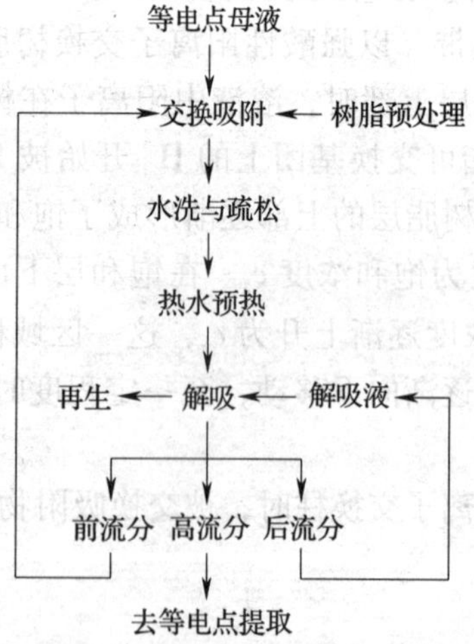

图 5－22　等电点母液中谷氨酸的离子交换法提取工艺流程

2. 操作要点

离子交换柱及其管道装置简单示意图如图5－23所示。

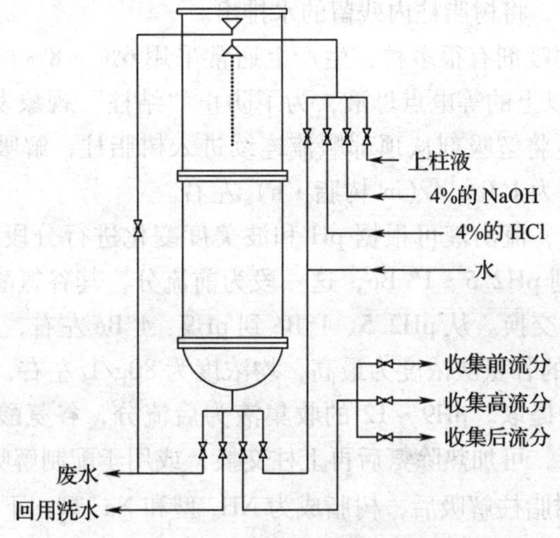

图5－23　离子交换柱及其管道装置示意图

（1）树脂预处理　新树脂常有某些未参与聚合反应的低分子和高分子成分的分解产物以及铁、铜、铅等金属物质等杂物，会影响交换效果和产品质量，甚至会使树脂失效。因此，新树脂在使用之前必须进行预处理。

新树脂装填入柱后，先用清水浸泡12h左右，再用2～3倍树脂体积的10%食盐水浸泡4h以上，然后用清水洗净残留的NaCl，最后根据树脂类型和使用所需要的型号分别用碱和酸处理。

利用732#树脂提取谷氨酸，一般树脂先用4% NaOH（用量一般为树脂体积的2倍）浸泡4h，水洗至pH8.0以下，加入4%盐酸（用量一般为树脂体积两倍）浸泡4h，最后用少量自来水洗至pH2.0左右，备用。

（2）交换吸附　采用顺流方式上柱，等电点母液以1.5～2.0m^3/（m^3树脂·h）的流量连续流入树脂柱，流出液作为废液。根据预测的树脂柱工作交换量，在交换吸附的后期，应注意检测流出液的谷氨酸含量，可用5%茚三酮溶液的显色反应来检测。当流出液谷氨酸含量大于2g/L时，视为“漏吸”。

（3）水洗、疏松与预热　等电点母液存在很多杂质，特别是菌体蛋白、色素、消泡剂等非离子型大分子黏稠物质，上柱过程中会滞留在树脂缝隙中，使树脂部分活性基团受封闭。如果不在洗脱前冲洗走这些杂质，就会严重影响洗脱的效果与洗脱后重新交换吸附的效果，同时这些杂质也会进入洗脱收集液，随洗脱收集液循环进入等电点罐，对等电点提取操作造成不良影响，严重时有可能致使等电点过程产生β－型结晶。因此，交换吸附结束后必须进行冲洗操作。

为了不打乱交换层次，通常从树脂柱顶部进水顺洗，水洗过程中可通入压缩空气疏松树脂，直至流出液清亮为止。水洗结束后，为了防止解吸下来的谷氨酸在树脂柱内结晶析出，发生“结柱”现象，在解吸前，要用50~60℃热水对树脂柱预热。预热后，将树脂柱内残留的水排出。

（4）解吸　解吸剂有很多种，生产上通常采用6%~8%的NaOH溶液或用液氨调节pH 9.0以上的等电点母液，为了防止“结柱”现象发生，解吸剂温度一般为60~70℃。将解吸剂从顶部顺流连续进入树脂柱，解吸的流量要比上柱流量小，一般控制为1.0m^3/（m^3树脂·h）左右。

在解吸过程中，流出液可根据pH和波美度变化进行分段收集。从pH1.8、0°Bé开始收集，到pH2.5、1°Bé，这一段为前流分，其谷氨酸浓度为10g/L左右，可以重新上柱交换。从pH2.5、1°Bé到pH9、4°Bé左右，这一段为高流分，以pH3.0~3.5时的谷氨酸浓度为最高，均浓度为80g/L左右，将其泵送至等电点罐进行等电点法提取。pH9~12的收集液为后流分，谷氨酸浓度为20g/L左右，NH_4^+含量较高，可加热除氨后再上柱交换，或用于配制解吸液。

（5）再生　树脂柱解吸后，树脂成为NH_4^+型和Na^+型，下次继续使用之前，必须进行再生，使树脂转变成为H^+型。再生之前，将热水从底部进入，进行反洗，使残留在树脂缝隙的杂质随水流经排污口排出，至排出液接近中性，然后，将残留在树脂柱内的水排出，再从顶部流入4%~6%盐酸进行再生，流量控制为0.7~1.0m^3/（m^3树脂·h），再生剂用量一般为树脂全交换量的1.2倍。

任务2　离子交换法净化粗柠檬酸液

1. 粗柠檬酸液净化流程

粗柠檬酸液是柠檬酸钙经过硫酸酸解而获得，除了含有色素外，还有钙、镁、铁等金属离子和杂质。钙离子、镁离子直接影响产品质量，尤其是在后续浓缩、结晶工序中会析出沉淀，形成积垢而影响传热。铁离子的存在会使柠檬酸晶体氧化成暗黄色，不透明。因此，在浓缩、结晶前，需对粗柠檬酸液进行净化。其净化流程如图5-24所示。

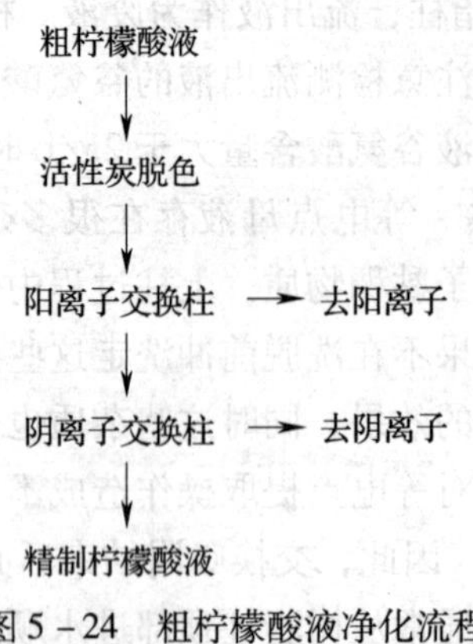

图5-24　粗柠檬酸液净化流程

2. 操作要点

(1) 活性炭脱色　将粉末活性炭加入粗柠檬酸液，添加量一般为1% ~2%，恒温70℃左右进行脱色，30 ~ 60min即可结束，然后用板框压滤机过滤，即得无色或微黄色的澄清液。

(2) 阳离子交换柱吸附　采用强酸性阳离子树脂柱，将脱色液从树脂柱顶部顺向连续流入树脂柱，流量控制为1.0 ~ 2.0m^3/（m^3树脂·h），收集流出液，即为去除阳离子的柠檬酸液。交换吸附过程中，应注意检测流出液的阳离子浓度，当流出液中Na^+、K^+达到200g/L时，即为漏点，应停止交换。然后，用4% NaOH溶液解吸和4%盐酸再生，其操作顺序为：正向水洗→解吸→反向水洗→再生。

(3) 阴离子交换柱吸附　由于强碱性阴离子交换树脂在酸性条件下，对Cl^-、SO_4^{2-}和草酸根等杂酸根离子交换吸附势高，而柠檬酸根几乎不被交换吸附，即使被少量交换吸附，也被后继柠檬酸液中含的Cl^-、SO_4^{2-}和草酸根等离子置换下来，故采用强碱性阴离子交换树脂柱来去除Cl^-、SO_4^{2-}和草酸根等离子。

将去除阳离子的柠檬酸液以2.0 ~ 3.0m^3/（m^3树脂·h）的流量正向流入树脂柱，收集流出液，即为净化后的精柠檬酸液。交换吸附过程中，应注意检测流出液的阴离子浓度，当流出液中Cl^-达到5mg/L时，即为漏点，应停止交换。然后，用10%盐酸解吸和10% NaOH溶液再生，其操作顺序为：正向水洗→解吸→反向水洗→再生。

项目5.4　发酵产物的结晶法精制

结晶是使溶质呈晶态从溶液中析出的过程。结晶过程具有高度选择性，只有同类分子或离子才能结合成晶体，结晶操作能从杂质含量相当多的发酵液或溶液中形成纯净的晶体。结晶过程成本低，结晶设备与操作比较简单，其产品外观优美，包装、运输、贮存和使用都很方便。因此，结晶操作在氨基酸、有机酸、核苷酸、酶制剂和抗生素工业中得到广泛的应用。

项 目 引 导

一、蒸发浓缩的原理与基本流程

1. 蒸发浓缩的原理

蒸发浓缩是将溶液加热沸腾，使溶剂气化除去，从而提高溶液中溶质浓度的过程。有些发酵产物的溶解度随温度变化不显著，其结晶操作时，需蒸发部分溶剂而使溶液达到过饱和状态，因此，蒸发浓缩对此类物质的结晶法精制有必要。

蒸发是溶液表面的溶剂分子获得的动能超过溶液内溶剂分子的吸引力，溶剂分子脱离液面逸向空间的过程。液体在任何温度下都在蒸发，当溶液受热，液体中溶剂分子动能增加，蒸发过程加快。各种液体在一定温度下都具有一定饱和蒸汽压，当液面上的溶剂蒸汽分子密度很小，经常处于不饱和的低压状态时，液相与气相的溶剂为了维持其分子密度的动态平衡，溶液中的溶剂分子就必须不断地汽化逸出空间。因此，蒸发速度与温度、蒸发面积和液面蒸汽分子密度有关，温度愈高，蒸发速度愈快；液体表面积愈大，蒸发速度愈快；液面蒸汽分子密度愈小，蒸发速度愈快。蒸发的条件就是不断地供给热能并将所产生的蒸汽不断地排除。

液体在沸腾转态下的给热系数高，传热速度快，为了强化蒸发浓缩过程，工业上采用的蒸发装置都是在沸腾状态下进行的。另外，采用蒸发浓缩法的溶液必须是由不挥发性溶质与液体溶剂组成，蒸发过程中只有溶剂汽化而溶质不汽化。例如，味精生产中，用煮晶锅加热谷氨酸钠溶液，只有水分汽化，而谷氨酸钠不汽化，从而使谷氨酸钠浓度不断提高，直至饱和析出，制得味精晶体。

2. 蒸发浓缩的基本流程

蒸发过程的两个必要组成部分是加热使溶液沸腾汽化和不断排除水蒸气，与此相应的蒸发系统是由蒸发器和冷凝器两部分组成的。蒸发器是一个换热器，由加热室和气液分离器两部分组成，加热沸腾产生的二次蒸汽经气液分离器与溶液分离后引出。冷凝器实际上也是换热器，它有直接接触式和间接接触式两种类型，二次蒸汽在冷凝器内冷凝后排出系统。蒸发系统总的蒸发速度是由蒸发器的蒸发速度和冷凝器的冷凝速度共同决定的，蒸发速度或冷凝速度发生变化，则系统总的蒸发速度也相应发生变化。因此，操作蒸发系统时必须保证蒸发器和冷凝器均正常工作。

根据操作压力不同，蒸发浓缩过程可分为常压蒸发浓缩和真空蒸发浓缩。常压蒸发浓缩是指在冷凝器和蒸发器溶液侧的操作压力为大气压或略高于大气压，加热使溶液汽化而达到浓缩的方法，此时系统中不凝性气体依靠本身的压力从冷凝器中排出。在低于大气压条件下加热使溶剂汽化、溶质浓缩的过程，称之为真空蒸发浓缩过程。此时系统中不凝性气体必须用真空泵抽出。采用真空蒸发浓缩，降低液面压力使液体沸点相应降低，且真空度愈高沸点就降得愈低，故加热时温度比常压浓缩低，所需浓缩时间比常压浓缩要短。

真空蒸发浓缩与常压蒸发浓缩相比，具有的优点是：

（1）溶液沸点低，可以用温度较低的低压蒸汽或废蒸汽作加热蒸汽。

（2）溶液沸点低，采用同样的加热蒸汽蒸发时传热的平均温度差大，所需的传热面小。

（3）沸点低，有利于处理热敏性物料，即高温下易分解和变质的物料。

（4）蒸发器的操作温度低，系统的热损失小。

但是，真空蒸发浓缩也有一些缺点，表现为：

（1）溶液温度低，黏度大，沸腾的传热系数小，蒸发器的传热系数小。

（2）蒸发器和冷凝器内压力低于大气压，浓缩液和冷凝水需用泵或大气腿排出。

（3）需用真空泵抽出不凝性气体，以保持一定的真空度，因而需要增加一定的电耗。

根据二次蒸汽是否用来作为另一蒸发器的加热蒸汽，真空蒸发浓缩过程又可分为单效蒸发和多效蒸发。

单效蒸发的流程如图5－25所示，二次蒸汽在冷凝器中冷却成水而排出，1kg加热蒸汽可以蒸发1kg水。

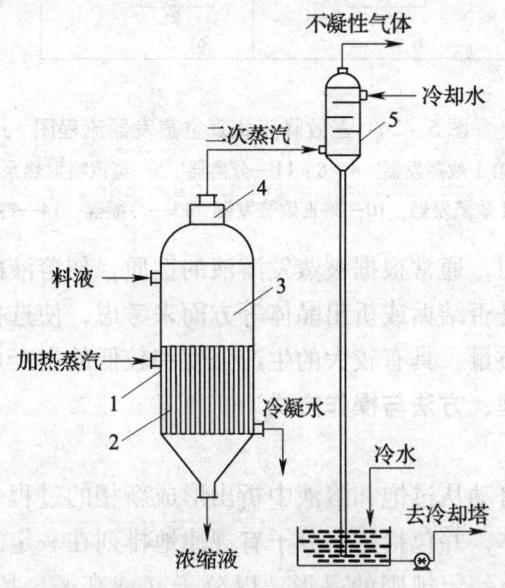

图5－25　单效蒸发流程

1—加热室　2—加热管　3—蒸发室　4—除沫器　5—冷凝器

多效蒸发中，第一个蒸发器（又称为第一效）中出来的二次蒸汽用作第二个蒸发器（又称为第二效）的加热蒸汽，第二个蒸发器出来的二次蒸汽用作第三个蒸发器（又称为第三效）的加热蒸汽，以此类推。三效蒸发流程如图5－26所示。

二次蒸汽的利用次数可根据具体情况而定，系统中串联的蒸发器数目称为效数，通常为2～6效，蒸发1kg水要消耗的蒸汽为0.6～0.2kg。根据蒸汽和物料的流向，多效蒸发系统可以分为并流、逆流和平流操作流程。

随着蒸发技术的不断发展，已经发展了多种形式的蒸发器。按其结构型式不同，蒸发设备有中央循环管式蒸发器、横管竖式蒸发器、夹套蒸发器、夹套带搅拌外循环蒸发器、强制循环蒸发器和薄膜蒸发器。薄膜蒸发器又可分为管式、刮板式、旋风式和离心式等，其中管式薄膜蒸发器又有升膜式、降膜式和升降膜式之分。

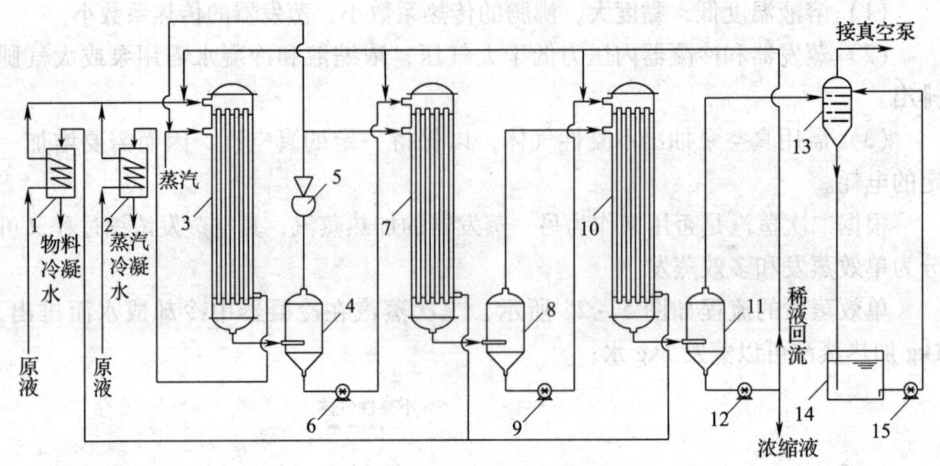

图 5－26　三效降膜式真空蒸发器流程图

1、2—预热器　3—第Ⅰ效蒸发器　4、8、11—分离器　5—蒸汽喷射热泵　6、9、12、15—泵　7—第Ⅱ效蒸发器　10—第Ⅲ效蒸发器　13—冷凝器　14—冷却水池

工业发酵生产中，通常根据被蒸发溶液的性质，如溶液的黏度、热敏性、发泡性、腐蚀性以及是否结垢或析出晶体等方面来考虑，使选择的蒸发浓缩流程能够保证发酵产品的质量，具有较大的生产强度和较低的生产成本。

二、结晶的原理、方法与操作方式

1. 结晶的原理

结晶是指溶质自动从过饱和溶液中析出形成新相的过程。这一过程不仅包括溶质分子凝聚成固体，并包括这些分子有规律地排列在一定晶格中。晶体系化学性均一的固体，具有一定规则的晶形，以分子（或离子、原子）在空间晶格上的对称排列为特征。一个晶体由许多性质相同的单位粒子有规律地排列而成，在宏观上具有连续性、均匀性。一切晶体都具有各向异性，即在晶体同一方向上具有相同性质，在不同方向上具有相异性质。这些特性都是由组成晶体的粒子排列具有空间点阵式周期性所引起的。因此，一般把许多性质相同的粒子（包括原子、离子、分子）在空间有规律地排列成格子状的固体称为晶体。由于水合作用，溶质从溶液中成为具有一定晶形的晶体水合物析出，晶体水合物含有一定数量的水分子，称为结晶水。例如，味精就是带有一个结晶水的棱柱形八面体晶体。

结晶的全过程包括形成过饱和溶液、晶核形成和晶体生长三个阶段。溶液达到过饱和是结晶的前提，过饱和率是结晶的推动力。为了进行结晶，必须先使溶液达到过饱和状态，过量的溶质才会以固态结晶出来。通常以溶质的溶解度作为该溶液浓度的量度，溶解度通常以 100g 溶剂中所含溶质的克数来表示。当溶液浓度等于溶质溶解度时，溶质的溶解和析出数量相等，即溶质与溶液处于平衡状态，此溶液称为饱和溶液；溶液未饱和，若添加固体则固体溶解；如溶液状态已过饱和，超过饱和点的溶质迟早要从溶液中结晶析出。

溶液的过饱和度与结晶的关系可用图5－27来表示，AB为饱和曲线，CD为过饱和曲线（无晶种，无搅拌时自发产生晶核的浓度曲线），曲线AB、CD将图分为稳定区、介稳区和不稳区。稳定区的溶液尚未饱和，没有结晶的可能，因此溶液的浓度是稳定的。介稳区内，也不会自发产生晶核，此间溶液具有相对的稳定性，但是，如果从外部加入晶种或外界因素刺激起晶后，过量的溶质就会逐渐结晶析出，晶体长大，溶液的浓度降低到相应的饱和度。

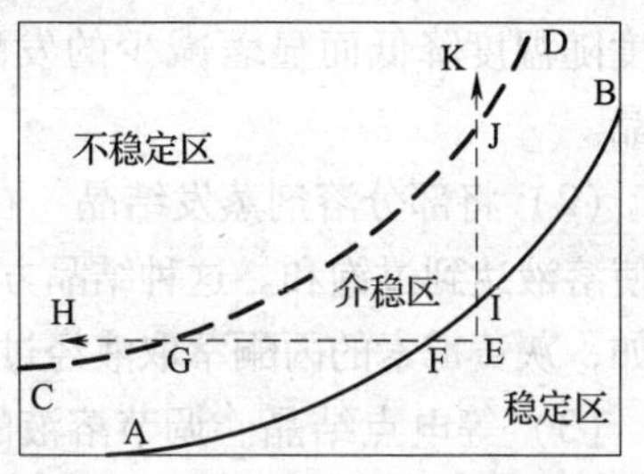

图5－27　饱和曲线与过饱和曲线

实际上，介稳区的各部分相对稳定性也有不同，溶液的过饱和程度愈低就愈稳定。在介稳区中，根据过饱和程度的情况又可分为两部分，即与过饱和曲线相邻的一侧，容易在外界影响下产生晶核，因此称为刺激起晶区；与饱和曲线相邻一侧即使有外界因素的刺激仍不易产生晶核，但如果从外部加入晶种，却有利于晶体的长大，因此称为养晶区。刺激起晶区与养晶区之间没有明显的界限。在不稳区内，溶液中的溶质立即会自然起晶析出晶体，并使溶液浓度下降到相应温度时的饱和度，此时的溶液浓度是不稳定的。

图中E点是溶液的原始未饱和状态，EH是冷却结晶线，F点是饱和点，不能结晶，因为缺乏结晶推动力——过饱和度，穿过介稳区，到达G点时，自发产生晶核，越深入不稳区（如H点），自发产生的晶核也越多。直线EIJK为恒温蒸发过程。

从以上讨论可知，饱和曲线上方区域的溶液都是过饱和溶液。结晶过程、晶体质量均与溶液过饱和程度有关，溶液的过饱和程度可用过饱和度 S（%）来表示，即：

$$S = \frac{c}{c'} \times 100\% \tag{5-6}$$

式中　c——过饱和溶液的溶解度

c'——饱和溶液的溶解度

随着温度的下降，溶液过饱和程度逐渐增加，它的过饱和系数也就变大。溶液处于不饱和时，$S<1$；溶液处于饱和状态时，$S=1$；而当溶液处于过饱和状态时，$S>1$。例如，谷氨酸一钠的过饱和溶液介稳区的 S 大致在1.0～1.3的范围内，而 $S>1.3$ 时，即处于不稳区的范围。

2. 结晶的方法

（1）将热饱和溶液冷却，添加晶种结晶　将接有晶种的热饱和溶液缓慢冷却，控制温度以使系统始终处于介稳区，系统因未能达到不稳区，不会自动生成晶核，析出的溶质会吸附在晶种表面，使晶种不断长大。这种结晶方法适用于溶解度随温度降低而显著减少的发酵产品，例如，谷氨酸、柠檬酸等发酵产品的结晶。

（2）将部分溶剂蒸发结晶　在加压、常压或减压下加热溶液，部分溶剂蒸发而使溶液达到过饱和。这种结晶方法适用于溶解度随温度变化不显著的发酵产品。例如，灰黄霉素的丙酮萃取液经过真空浓缩除去丙酮后，即可得到结晶析出。

（3）等电点结晶　调节溶液的 pH 接近等电点，使溶质结晶析出。这种方法广泛应用于氨基酸、酶制剂以及抗生素等发酵产品的结晶提纯。例如，将谷氨酸发酵液调节至 pH3.22，便会有谷氨酸结晶析出；在 5% 溶菌酶水溶液中加入适量 NaCl，并以 NaOH 调节 pH 至 9.5 ~ 10.0，在 4℃冷冻 8h，便会有溶菌酶的结晶生成。

（4）盐析结晶　在溶液中添加一种物质使溶质的溶解度降低，达到过饱和状态后而形成结晶。添加的物质可以是有机溶剂或能够溶于溶液中的物质，有机溶剂必须和原溶剂能互溶。例如，卡那霉素易溶于水而不溶于乙醇，将卡那霉素脱色液加入 95% 乙醇，添加量为脱色液的 60% ~ 80%，搅拌 6h 后便有卡那霉素盐结晶析出。

3. 结晶的操作方式

发酵工业中的结晶操作方式可分为间歇式与连续式两种。

（1）间歇式结晶操作　我国许多发酵产品以间歇式结晶操作为主，其主要优点是设备简单，操作方便，能够生产出指定纯度、粒度分布以及晶形合格的产品，但是，间歇式结晶操作成本比较高，操作以及产品质量的稳定性较差。

为了控制晶体的生长，获得粒度较均匀的产品，必须尽一切可能防止不需要的晶核生成。小心地将溶液的状态控制在介稳区内。有时可在适当时机向溶液中添加适量的晶种，使被结晶的溶质只在晶体表面上生长。用温和的搅拌，使晶体较均匀地悬浮在整个溶液中，并尽量避免二次成核现象。二次成核作用是指物质的一个或几个晶体存在于过饱和溶液中，会引起新的晶体的生长，并且这种成核作用不会按照其他方式发生。下面以间歇式冷却结晶过程说明不同操作方式的影响，这种情况也适用于蒸发或真空冷却间歇结晶。

① 图 5 – 28（1）为不加晶种而迅速冷却：溶液状态很快穿过介稳区到达过饱和曲线上的某一点，出现初级成核现象，大量微小的晶核骤然产生，溶液的过饱和度迅速降低，过量的晶粒数和细小的晶粒使产品质量和结晶收率都差，属于无控制结晶。

② 图 5 – 28（2）为不加晶种而缓慢冷却：溶液状态也会穿过介稳区而到达过饱和曲线，产生较多晶核。过饱和度因成核而有所消耗后，溶液状态即回到介稳区。由于晶体生长，过饱和度迅速降低，此法对结晶过程的控制作用也有限。

③ 图5－28（3）为加晶种而迅速冷却：溶液状态一旦越过溶解度曲线，晶种开始长大。由于有溶质结晶出来，在介稳区内溶液的浓度有所下降，但因冷却速度过快，溶液状态仍可很快到达过饱和曲线，最后不可避免地会有细小晶核产生。

④ 图5－28（4）为加晶种而缓慢冷却：溶液中有晶种存在，且降温速率得到控制，在操作过程中，溶液始终保持在介稳状态，而晶体的生长速率完全由冷却速度加以控制，可使溶液不致进入不稳区，所以不会发生初级成核现象。这种“控制结晶”操作方法能够产生预定粒度的、合乎质量要求的匀整晶体。

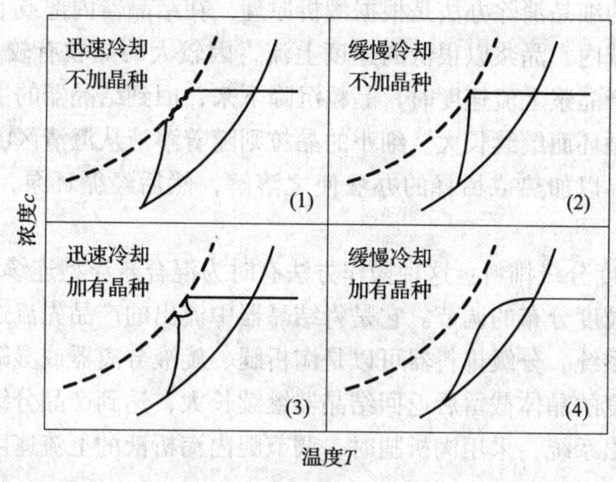

图5－28　冷却结晶的操作方式

（2）连续式结晶操作　当结晶的生产规模达到一定水平后，往往采用连续结晶。连续结晶具有许多优点：

① 冷却法及蒸发法（真空冷却法除外）采用连续结晶操作费用低，经济性好，如谷氨酸冷冻等电点结晶时，可用低温废母液冷却发酵液，以节约冷冻量。

② 结晶工艺简化，相对容易保证质量。

③ 生产周期短，节约劳动力费用。

④ 结晶设备的生产能力可比分批操作提高数倍甚至数十倍，相同生产能力则投资省，占地面积小。

⑤ 操作参数相对稳定，易于实现自动化控制。

但是，连续结晶也有缺点，使得人们在许多时候宁愿采用分批操作。其缺点有：

① 换热面和器壁上容易产生晶垢，并不断累积，使运行后期的操作条件和产品质量逐渐恶化，清理机会少于分批操作。

② 产品平均粒度较小。

③ 操作控制上比分批结晶困难，要求严格。

连续结晶的操作有以下几项要求：符合质量要求的产品粒度分布；高的生产强度；尽量降低晶垢产生速度，以延长连续结晶的操作周期；维持结晶器的操作稳定性。因此，在连续结晶的操作中往往要采用“细晶消除”、“粒度分级排料”、“清母液溢流”等技术，从而使结晶设备成为所谓的“复杂构型结晶器”。

① 细晶消除：在工业结晶过程中，由于成核速率难以控制，或者说晶核生成速率过高。一方面使晶体平均粒度过小，粒度分布过宽；另一方面也使结晶收率下降。因此“细晶消除”就成为连续结晶操作中，提高晶体平均粒度，控制粒度分布，提高结晶收率的必不可少的手段。

通常采用的细晶消除办法是根据淘析原理，在结晶器内部或下部建立一个澄清区，在此区域内，晶浆以很低的速度上流，因较大的晶粒有较大的沉降速度，当沉降速度大于晶浆上流速度时，晶粒沉降下来，回到结晶器的主体部分，重新参与器内晶浆循环而继续长大。细小的晶粒则随着溶液从澄清区溢流而出，进入细晶消除系统。以加热或稀释的办法使之溶解，然后经循环泵，重新回到结晶器中。

② 产品粒度分级排料：这种操作方法有时为混合悬浮型连续结晶器所采用，以实现对晶体粒度分布的调节。它是将结晶器中流出的产品先流过一个分级排料器，然后排出系统。分级排料器可以是淘析腿、旋液分离器或湿筛，它将小于某一产品分级粒度的晶体截留后返回结晶器继续长大，达到产品分级粒度后才有可能作为产品排出系统。采用淘析腿时，调节腿内淘析液的上流速度，也可改变分级粒度。

③ 清母液溢流：清母液溢流是调节结晶器内晶浆密度的主要手段，增加清母液溢流量无疑可有效提高器内晶浆的密度。清母液逆流有时与细晶消除相结合，从澄清区溢流出来的母液总会含有小于某一粒度的细小晶粒，所以不存在真正的清母液。由于它含有一定量的细晶，所以对结晶器而言也必然起着某种消除细晶的作用。有些情况下，将从澄清区溢流出来的母液分为两部分：一部分排出结晶系统；另一部分则进入细晶消除系统，消除细晶后再回到结晶器中。有时为了避免流失过多的固相产品组分，可使溢流而出的带细晶的母液先经旋液分离器或湿筛，而后分为两股，含较多细晶的流股进入细晶消除后循环使用，含较少细晶的流股则排出结晶系统。

从另一角度看，清母液溢流的主要作用在于液相及固相在结晶器中具有不同的停留时间。在无清母液溢流的结晶器中，固液两相的停留时间相同。在有母液溢流的结晶器中，固相的停留时间可延长数倍，这对于结晶这样的低速过程有重要的意义。

三、干燥的原理与方法

1. 干燥的原理

干燥是指利用热能使湿物料湿分汽化并排除蒸汽，从而得到较干物料的过程。其往往作为发酵产品提取与精制过程的最后一道单元操作，目的在于除去产品所含的水分，使发酵产品能够长期保存而不变质，同时减少发酵产品的体积和质量，便于包装、贮存、运输以及使用等。

水分在固体中可分为表面水分、毛细管水分和被膜所包围的水分三种。表面水分又称为自由水分，不与物料结合而附着于固体表面，干燥最快，最均匀。毛细管水分是一种结合水分，如化学结合水等，存在于固体极细孔隙的毛细管中，水分子逸出比较困难，蒸发时间慢并需较高温度。膜包围的水分，需经缓慢扩散至膜外才能进行蒸发，最难除去。

固体物料的干燥包括两个基本过程：传热过程和传质过程。传热过程是对固体加热，以使水分汽化的过程；传质过程包括汽化后的水蒸气由于其蒸汽分压较大而扩散进入气相的过程，以及水分从固体物料内部经扩散等作用而源源不断地被输送到达固体表面的过程。因此，干燥过程中的传热与传质同时并存，两者相互影响而又相互制约。

一般热空气作为干燥介质，当热空气将热量传给物料时，物料表面水分就汽化进入空气中。空气与物料的温差越大，传热速率越快。若物料表面水分的蒸汽压与热空气的水蒸气分压之差越大，水分汽化越快。由于物料表面的水分汽化后，物料内部与表面之间形成了湿度差，于是物料内部的水分便不断地从内部扩散至表面，然后在表面汽化。其湿度差越大，扩散速率也越大。这一过程一直进行到物料含水量降低到其水蒸气压等于空气中的水蒸气分压为止。

在干燥过程中，水分先从物料的内部扩散到表面，然后汽化转移到气相中，所以干燥速度取决于物料内部扩散和表面汽化的速度。干燥速率是干燥时单位干燥面积，单位时间内汽化的水量。可用下式表示：

$$u = W/F \tag{5-7}$$

式中　u——干燥速度，kg /（m^2 · h）

W——单位时间内的水分汽化量，kg/h

F——被干燥物料的表面积，m^2

图5－29所示的$u-\omega$线是干燥速度曲线，它反映了物料干燥过程中干燥速率（u）与物料的湿含量（ω）的关系。

从图中可看出，干燥过程具有以下特征：

（1）经过一个恒速干燥阶段（BC段）。在恒速干燥阶段，湿物料表面全部为非结合水，由于非结合水分与物料结合能力小，故物料表面水分汽化的速率与纯水的汽化速率相一致。此阶段传质推动力（非结合水的蒸汽压与空气中的水蒸气分压之差）不变，若湿物料内部水分向表面的

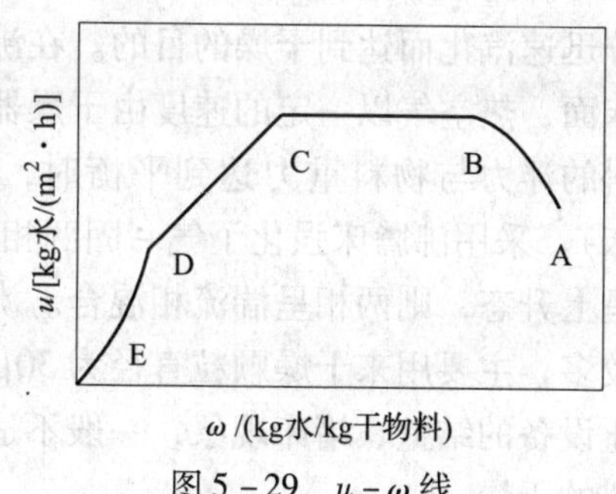

图5－29　$u-\omega$线

扩散速率等于或大于水分的表面汽化速率，则物料表面总将维持湿润状态。

(2) 经过一个降速干燥阶段（CD 段）。当湿物料中的非结合水分被干燥除去以后，进入了除去结合水的阶段。由于结合水分所产生的蒸汽压恒低于同温度下水分的饱和蒸汽压，所以，水蒸气自物料表面扩散至干燥介质主流中的传质推动力将变小，这样水蒸气传质速率必将降低，干燥速率也必将随之下降。由于传质速率的下降，干燥介质传给物料的热量除供给已下降了的汽化水分所需的潜热以外，剩余的热量将用于加热湿物料，故湿物料温度将不再维持湿球温度而不断上升。干燥速率的下降和物料温度的上升，是物料进入降速干燥阶段的标志。

总之，如果物料内部的水分能有足够的速率流向表面，则物料表面依然可以保持湿润，干燥速率不变；若内部水分流出的速率低于物料表面的汽化速率，则部分表面变干，物料温度升高，从而进入降速干燥阶段。随着物料的不断干燥，其内部水分愈来愈少，水分由内部向表面传递的速率就愈来愈慢，干燥速率也就愈来愈小，表面物料温度则随之不断提高。

2. 干燥的方法

目前，发酵工业生产上常用的干燥方法有三种：对流加热干燥法、接触加热干燥法和冷却升华干燥法。

(1) 对流加热干燥法　对流加热干燥法又称为加热干燥法，即空气通过加热器后变为热空气，将热量带给干燥器并传给物料，利用对流传热方式向湿物料供热，使物料中的水分汽化，形成的水汽被空气带走。在对流加热干燥法中，空气既是载热体，又是载湿体。发酵工业中这种方法又可分为气流干燥、沸腾干燥和喷雾干燥三种。

气流干燥是一种连续式高效流态化干燥方法，即将颗粒状的湿物料送入高温快速的热气流中，与热气流并流，均匀分散成悬浮状态，增大物料与热空气接触的总表面，强化了热交换作用，仅在几秒钟（1～5s）范围内即能使物料达到干燥的要求。在气流干燥流程中，湿物料经料斗和螺旋加料器进入干燥管，空气由鼓风机鼓入，经加热器加热后与物料会合，在干燥管内达到干燥目的。干燥后的物料在旋风除尘器和带式除尘器得到回收，废气经抽风机由排气管排出。

沸腾干燥是利用热空气使孔板上的颗粒状物料呈流化沸腾状态，物料中的水分迅速汽化而达到干燥的目的。在沸腾干燥流程中，物料由给料器进入干燥器的床面，热空气以一定的速度由干燥器底部经过布风板与物料接触，当热空气对物料的浮力与物料重力达到平衡时，就形成了悬浮床（又称为流态化床或沸腾床）。采用沸腾床强化了气－固两相间的传质与传热过程，使物料呈浮态，空气呈上升态，则两相呈湍流相混合。沸腾干燥器形式多样，以卧式沸腾干燥器应用较多，主要用来干燥颗粒直径为30μm～6mm 的粉状和颗粒状物料。但是，为防止设备的结壁、堵床现象，一般不适用于湿含量大、黏度大、易结壁、易结块物料的干燥。

喷雾干燥是利用不同的喷雾器，将悬浮液、乳浊液或浆料喷成雾状，使其在干燥室中与热空气接触，由于接触面积大，微粒中水分迅速蒸发，在几秒或几十秒内获得干燥。在喷雾干燥流程中，将料液泵送至塔顶，经过雾化器喷成雾状的液滴，与塔顶引入的热风接触后，水分迅速蒸发，在极短的时间内便成为干燥产品。干燥产品从干燥塔底部排出，热风与液滴接触后温度显著降低，湿度增大，作为废气由排风机抽出。废气中夹带的微粉用分离装置回收。由于干燥速度迅速，采用高温（80～800℃）热风，其排风温度仍不会很高，产品不致发生过热现象，适用于热敏性物料，干燥产品质量较好。废气中回收微粒的分离装置要求较高。在生产粒径小的产品时，废气中约夹带有20%左右的微粒，需选用高效的分离装置。

（2）冷冻升华干燥法　冷冻升华干燥法是先将湿物料冷冻至较低温度（-50～-10℃），使水分结冰，然后在较高的真空（133～0.133Pa）条件下，使冰直接升华为水蒸气而除去的过程。整个过程分为三个阶段：其一是冷冻阶段，即将样品低温冷冻；其二是升华阶段，即在低温真空条件下冰直接升华；其三是剩余水分的蒸发阶段。冷冻升华干燥法适宜于具有生理活性的生物大分子和酶制剂、维生素及抗生素等热敏性发酵产品的干燥。

冷冻升华干燥也可不先将物料预冻结，而是利用高度真空时汽化吸热而将物料自行冻结，这种方法称为蒸发冻结。其优点是可以节约一定能量，但操作时易产生泡沫或飞溅现象而导致物料损失，同时不易获得均匀的多孔干燥物。

（3）接触加热干燥法　接触加热干燥法又称为加热面传热干燥法，即用某种加热面与物料直接接触，将热量传给物料，使其中水分汽化。发酵工业中也比较普遍使用，其干燥设备有干燥箱、滚筒式干燥器、转筒式干燥器等。

任务1　谷氨酸中和液结晶法精制味精

1. 工艺流程

由谷氨酸制造味精的流程如图5-30所示。

2. 谷氨酸的中和、脱色与除铁

（1）谷氨酸的中和　味精（Monosodium L-glutamate，简写：MSG）是L-谷氨酸单钠一水化合物，学名叫α-氨基戊二酸单钠一水化合物，其分子式为$C_5H_8NO_4Na \cdot H_2O$，相对分子质量为187.13。以谷氨酸制造味精，首先要将谷氨酸进行中和反应而生成谷氨酸单钠。

谷氨酸是具有两个羧基（—COOH）的酸性氨基酸，与碳酸钠或氢氧化钠均能发生中和反应生成钠盐。当中和的pH在谷氨酸的第二等电点$[(pK_2+pK_3)/2=(4.25+9.67)/2=6.96]$时，谷氨酸单钠离子在溶液约占总离子浓度的99.59%，谷氨酸单钠具有强烈的鲜味。以纯碱和烧碱为中和剂的化学反应如下式：

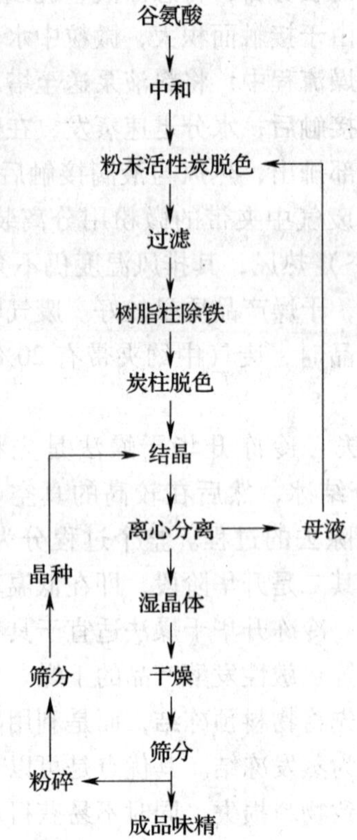

图 5－30　谷氨酸制造味精的流程

$$\mathrm{H_3\overset{+}{N}-CH(COO^-)-CH_2-CH_2-COOH + 1/2\,Na_2CO_3 \longrightarrow H_3\overset{+}{N}-CH(COO^-\,Na^+)-CH_2-CH_2-COO^- + 1/2\,CO_2\uparrow + 1/2\,H_2O}$$

$$\mathrm{H_3\overset{+}{N}-CH(COO^-)-CH_2-CH_2-COOH + NaOH \longrightarrow H_3^+-CH(COO^-\,Na^+)-CH_2-CH_2-COO^- + H_2O}$$

按化学反应式计算，谷氨酸与碱反应生成谷氨酸单钠盐，其换算因数为：169. 13/147. 13 =1. 15。如果以含一个结晶水的谷氨酸一钠盐（味精）计算，其换算因数为：187. 13/147. 13 =1. 272。

谷氨酸中和操作时，先向中和罐加入一定量的渣水或软水，启动搅拌，用蒸汽将底水加热到65℃左右，然后按每罐定量投入麸酸，同时缓慢加入纯碱溶液或烧碱，最终调节 pH 至6.96，中和液的浓度为21～23°Bé。

（2）脱色与除铁　中和结束后，向中和液加入1%～2%的粉末活性炭，搅拌均匀后泵送至脱色罐，启动搅拌，于50～65℃下脱色30～60 min，然后送入板框压滤机过滤，收集滤液。过滤后，用清水洗涤滤渣，洗渣水回用为中和工序的工艺用水。

为了去除铁离子和进一步脱色，将滤液连续送入阳离子树脂柱进行吸附铁离子，流出液再连续送入颗粒炭柱进行脱色，流量控制为1.0～2.0 $m^3/(m^3 \cdot h)$，最后可得净化后的白色中和液，俗称味精原液。

3. 结晶

大型生产一般采用内热式真空结晶罐，其结构如图5－31所示。

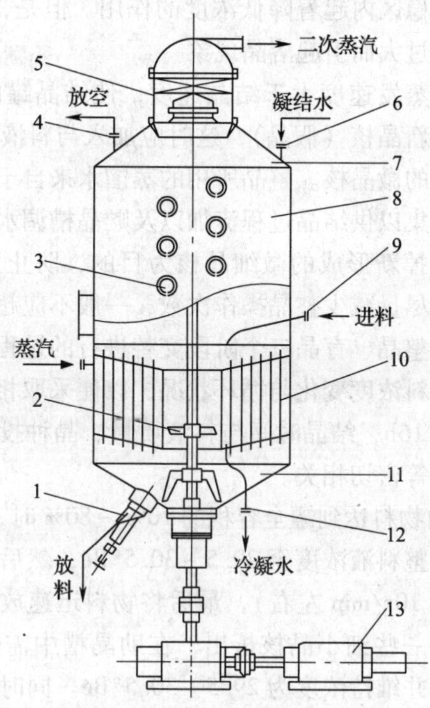

图5－31　内热式真空结晶罐

1—下展式放料阀　2—搅拌器　3—视镜　4—放空管　5—气液分离器　6—软水入口　7—上封头（锥形）　8—罐体　9—进料口　10—列管式加热器　11—下封头（锥形）　12—冷凝水出口　13—传动装置

（1）蒸发浓缩过程　以30m^3结晶罐为例，先将18m^3左右的料液（21～23°Bé）加入结晶罐，启动搅拌，搅拌转速与结晶罐设计有关，以使料液循环为宜，在加热室中通入蒸汽进行加热蒸发，控制真空度为0.08～0.085MPa，温度为60~70℃，在1~2h内将底料浓缩至29.5~30.5°Bé，即达介稳区。

(2) 起晶　投晶种量与所用晶种的颗粒大小有关。一般情况下，按结晶罐全容积计算，40目晶种的投入量为20~40g/L，30目晶种的投入量为40~60g/L，20目晶种的投入量为60~90g/L。投晶种时，用软管的一端连接结晶罐的进料口，另一端插入晶种桶中，靠结晶罐的真空把晶种吸入结晶罐。

(3) 结晶过程　在整个结晶过程中，应控制结晶罐内真空度为0.08~0.085MPa，温度为60~70℃，并控制蒸发速度与结晶速度一致，使结晶罐内料液浓度处于介稳区内。随着晶体长大，应逐渐提高搅拌转速，使固液混合物料充分循环，避免晶体沉积，有利于提高结晶速率，但是，应避免搅拌速度过快而损伤晶体。

随着水分不断被蒸发和晶粒的不断长大，结晶罐内的液位会逐渐降低，料液的稠度趋于增大，此时应及时将21~23°Bé的料液补进结晶罐，以补充溶质，促进晶体增长，同时在介稳区内起着降低浓度的作用。但是，应注意控制补料量，以免罐内料液浓度波动过大而引起溶晶现象。

如果控制不慎，当蒸发速度大于结晶速度，使结晶罐内料液浓度超越介稳区，会析出一些细小的新晶核（假晶），这时应加入与料液温度接近的蒸馏水进行整晶，即溶掉新形成的微晶核。整晶所用的蒸馏水来自于结晶罐加热室的蒸汽冷凝水，用不锈钢罐收集以供结晶过程流加以及贮晶槽调水使用。整晶用水量要控制适当，以达到溶解掉新形成的微细晶核为目的，防止正常晶种的溶化和损伤。在结晶过程中，应尽量减少整晶操作次数，一般不应超过3次。

整个过程是浓缩、整晶、育晶三个阶段交替进行的过程。结晶过程中，必须从视镜仔细观察罐内物料浓度变化与循环状况，以便采取相应的操作。晶体味精的结晶时间一般为10~16h，结晶时间与料液质量、晶种投入量、结晶罐及相关系统的设计、结晶操作等密切相关。

(4) 放罐　当罐内物料达到罐全容积的70%~80%时，可以进行放罐操作。放罐前，先用蒸馏水调整料液浓度至29.5~30.5°Bé，然后关闭真空、蒸汽，开启助晶槽搅拌（转速为10r/min左右），最后将物料迅速放入助晶槽。由于放罐过程中温度会降低，有一些细小晶核析出，在助晶槽中需适当加蒸馏水调整浓度，使细小晶核溶解，并维持浓度为29.5~30.5°Bé。同时，适当采用蒸汽对助晶槽保温，避免在贮晶槽中继续有细小晶核产生，影响离心分离效率与效果，造成分离后细小晶核粘附在晶体上影响成品的品质。

4. 离心分离、干燥与筛分

(1) 离心分离　谷氨酸单钠溶液经结晶后得到的是固液混合物（固相占300~400g/L），必须采取有效的方法进行分离，生产上采用过滤式离心机，主要有有三足式（分上、下出料）、平板式（分上、下出料）和上悬式分离机等，利用转鼓高速旋转所产生的离心力为过滤推动力，使晶体与母液分离。

将固液混合物从助晶槽放入离心机，即可进行离心分离操作。由于晶体表面含母液高，干燥过程中易产生小晶核粘附在晶体表面上，出现并晶或晶体发毛、色泽偏黄等现象，严重影响产品质量。因此，分离过程中，需用适量的蒸馏水或蒸汽均匀地喷淋晶体，可除去晶体间母液，提高晶体纯度和光泽。

味精一次结晶得率一般为50%左右，仍有50%左右的纯谷氨酸单钠存在于分离母液中，待下一次结晶操作进行提炼。因此，分离母液需收集，用去离子水稀释至22°Bé左右，再经脱色、除铁等工序，然后送至结晶工序进行结晶提炼。原液经过一次结晶、分离所得的母液称为一次母液，一次母液再经结晶、分离所得的母液称为二次母液，依次类推，不断循环，当最后所得的母液由于色素等杂质含量较多，从经济和产品质量角度考虑，已不能用于结晶生产成品，此母液称为末次母液。为了减少损失和提高精制收率，末次母液可以采用适当方法处理而进行不同程度的回收利用。

（2）干燥与筛分　干燥的目的是除去味精表面的水分，而不失去结晶水，外观上保持原有晶型和晶面的光洁度。味精工业主要采用振动式流化干燥床进行干燥。干燥时，将湿晶体经振动给料机连续地送入流化干燥床，从多孔板下方鼓入热空气进行干燥，热空气温度一般不超过85℃，且热空气流动方向与晶体运动方向相反，干燥时间越短，越有利于保护晶体表面亮度。

一般情况下，紧接着振动式流化干燥床都设置振动筛选机，干燥后，晶体从流化干燥床直接进入振动筛选机，由于振动筛选机根据需要设置了不同孔径的筛网，从而可筛分出目数不同的味精晶体，即为不同规格的产品，可送至包装。将其中一部分大颗粒的晶体送至粉碎，然后再根据需要进行筛分，可得不同目数的晶种，用于下次结晶生产。

任务2　结晶法精制一水柠檬酸

1．结晶法精制一水柠檬酸的流程

柠檬酸是无色透明或半透明晶体，有无水柠檬酸和一水柠檬酸之分，两者的结晶体条件不同，且晶体形态也不同。无水柠檬酸结晶温度较高（36.6℃以上），采用加热蒸发浓缩的方法，排除出大量的水分，使溶液浓度进入过饱和不稳定区，溶液就自然起晶，从而大量生成无水柠檬酸晶体。一水柠檬酸的分子式为$C_6H_8O_7 \cdot H_2O$，是由低温（≤36.6℃）水溶液中结晶析出，经分离、干燥后的产物，其结晶生产流程如图5－32所示。

2．操作要点

（1）蒸发浓缩　采用三效真空蒸发器对精柠檬酸液进行蒸发浓缩，控制三效蒸发器的真空度为0.08MPa，使浓缩液最终密度为1.380。然后，再将料液温度加热至85℃。

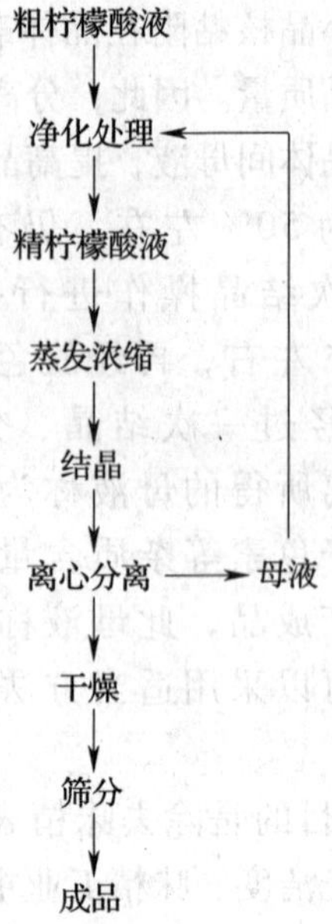

图 5－32　结晶法精制一水柠檬酸的流程

（2）结晶　将 85℃的柠檬酸浓缩液迅速放入搅拌式冷却结晶罐中，然后在结晶罐的冷却盘管中通入冷却水，控制每小时降温 4～5℃，直至 10℃左右，即可完成结晶操作。

（3）离心分离　将晶体浆料送入离心机进行分离，在分离过程中，用低温水喷洗晶体，分离所得的湿晶体表面一般含有 2%～3% 的游离水。分离母液送至脱色处理工序，经处理后再进入结晶工序，如此循环。

（4）干燥与筛分　通过振动给料器将湿晶体连续送入振动流化干燥床，风温控制为 70～85℃，经过干燥，晶体直接进入振动筛进行筛分，过大或过细颗粒送至溶晶罐后再进入生产工序，合格品即可送至成品包装。

归 纳 知 识

一、等电点法提取谷氨酸的影响因素

谷氨酸结晶有 α－型结晶和 β－型结晶两种，由于 β－型谷氨酸结晶质量轻，常常称为“轻质谷氨酸”，不易沉降分离，导致提取率低。在操作中要控制结晶条件，以避免 β－型结晶析出。影响谷氨酸结晶的因素很多，主要有如下几方面：

1．发酵液性质对结晶晶型的影响

（1）谷氨酸含量对结晶晶型的影响　若发酵液中谷氨酸含量过低，低于 4.5% 时，不容易达到过饱和度，即使提取温度很低，所形成晶核数量也不会太

多。如表5－2所示，如果谷氨酸含量较高，在室温条件下已经容易形成β－型结晶，导致分离困难，且谷氨酸含水量较大、纯度较低。

表5－2　　谷氨酸浓度对晶型的影响

谷氨酸浓度/%	β－型结晶含量/%	水分/%	纯度/%
8	20	13.8	96.5
10.2	58	25.5	95.2
15	100	37.7	90
20.3	100	43.2	85.3

（2）菌体对结晶晶型的影响　所采用的菌种和发酵工艺决定了发酵液中菌体浓度和菌体大小，而菌体浓度和菌体大小直接影响谷氨酸结晶。当带菌体进行等电点提取谷氨酸时，如果菌体浓度高，发酵液黏度大，不利于晶核吸收长大，易使结晶形成β－型结晶；若菌体较大且轻，易于与谷氨酸结晶分离，有利于提高收率；若菌体较小且重，与谷氨酸结晶较难分离。因此，有条件的工厂最好先除去菌体，再用等电点法提取谷氨酸。

（3）杂菌和噬菌体结晶晶型的影响　如果谷氨酸发酵感染杂菌和噬菌体，尤其是因噬菌体溶菌作用使菌体内含物渗出，发酵液中胶体物质增多，泡沫多，残糖高，发酵液黏度大，这些高分子物质在一定pH下沉淀析出，形成无数絮状物把谷氨酸吸附住，影响晶体的正常生长，容易形成β－型结晶。

遇此情况，最好通过加热或添加絮凝剂，使菌体蛋白凝聚后除去，既可防止杂菌和噬菌体扩散，又可克服谷氨酸结晶的不利因素。

（4）残糖对结晶晶型的影响　放罐发酵液残糖越低越有利于提取。如果发酵液残糖过高，不仅会影响谷氨酸的溶解度，而且易产生β－型结晶，如表5－3所示。

表5－3　　发酵液中残糖含量对谷氨酸结晶的影响

葡萄糖含量/%	晶　体	葡萄糖含量/%	晶　体
1	α－型和β－型	3	β－型
2	β－型		

（5）发酵液杂质对结晶晶型的影响　发酵液的杂质，如消泡剂，或水解糖带来的糊精、焦糖、蛋白质、色素等杂质，如果过多，不仅对发酵不利，而且会对提取造成影响。在等电点提取时，在一定pH条件下，杂质析出无数晶核，包裹着谷氨酸分子，影响谷氨酸晶体生成和长大，易出现β－型结晶，导致分离困难，收率低。

2. 温度对结晶晶型的影响

结晶析出温度对晶型有很大的影响。温度越低，析出α-型结晶纯度越高。如表5-4所示，当等电点调酸时，发酵液温度高于30℃，β-型结晶增加；当温度低于30℃，β-型结晶减少。温度在20℃以下时主要是α-型结晶析出。

表5-4　　析出温度对晶型的影响

析出温度/℃	α-型结晶与β-型结晶比例	含水分/%	纯度/%
10	主要是α-型	13.80	95
20	主要是α-型	15.03	94.8
30	有少量β-型	18.32	93.5
40	α-型和β-型各半	30.8	92.3
50	主要是β-型	38.0	90.8
60	全部是β-型	37.2	90.7

3. 降温速度对结晶晶型的影响

加酸时要控制温度缓慢下降，不能回升，这样形成的谷氨酸颗粒较大。如果降温速度过快，不仅晶核小而多，结晶微细，而且会引起α-型结晶向β-型结晶转化，导致收率下降。

4. 加酸速度对结晶晶型的影响

在调酸过程中，加酸速度快慢对晶体形成有很大影响。加酸速度要缓慢，使pH缓慢下降，谷氨酸的溶解度也逐渐降低，这样，所形成的晶核不会太多。控制一定数量的晶核后，停止加酸，进行育晶，使晶体成长壮大，析出的结晶为α-型结晶。如果加酸速度太快，采用一次性将发酵液调至终点pH3.2，发酵液局部出现过饱和，很快形成大量细小晶核，极易产生β-型结晶。

发酵液起晶时的pH与发酵液谷氨酸浓度有关。发酵液谷氨酸浓度越高，在加酸降低pH的过程中，出现晶核的时间就越早。按照国内发酵液的谷氨酸含量，发酵液加酸至pH 5.0左右，还不会出现晶核，加酸速度可以快一些；pH 5.0以下，特别是接近起晶点，加酸速度要缓慢，发现晶核时，应立即停止加酸，育晶2~3h，使晶核成长壮大，再继续缓慢加酸至pH 3.2。

5. 起晶对结晶晶型的影响

谷氨酸起晶有两种方法：自然起晶和加晶种起晶。一般来说，加晶种起晶，晶核容易控制，不易出现β-型结晶，但必须要选择质量好的α-型晶体作为晶种。投晶种一定要掌握好投放时间，根据结晶理论，应在发酵液处于介稳区时投入晶种。生产上，习惯以溶液pH作为控制点，若投种时溶液pH偏高容易使晶种溶解，起不到投晶种的作用；若控制溶液pH太低，已经有了较多谷氨酸晶核析出，再投入晶种会刺激更多细小晶核的形成。

等电点提取谷氨酸过程中，判断育晶点十分关键。一般通过手触、目视、显微镜观察等方法，一旦发现晶核，可确定为起晶点，这时要停止加酸进行育晶。

6. 搅拌对结晶晶型的影响

搅拌有利于晶体长大，避免“晶簇”生成，但搅拌太快，液体翻动剧烈，会引起晶体的磨损，对晶体长大不利，造成结晶细小。搅拌太慢，液体翻动不大，晶体容易下沉，pH 和温度不均匀，引起局部 pH 过低，形成过多的微细晶核，造成结晶颗粒大小不均，不易与菌体分离，影响收率。一般搅拌转速为 25～35r/min。

二、离子交换树脂柱提取谷氨酸的影响因素

1. 上柱液的 pH

pH 对离子交换树脂柱的影响有两方面：一方面是对树脂交换基团离解的影响，不同类型的树脂有不同的使用 pH 范围；另一方面是影响被吸附物质的离解，特别是对弱电解质和两性电解质。例如，采用强酸性阳离子树脂柱提取谷氨酸时，当柱内 pH 大于谷氨酸等电点时，谷氨酸带负电荷而不能与阳离子树脂进行交换反应。

在生产实践中，要求谷氨酸上柱液的 pH 为 5.0～5.5 即可，而不需低于 3.22，原因在于：发酵液中含有一定量的 NH_4^+、K^+、Mg^{2+} 等阳离子，这些阳离子先与阳离子树脂进行交换，放出 H^+，使柱内溶液的 pH 降低至 3.22 以下，谷氨酸就会离解成为阳离子而被吸附。

如果上柱发酵液 pH 高于 5.5 时，上柱液中阳离子（如 NH_4^+、K^+、Mg^{2+} 等）置换下来的 H^+ 不足以使 pH 降低至 3.22 以下，造成部分谷氨酸没有离解为阳离子，因此影响了谷氨酸的离子交换吸附效果。

经试验表明，上柱液 pH 低于 1.0 时，谷氨酸的离子交换效果也不理想。原因在于：在强酸性下（如 pH 1.0）阳离子交换树脂本身交换能力差，例如，在 pH 1.0 时的 H^+ 浓度为 0.1mol/L，pH 2.0 时的 H^+ 浓度为 0.01 mol/L，H^+ 浓度增大 10 倍，谷氨酸的离子交换就比较困难。

2. 上柱量

上柱量是一次通过离子交换树脂柱而达到交换处理的溶液量，是离子交换效果好坏的综合指标，反映树脂的交换能力。树脂的工作交换当量比树脂的全交换当量要小得多，上柱量是根据树脂的工作交换当量和上注液中可交换离子的浓度来决定的。

上柱量必须与树脂柱的交换能力相适应。如果上柱量小于树脂柱的交换能力，树脂柱的生产能力不饱和，浪费解吸剂和再生剂，而且解吸时解吸液中提取物峰值不集中。如果上柱量大于树脂交换能力，提取物就会漏吸而造成损失。

3. 上柱液流速

上柱液流速的控制应根据树脂柱大小、上柱方式（正交换还是反交换）等具体情况而定。根据实际操作，一般流速为 SV（单位时间通过每立方米树脂液

体体积），以$m^3/(m^3 \cdot h)$表示。逆上柱SV=2～$3m^3/(m^3 \cdot h)$，顺上柱SV=1.5～$2m^3/(m^3 \cdot h)$。如果流速过大，会导致漏点提前，影响树脂柱的工作交换量。如果流速过小，会影响树脂柱的生产效率。

4. 解吸剂的选择与流速

解吸剂可以有很多种，同一种解吸剂的浓度也有所不同，需根据解吸效果而定。如果解吸剂选择适当，解吸效果好，不易造成结柱或拖峰。例如，在732#阳离子交换树脂柱提取谷氨酸时，如果上柱液的谷氨酸含量较高，其中GA∶NH_4^+=1∶2左右，解吸剂可选用60℃的4% NaOH溶液；如果上柱液是等电点母液，其中GA∶NH_4^+=1∶4左右，解吸剂可选用60～70℃的6%～8% NaOH溶液。解吸剂流速需通过试验而确定，一般要比上柱液流速慢。如果流速过慢，影响树脂柱的生产效率，也会产生“结柱”现象；若流速过快，会引起解吸峰不集中。

5. 再生剂的选择与流速

再生剂的选择需根据树脂解吸后的转型情况而定。例如，732#阳离子交换树脂柱在解吸后，树脂成为NH_4^+或Na^+式，需用酸进行再生，使树脂全部成为H^+式。再生剂注入离子交换树脂柱的流速不宜过快，一般控制为上柱液流速的1/2左右，以使限量的再生剂达到充分的利用。如果再生剂流速过大，再生剂消耗量会偏大，造成浪费。

6. 洗柱、疏松与预热

解吸前，需用水进行充分洗柱，以及用压缩空气进行疏松。如果洗柱与疏松不彻底，会影响解吸效果，柱内杂质也会进入解吸液。对于易结晶析出的提取物，在解吸前还需用热水进行预热，以免解吸时出现“结柱”。再生前，也需用水充分洗柱和疏松树脂，以洗出残留的杂质和解吸剂，有利于节约再生剂和提高再生效果。

三、结晶的影响因素

溶液中一旦形成晶核体系便分为固、液两相，固相晶核周围包有一层液膜（假设液膜厚度为d），液膜外的溶液可能仍呈过饱和状态（浓度假定为c），液膜内的溶液浓度原来也是过饱和的，但由于其中部分过饱和的溶质分子已经吸附在晶体表面，它就由过饱和状态转变为饱和状态（设浓度为c'）。如果液膜外部的溶液仍保持着一定程度的过饱和状态，那么膜外部的溶质分子就会由于浓度差（$c-c'$）的推动，不断地向膜内扩散，并被晶核表面吸附。一层一层地排列，从而使晶体逐渐长大，直到溶液（母液）的浓度下降到饱和浓度为止。

由于晶粒长大的过程与溶质分子通过液膜的扩散运动有关，因此描述扩散运动的公式可用于描述晶粒长大的过程。

$$S = 1000K' \frac{T}{\eta}\left(\frac{c-c'}{d}\right)F\theta \qquad (5-8)$$

式中　S——总结晶量，mg

K'——结晶系数

T——绝对温度，K

d——液膜厚度，cm

η——母液黏度，Pa·s

$c-c'$——液膜两面的浓度差，mg/cm^2

F——晶核总表面积，cm^2

θ——结晶时间，min

从上式可知，总结晶量的多少与结晶时的温度、时间、晶核总表面积以及液膜两边的浓度差成正比，而与母液的黏度、液膜厚度成反比。

如果用K表示结晶速度（即单位时间内单位晶核表面积上的结晶量），则：

$$K = 1000\frac{T}{\eta}\left(\frac{c-c'}{d}\right) \quad [\mathrm{mg/(m^2 \cdot min)}] \tag{5-9}$$

影响结晶生成的主要因素有：

1．溶液的过饱和度

从结晶速度公式可以看出，结晶速度与浓度差成正比，而浓度差的大小与过饱和程度有关。过饱和系数大，结晶就快，但是，如果过饱和系数太大，处于不稳区范围内，就会致使溶液中过量溶质来不及按正常顺序扩散到晶粒表面排列，而自行聚集形成新晶核，或在原有晶粒上不规则堆积形成伪晶。新的晶核（伪晶）也要夺走溶液中的溶质，自行长大，而加入的晶粒生长不大，成晶不均匀，降低成品收率。

伪晶的存在会严重影响晶体的外观和质量。如果过饱和系数接近于1，则结晶速度也接近于零，晶体就停止长大。如果过饱和系数小于1，结晶就溶解。生产上育晶过程中，要使晶体持续不断地长大，可采用边加料、边结晶的方式，使母液维持在一定的过饱和系数，保持一定的结晶速度，从而使晶粒长大到所要求的大小。

2．溶液的纯度

杂质对晶体生长的影响，其机理颇为复杂。有的杂质能完全制止晶体的生长；有的则能促进其生长；还有的能对同一种晶体的不同晶面产生选择性的影响，从而能改变晶形。有的杂质能在极低的浓度（1mg/L）下产生影响，有的却需在相当高的浓度下才起作用。

杂质影响晶体生长速度的途径也各不相同。有的是通过改变溶液的结构或平衡饱和度；有的是通过改变晶体与溶液之间界面上液层的特性，而影响溶质被吸附到晶面；有的是杂质本身吸附在晶面上，起阻挡溶质的作用；如果杂质的晶格有相似之处，此杂质能生成在晶体内而产生影响。

一般来说，溶液中杂质含量越少越好。因为晶粒长大，需要在溶液中吸收同种成分的溶质，如果溶液中残糖多、色素多、胶质重或含有其他分子、离子，必然阻碍溶质向晶粒表面扩散，增加长晶的阻力。同时，由于杂质在晶粒表面粘附，也会导致晶体松脆。因此，纯度差的溶液，长晶慢、晶体小、质量差。

3．温度

温度高低直接影响成核速度和晶体生长速度。从晶析速度方面来看，温度高则母液黏度小，液膜厚度小，有利于扩散；从过饱和度方面来看，温度高则母液的过饱和度低。

一般来说，温度升高，可使成核速度和晶体生长速度加快。但当温度升高时，过饱和度会降低，会出现：成核速度开始随温度升高而上升，达到某一值时，温度再升高，成核速度反而下降。另外，温度对晶体的大小也有影响。在较高温度下结晶，形成的晶体一般会较大；在较低温度下结晶，得到的晶体较细。这也说明了温度对晶体生长速度的影响较成核速度的影响更为显著。

结晶操作中，尤其是在育晶阶段，希望温度稳定，才能使母液浓度与过饱和系数保持稳定，否则，有可能影响到晶形和结晶水的变化。

4．搅拌

晶粒在吸收溶质后，其周围溶液的浓度便会下降，因此，适当的搅拌有利于晶粒和溶质的接触，利于长晶。同时，搅拌还能使晶浆上下四周的温度保持均匀，补液或加水时能迅速分布于母液中，而且也可避免晶体沉积于容器底部，粘结在一起。但是，搅拌过于激烈，溶质分子运动过快，则不利于长晶，同时也会造成晶体相互碰撞摩擦，不但有损晶形，得不到大晶体，而且也容易导致产生二次成核现象。一般可通过试验来确定较适当的搅拌速度，使晶体颗粒较大，防止晶体聚集形成结团（晶簇）现象的产生。

5．晶种

加入晶种能诱导结晶，而且还能控制晶体的形状、大小和均匀度。因此，结晶操作中，往往在结晶将要开始前投入晶粒作为晶种。不采用晶种起晶时，如果冷却或蒸发速度过快，会有大量晶核产生，析核速度和晶体生长速度很难控制，所得晶体颗粒参差不齐。

6．pH

结晶过程还要注意选择适宜的pH。如果没有特殊情况，pH一般选择在被结晶溶质的等电点近处，可有利于晶体的析出。

拓展知识5.1　啤酒的过滤

一、啤酒过滤的目的与基本要求

1．啤酒过滤的目的

（1）除去啤酒中的悬浮物、浑浊物、酵母、酒花树脂、多酚物质与蛋白质化合物，改善啤酒的外观，使成品啤酒澄清透明，富有光泽。

（2）除去或部分除去蛋白质及多酚物质，提高啤酒的生物稳定性。

（3）除去酵母和细菌等微生物，提高啤酒的生物稳定性。

2. 啤酒过滤的基本要求

（1）过滤能力大；

（2）过滤质量好，滤液透明度高；

（3）酒和 CO_2 损失小；

（4）不污染，不吸入氧气，不影响啤酒的风味。

二、啤酒的过滤方式与控制要点

1. 啤酒过滤方式

啤酒过滤的主要方式有硅藻土过滤法、板式过滤法和微孔膜过滤法。

（1）硅藻土过滤法　硅藻土是硅藻的化石，它的直径只有几微米，有一层薄而坚硬的壳，是一种松软而质轻的粉状矿质，可作为过滤介质。硅藻土过滤机主要有板框式硅藻土过滤机、烛式硅藻土过滤机和水平圆盘式硅藻土过滤机。硅藻土过滤法一般用于啤酒发酵液的粗滤。

（2）板式过滤法　板式过滤机由机架和滤板等组成，滤板用不锈钢制作，滤板之间插有纸板作为过滤介质。板式过滤机一般安装在粗滤（硅藻土过滤）之后，作为啤酒精滤使用，采用除菌纸板也可用于无菌过滤。

（3）微孔膜过滤法　微孔膜过滤法是使用生化稳定性很强的薄膜作为过滤介质，孔径为1.2μm的薄膜能滤除酵母菌，而很多细菌则需孔径为0.6～0.8μm的薄膜或更小一些孔径的薄膜。微孔膜过滤法是采用错流过滤技术，不需依靠助滤剂，可以除去啤酒中的微生物而生产纯生啤酒，无须将啤酒加热杀菌，避免了热对啤酒风味的影响。

2. 啤酒过滤的控制要点

（1）溶解氧的控制

① 制取脱氧水时要控制脱氧水的溶氧量。

② 啤酒过滤时间越短越好，用于过滤的啤酒放置时间不能超过48h。

③ 使用过滤机前，要用脱氧水排尽过滤机内空气，相关管道、设备要用无菌脱氧水充满，滤酒时再用酒液将其顶出。

④ 由于酒头酒尾中的溶氧较高，要掌握其进罐量。

（2）微生物的控制

① 过滤设备、管路等要定期刷洗与严格灭菌，符合要求方可使用。

② 用于稀释和洗涤的脱氧水要通过紫外线杀菌或膜过滤除菌。

③ 用于背压的 CO_2 需通过膜过滤除菌。

④ 过滤后的啤酒在清酒罐中停留时间不能超过24h，超过24h则要复检微生物。

⑤ 加强对过滤车间的杀菌。

（3）啤酒风味的控制　严格控制硅藻土中铁离子含量，所有过滤设备、管路必须使用不锈钢材料，防止啤酒出现铁腥味。

三、啤酒过滤的常见流程

发酵后，不经除菌处理的啤酒称为鲜啤酒，经过低热杀菌的啤酒称为熟啤酒，经过过滤除菌的啤酒称为纯生啤酒。熟啤酒与纯生啤酒的常见过滤流程如图5－33所示。

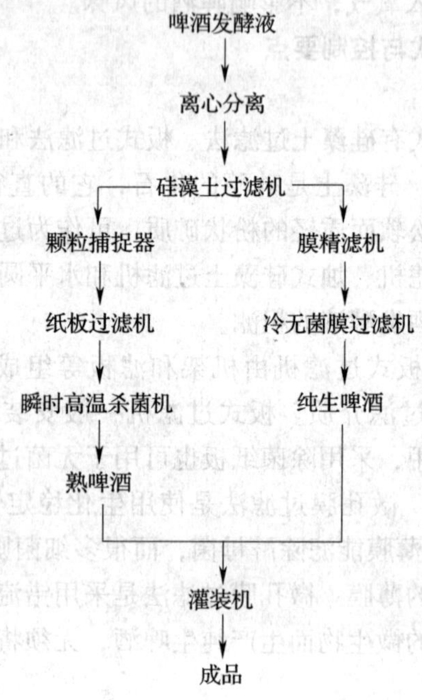

图5－33　啤酒过滤的常见流程

拓展知识5.2　α－淀粉酶的盐析法提取

一、盐析原理

盐析法又称为中性盐沉淀法。一般来说，所有固体溶质都可以因在溶液中加入中性盐而被沉淀析出，此过程称为“盐析”。中性盐的加入，能够破坏蛋白质、酶等的胶体性质，中和微粒上的电荷，促进蛋白质等沉淀。盐类可使蛋白质等大分子物质析出的原因：① 高浓度的中性盐溶液中存在大量带电荷的盐离子，它们能中和蛋白质分子的表面电荷，使蛋白质分子间的静电排斥作用减弱甚至消失，从而使蛋白质相互靠拢，聚集起来；② 中性盐的亲水性比蛋白质大，它会抢夺本来与蛋白质结合的自由水，使蛋白质表面的水化层被破坏，导致蛋白质分子之间的相互作用增大而发生凝聚，从而沉淀析出。

蛋白质的溶解度与盐浓度之间的关系可用 Cohn 方程来表示：

$$\lg \frac{S}{S_0} = -K_S \cdot I \tag{5-10}$$

式中　S——离子强度为 I 时蛋白质的溶解度，g/L

S_0——纯溶剂（$I=0$）时蛋白质的溶解度，g/L

K_S——盐析常数，与温度、pH 无关

I——离子强度，$I = \frac{1}{2}\sum m_i Z_i^2$

m_i——离子 i 物质的量浓度，mol/L

Z_i——离子 i 所带电荷

选用盐析用盐主要考虑以下几个问题：

（1）盐析作用要强，一般来说多价阴离子的盐析作用强。

（2）盐析用盐必须有足够大的溶解度，且溶解度受温度的影响尽可能地小。这样便于获得高浓度盐析溶液，有利于操作，尤其是在较低温度下操作，不致造成盐结晶析出，影响盐析结果。

（3）盐析用盐在生物学上是惰性的，不致影响蛋白质等生物大分子的活性，最好不引入给分离或测定带来麻烦的杂质。

（4）来源丰富、经济。

常用的盐析用盐主要有硫酸铵、硫酸钠、磷酸钠或磷酸钾等。硫酸铵具有盐析作用强，溶解度大且受温度影响小，一般不会使蛋白质变性，分段分离效果较好等优点。无论在实验室中，还是生产上，除少数有特殊要求的盐析以外，大多数情况下都采用硫酸铵进行盐析。磷酸铵具腐蚀性且缓冲能力差，饱和溶液的 pH 在 4.5 ~5.5，使用时多用浓氨水调整 pH 为 7 左右。硫酸钠虽无腐蚀性，但低于40℃就不容易溶解，因此只适用于热稳定性较好的蛋白质的沉淀过程，应用远不如硫酸铵广泛。

二、影响盐析的因素

1. 盐饱和度的影响

盐饱和度是影响蛋白质盐析的重要因素。由于不同的蛋白质，其结构和性质不同，盐析时所需的盐饱和度也不同。只有按工艺要求，正确计算盐饱和度，才能达到盐析的目的。

2. 蛋白质浓度的影响

在相同的盐析条件下，蛋白质浓度越大，越容易沉淀，中性盐的极限沉淀浓度也越低。但是，蛋白质的浓度越高，其他蛋白质的共沉作用也越强，从而使分离率降低，这在一般情况下是不希望的。相反，蛋白质浓度小时，中性盐的极限沉淀浓度增大，共沉作用小，分离率高，但用盐量大，蛋白质的回收率低。所以

在盐析时，首先要根据实际条件选择适当的蛋白质浓度，一般将蛋白质浓度控制在2%~3%为宜。

3. pH的影响

两性蛋白质在等电点时的溶解度最小，最容易从溶液中析出，因此，进行盐析时的pH要选择在被盐析蛋白质的等电点附近，这样产生沉淀时所消耗的中性盐较少，蛋白质的收率也高，同时也可以减少共沉作用。

4. 温度的影响

在低盐浓度下，蛋白质等生物大分子的溶解度与其他无机物、有机物相似，即温度升高，溶解度增大，但在高盐浓度下，多数蛋白质的溶解度随温度的升高反而降低；另外，高温还容易导致蛋白质变性，因此，蛋白质的盐析一般在室温下进行。对某些温度敏感型的蛋白质，盐析最好在低温下进行，常在0~4℃范围内迅速操作。

三、硫酸铵盐析法分离蛋白质

1. 操作方式

盐析时，将盐加入溶液中有两种方式：

（1）加硫酸铵的饱和溶液　在实验室和小规模生产中，如果溶液体积不大，或硫酸铵浓度不需太高时，可采用这种方式。采用这种方式，可以防止溶液局部过浓，但加量过多时，料液会被稀释，不利于下一步的分离纯化。为达到一定的饱和度，所需加入的饱和硫酸铵溶液的体积可由下式求得：

$$V = V_0 \times \frac{S_2 - S_1}{1 - S_2} \tag{5-11}$$

式中　V——加入的饱和硫酸铵溶液的体积，L

V_0——溶液的原始体积，L

S_1、S_2——初始和最终溶液的饱和度，%

饱和硫酸铵溶液配制时应达到真正饱和，即加入过量的硫酸铵，加热至50~60℃，保温数分钟，趁热滤去不溶物，在0~25℃下平衡1~2d，当有固体析出时，即达到100%饱和度。

（2）直接加固体硫酸铵　在工业生产溶液体积较大时，或硫酸铵浓度需要达到较高饱和度时，可采用这种方式。加入硫酸铵时速度不能太快，应分批加入，并充分搅拌，使其完全溶解，要注意防止局部浓度过高。

为达到所需的饱和度，1L硫酸铵溶液需加入的固体硫酸铵量可由表5-5（20℃）或表5-6（0℃）查得，也可由式（5-12）计算求得：

$$X = \frac{G(S_2 - S_1)}{1 - AS_2} \tag{5-12}$$

式中　S_1、S_2——初始和最终溶液的饱和度，%

X——1L溶液所需加入的固体硫酸铵质量，g

G——经验常数，0℃时为515，20℃时为513

A——常数，0℃时为0.27，20℃时为0.29

表5－5　　20℃的1L硫酸铵溶液达到某一饱和度时需补加的硫酸铵量　　单位：g

硫酸铵原来的饱和度/%	需要达到的硫酸铵的饱和度/%																
	10	20	25	30	33	35	40	45	50	55	60	65	70	75	80	90	100
0	56	114	114	176	196	209	243	277	313	351	390	430	472	516	561	662	767
10		57	86	118	137	150	183	216	251	288	326	365	406	449	494	592	694
20			29	59	78	91	123	155	189	225	262	300	340	382	424	520	619
25				30	49	61	93	125	158	193	230	267	307	348	390	485	583
30					19	30	62	94	127	162	198	235	273	314	356	449	546
33						12	43	74	107	142	177	214	252	292	333	426	522
35							31	63	94	129	164	200	288	278	319	411	506
40								31	63	97	132	168	205	245	285	375	496
45									32	65	99	134	171	210	250	339	431
50										33	66	101	137	176	214	302	392
55											33	67	103	141	179	264	353
60												34	69	105	143	227	314
65													34	70	107	190	275
70														35	72	153	237
75															36	115	198
80																77	157
90																	79

表5－6　　0℃的1L硫酸铵溶液达到某一饱和度时需补加的硫酸铵量

单位：g

硫酸铵原来的饱和度/%	需要达到的硫酸铵的饱和度/%																
	20	25	30	35	40	45	50	55	60	65	70	75	80	85	90	95	100
0	10.6	13.4	16.4	19.4	22.6	25.8	29.1	32.6	36.1	39.8	43.6	47.6	51.6	55.9	60.3	65.0	69.7
5	7.9	10.8	13.7	16.6	19.7	22.9	26.2	29.6	33.1	36.8	40.5	44.4	48.4	52.6	57.0	61.5	66.2
10	5.3	8.1	10.9	13.9	16.9	20.0	23.3	26.6	30.1	33.7	37.4	41.2	45.2	49.3	53.6	58.1	62.7
15	2.6	5.4	8.2	11.1	14.1	17.2	20.4	23.7	27.1	30.6	34.3	38.1	42.0	46.0	50.3	54.7	59.2
20	0	2.7	5.5	8.3	11.3	14.3	17.5	20.7	24.1	27.6	31.2	34.9	38.7	42.7	46.9	51.2	55.7
25		0	2.7	5.6	8.4	11.5	14.6	17.9	21.1	24.5	28.0	31.7	35.5	39.5	43.6	47.8	52.2
30			0	2.8	5.6	8.6	11.7	14.8	18.1	21.4	24.9	28.5	32.2	36.2	40.2	44.5	48.8

续表

硫酸铵原来的饱和度/%	需要达到的硫酸铵的饱和度/%																
	20	25	30	35	40	45	50	55	60	65	70	75	80	85	90	95	100
35				0	2.8	5.7	8.7	11.8	15.1	18.4	21.8	25.4	29.1	32.9	36.9	41.0	45.3
40					0	2.9	5.8	8.9	12.0	15.3	18.7	22.2	25.8	29.6	33.5	37.6	41.8
45						0	2.9	5.9	9.0	12.3	15.6	19.0	22.6	26.3	30.2	34.2	38.3
50							0	3.0	6.0	9.2	12.5	15.9	19.4	23.0	26.8	30.8	34.8
55								0	3.0	6.1	9.3	12.7	16.1	19.7	23.5	27.3	31.3
60									0	3.1	6.2	9.5	12.9	16.4	20.1	23.1	27.9
65										0	3.1	6.3	9.7	13.2	16.8	20.5	24.4
70											0	3.2	6.5	9.9	13.4	17.1	20.9
75												0	3.2	6.6	10.1	13.7	17.4
80													0	3.3	6.7	10.3	13.9
85														0	3.4	6.8	10.8
90															0	3.4	7.0
95																0	3.5
100																	0

2. 操作注意事项

（1）加固体硫酸铵时，必须看清楚表5－5和表5－6上所规定的温度，一般有室温（20℃）和0℃两种，加入固体盐后溶液体积的变化已考虑在表中。

（2）分段盐析时，要考虑到每次分段后蛋白质浓度的变化。蛋白质浓度不同，要求盐析的饱和度也不同。

（3）为了获得实验的重复性，盐析的条件如pH、温度和硫酸铵的纯度都必须严加控制。

（4）盐析后一般需放置0.5～1h，待沉淀完全后才过滤离心，过早的分离将影响收率，高浓度的硫酸铵密度太大，蛋白质要在悬浮液中沉降出来，需要较高离心速度和长时间的离心操作，故采取过滤法较合适。

（5）盐析过程中，搅拌必须温和且有规则，搅拌太快将引起蛋白质变性，其变性特征是起泡。

（6）为了平衡硫酸铵溶解时产生的轻微酸化作用，沉淀反应至少应在50mmol/L缓冲溶液中进行。

四、枯草杆菌BF－7658 α－淀粉酶的盐析法提取

采用枯草杆菌BF－7658液体深层法培养的α－淀粉酶已广泛应用于食品制造、制药、纺织等方面。α－淀粉酶是胞外酶，其最适作用温度为65℃左右，在淀粉浆中保温 15min 后酶力活仍保留 87%，其提取方法有盐析法、乙醇淀粉吸附法和喷雾干燥法等，其中盐析法的提取工艺流程如图 5－34 所示。

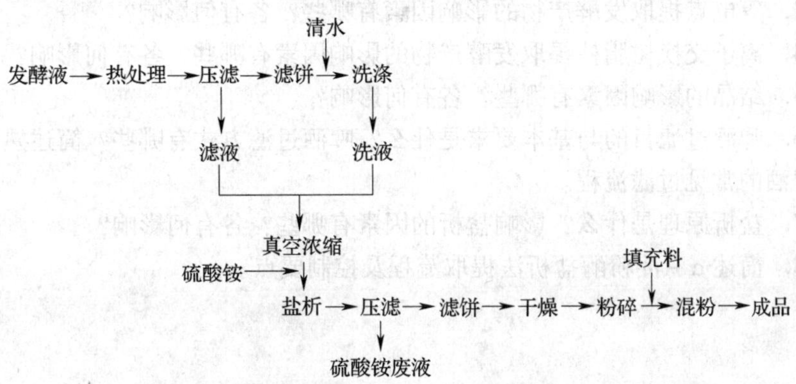

图 5－34　枯草杆菌 BF－7658 α－淀粉酶的盐析法提取

发酵结束后，向发酵液中添加 2% $CaCl_2$ 和 0.8% Na_2HPO_4，加热至 50～55℃，保温 30min，以破坏共存的蛋白酶，促进胶体凝聚而易于过滤。冷却到 35～40℃，加入硅藻土作为助滤剂并采用板框压滤机进行过滤。所得滤饼加 2.5 倍水充分洗涤，洗液与发酵滤液合并，并在 45℃真空浓缩数倍，然后加入硫酸铵至 40% 饱和度进行盐析，所得沉淀物再加入硅藻土作为助滤剂并压滤，滤饼于 40℃烘干后磨粉，与填充剂混合即可得粗酶成品。酶液经过提取变成粉状酶制剂的收得率为 70% 左右。

[思考题]

1. 撰写活性酵母离心分离的实训报告。
2. 撰写谷氨酸发酵液菌体分离的实训报告。
3. 撰写谷氨酸等电点提取的实训报告。
4. 撰写柠檬酸金属盐沉淀法提取的实训报告。
5. 撰写等电点母液离子交换法提取谷氨酸的实训报告。
6. 撰写离子交换法净化粗柠檬酸液的实训报告。
7. 撰写谷氨酸中和液结晶法精制味精的实训报告。
8. 撰写柠檬酸液结晶法精制柠檬酸的实训报告。
9. 发酵液菌体分离的方法有哪些？简述一种发酵液菌体分离的流程及控制要点。
10. 等电点法工艺原理是什么？简述一种等电点提取谷氨酸的工艺流程及控制要点。
11. 离子交换法工艺原理是什么？简述离子交换法提取某种发酵产物的工艺流程及控制要点。

12. 结晶法的工艺原理是什么？简述结晶法提取某种发酵产物的工艺流程及控制要点。

13. 等电点提取发酵产物的影响因素有哪些？各有何影响？

14. 离子交换树脂柱提取发酵产物的影响因素有哪些？各有何影响？

15. 结晶的影响因素有哪些？各有何影响？

16. 啤酒过滤目的与基本要求是什么？啤酒过滤方式有哪些？简述熟啤酒与纯生啤酒的常见过滤流程。

17. 盐析原理是什么？影响盐析的因素有哪些？各有何影响？

18. 简述 α - 淀粉酶盐析法提取流程及控制要点。

参考文献

[1] 邓毛程. 发酵工艺原理. 北京：中国轻工业出版社，2007
[2] 邓毛程. 氨基酸发酵生产技术. 北京：中国轻工业出版社，2008
[3] 于信令. 味精工业手册. 北京：中国轻工业出版社，2009
[4] 王博彦. 发酵有机酸生产与应用手册. 北京：中国轻工业出版社，2007
[5] 黄亚东. 啤酒生产技术. 北京：中国轻工业出版社，2010
[6] 于景芝. 酵母生产与应用手册. 北京：中国轻工业出版社，2005
[7] 董胜利. 酿造调味品生产技术. 北京：化学工业出版社，2005
[8] 岳春. 食品发酵技术. 北京：化学工业出版社，2005
[9] 田洪涛. 现代发酵工艺原理与技术. 北京：化学工业出版社，2007
[10] 余龙江. 发酵工程原理与技术应用. 北京：化学工业出版社，2006
[11] 陶兴无. 发酵产品工艺学. 北京：化学工业出版社，2008
[12] 罗大珍. 现代微生物发酵及技术教程. 北京：北京大学出版社，2006
[13] 李艳. 发酵工业概论. 北京：中国轻工业出版社，2003
[14] 白秀峰. 发酵工艺学. 北京：中国医药科技出版社，2003
[15] 曹军卫. 微生物工程. 北京：科学出版社，2002
[16] 肖冬光. 微生物工程. 北京：中国轻工业出版社，2004
[17] 姚汝华. 微生物工程工艺原理. 广州：华南理工大学出版社，2002
[18] 梅乐和. 生化生产工艺学. 北京：科学出版社，2001
[19] 俞俊棠. 新编生物工艺学. 北京：化学工业出版社，2003
[20] 张克旭. 氨基酸发酵工艺学. 北京：中国轻工业出版社，1992
[21] 尤新. 淀粉糖品生产与应用手册. 北京：中国轻工业出版社，1997
[22] 梁世中. 生物工程设备. 北京：中国轻工业出版社，2002
[23] 熊宗贵. 发酵工艺原理. 北京：中国医药科技出版社，1995
[24] 张克旭. 代谢控制发酵. 北京：中国轻工业出版社，1998
[25] 储炬. 现代工业发酵调控学. 北京：化学工业出版社，2002
[26] 施巧琴. 工业微生物育种学. 北京：科学出版社，2004
[27] 周德庆. 微生物学教程. 北京：高等教育出版社，2002
[28] 郑善良. 微生物学基础. 北京：化学工业出版社，1994
[29] 杜连祥. 工业微生物学实验技术. 天津：天津科学技术出版社，1992
[30] 叶勤. 发酵过程原理. 北京：化学工业出版社，2005
[31] 胡洪波. 生物工程产品工艺学. 北京：高等教育出版社，2006
[32] 沈萍. 微生物学. 北京：高等教育出版社，2000
[33] 贺小贤. 生物工艺原理. 北京：化学工业出版社，2003
[34] 郭勇. 现代生化技术. 北京：科学出版社，2005
[35] 严希康. 生化分离工程. 北京：化学工业出版社，2001
[36] 陈洪章. 生物过程工程与设备. 北京：化学工业出版社，2004

[37] 赵龙飞. 微生物固态发酵提高普洱茶品质风味的研究. 食品研究与开发, 2006, 27 (4): 155~156
[38] 史先振. 现代发酵工程技术在食品领域的应用研究进展. 中国酿造, 2005, 12: 1~3
[39] 张致平. 生物技术在医药工业中的应用. 药物生物技术, 1994: 1 (1): 56~64
[40] 冯永忠. 能源农业技术体系的构建研究. 西北农林科技大学学报, 2006, 34 (1): 30~34
[41] 黄木姣. 美国粮油深加工生物技术的研究机构及研发热点. 粮油食品科技, 2006, 14 (4): 59~61
[42] 徐敏. 冶金与环保. 江西化工, 2003, 2: 50~51
[43] 王新. 生物技术在重油开采中的应用. 国外石油工程, 2003, 19 (4): 7~9
[44] 美国科学家开发出微生物燃料电池. 能源研究与信息, 2005, 21: 124
[45] 于洁. 生物质制氢技术研究进展. 中国生物工程杂志, 2006, 26 (5): 107~11
[46] 李彬. 现代发酵工程展望. 商洛师范专科学校学报, 2003, 17 (4): 48~51
[47] 叶丽. 甾体微生物转化在制药工业中的应用. 工业微生物, 2001, 31 (4): 40~48
[48] 陈代杰. 生物转化与药物开发. 精细化工原料及中间体, 2005, 10: 5~7
[49] 刘建华. 微量元素硒的微生物转化研究进展. 湖北民族学院学报 (自然科学版), 2006, 24 (3): 288~291
[50] 石陆娥. 酵母的开发利用研究进展. 中国食品添加剂, 2006, 5: 62~65
[51] 黄群等. 单细胞蛋白及其在食品加工中应用. 粮食与油脂, 2003, 7: 17~19
[52] 郭雪山. 单细胞蛋白的应用及其开发前景. 中国食品与营养, 2006, 5: 23~24
[53] 张继. 单细胞蛋白饲料研究进展. 饲料工业, 2006, 27 (19): 50~52
[54] 梁敏. 食用菌的功能性与产业开发. 食品研究与开发, 2006, 27 (4): 99~101
[55] 刘子梅. 微生态制剂在水产养殖中的应用. 现代农业科技, 2006, 10: 139
[56] 李勇. 微生物农药的研究与应用进展. 贵州农业科学, 2003, 31 (2): 62~63
[57] 赵兴秀. 微生物农药的研究应用及前景展望. 四川理工学院学报 (自然科学版), 2005, 18 (1): 108~110
[58] 陈守文. 微生物农药及产业化发展. 化学与生物工程, 2003, 5: 12~15
[59] 胡梦红. 菌体蛋白发展现状及其在水产饲料中的应用前景. 北京水产, 2006, 3: 42~45

中国轻工业出版社生物专业教材目录

本 科 教 材

生物工程专业实验（第二版）	30.00 元
基因工程原理与实验指导	23.00 元
微生物工程	35.00 元
数值分析	24.00 元
工业生物技术专业英语	29.00 元
生物制药工程专业英语	37.00 元
固态发酵工程原理及应用	30.00 元
生化工程（第二版）	30.00 元
生物化学实验	22.00 元
生物化学学习指导	32.00 元
生物工程工厂设计概论	36.00 元
生物制药技术（第二版）	45.00 元
氨基酸工艺学	42.00 元
生物工艺技术	35.00 元
微生物学	35.00 元
微生物学实验技术	28.00 元
酶工程	34.00 元
酶学原理和酶工程	40.00 元
生物工程专业实验（天津市高校“十五”规划教材）	25.00 元
生物工业下游技术（普通高等教育“九五”国家级重点教材）	26.00 元
微生物工程原理	40.00 元
生物工程分析与检验	34.00 元
生物化学	64.00 元
生物工程设备	50.00 元
工业发酵分析	20.00 元
发酵工业概论	30.00 元
代谢控制发酵	32.00 元
环境生物技术	30.00 元

高职高专教材

高职制药/生物制药系列

动物医药专业技能实训教程	23.00 元
生物制药技术专业技能实训教程	28.00 元
中药制药技术专业技能实训教程	24.00 元
临床医学概要	28.00 元
医药商品学	48.00 元

药物化学	26.00 元
药品检验技术	26.00 元
中药学概论（普通高等教育“十一五”国家级规划教材）	30.00 元
生物制药工艺学	26.00 元
制药设备	26.00 元
药事管理与法规	39.00 元
药理学	32.00 元
药物制剂技术（普通高等教育“十一五”国家级规划教材）	34.00 元
药品营销原理与实务	36.00 元
药品检验	35.00 元

高职生物技术系列

现代基因操作技术	30.00 元
基因工程技术（普通高等教育“十一五”国家级规划教材）	25.00 元
啤酒生产技术	35.00 元
发酵食品生产技术	32.00 元
生物分离技术	25.00 元
生物工程设备及操作技术	48.00 元
发酵工艺原理	30.00 元
生物化学技术	28.00 元
生物检测技术	24.00 元
食用菌生产技术	35.00 元
现代生物技术概论	28.00 元
植物组织培养	28.00 元
微生物学	40.00 元
氨基酸发酵生产技术	30.00 元
生物化学（普通高等教育“十一五”国家级规划教材）	29.00 元
生物化学	30.00 元
化工原理	48.00 元
发酵工艺教程	24.00 元
发酵食品工艺学	28.00 元

职业资格培训教程

白酒酿造工教程（上）	26.00 元
白酒酿造工教程（中）	22.00 元
白酒酿造工教程（下）	38.00 元